郑玉巧 育儿经

全新第五版

郑玉巧◎著

中国和平出版社
China Peace Publishing House

图书在版编目（CIP）数据

郑玉巧育儿经.婴儿卷：全新第五版 / 郑玉巧著
. -- 北京：中国和平出版社, 2022.3
ISBN 978-7-5137-2124-0

Ⅰ.①郑… Ⅱ.①郑… Ⅲ.①婴儿 – 哺育 – 基本知识
Ⅳ.①TS976.31

中国版本图书馆CIP数据核字(2021)第180494号

郑玉巧育儿经·婴儿卷　　全新第五版　　　　　　　　郑玉巧◎著

策　　划	林　云	
编辑统筹	代新梅	
责任编辑	代新梅	
营销编辑	常炯辉	
封面设计	孙文君	
责任印务	魏国荣	
出版发行	中国和平出版社（北京市海淀区花园路甲 13 号院 7 号楼 10 层　100088）	
	www.hpbook.com　　bookhp@163.com	
出 版 人	林　云	
经　　销	全国各地书店	
印　　刷	天津联城印刷有限公司	
开　　本	710mm×1000mm　1/16	
印　　张	25.75	
字　　数	450 千字	
印　　量	1 ～ 10000 册	
版　　次	2022 年 3 月第 1 版　2022 年 3 月第 1 次印刷	
书　　号	ISBN 978-7-5137-2124-0	
定　　价	68.00 元	

前　言

做儿科医生40年，经历了许许多多，感悟无数，有治愈疾病后的畅然，更有获得赞誉后的欢心。然而，畅然和欢心只是彼时彼刻，长留于心的是孩子们灿烂的笑脸，是爸爸妈妈们怀抱可爱宝贝时，脸上洋溢的甜蜜和幸福。面对生机勃勃的新生命，我总有发自内心深处的爱涌上心头，我太喜欢孩子们了。

养育孩子是陪伴孩子，是和孩子一起成长的美妙过程，将会留下数不尽的美好回忆。可是，在育儿的旅途上，父母难免会遇到这样那样的问题，有困惑，有无奈，有焦急，有无助，有奔波……作为父母，了解更多的育儿知识，掌握更多的育儿技能，会让我们更轻松，更自然，更健康，更科学地养育孩子。

在临床工作中，我发现很多新手父母在养育孩子过程中遇到的"个性化问题"都可以归纳为"普遍性问题"，很多"个性"问题都有其"共性"。我将40年积累的与医学有关的育儿经验告诉父母，希望给父母提供更加实用、有效和周到的帮助。

自己的奶水够宝宝吃吗？

宝宝的这些表现正常吗？

宝宝的尿便怎么这个样子？

怎么给宝宝添加辅食？

宝宝为什么这么瘦？

宝宝缘何生长得这么慢？

宝宝为何还不会咿呀学语？

宝宝怎么还不会爬？

宝宝突然剧烈哭闹要不要去医院？

宝宝第一次发热怎么办？

宝宝生病要不要吃抗生素？

······

作为父母，我们所做的每一个决定，都会对孩子的成长产生或大或小的影响。很多育儿的选择看似是微小的，没有深远意义，但当宝宝长大后，我们回顾前路，会发现每一个选择都是有意义的，其合力足以改变孩子的发展轨迹，正是这些无数的点，决定了宝宝是否拥有强大的免疫系统，是否拥有健康的体魄，是否发挥出了他（她）最大的生长、发育、成长潜能，是否为未来铸造了身心健康的磐石。

希望父母在回望自己的育儿历程时，对每一个抉择是满意的，对点连成的线是欣慰的，至此，这本书就发挥了它的最大价值。

到如今，《郑玉巧育儿经》已经更新到了第五版，增加了很多当代家庭的育儿问题和难点，条目更加清晰，方便查询检索，搭配操作方法及步骤图片、视频，多角度、全方位展示育儿技巧，祖父母带宝宝也能轻松领会。回首以往，我为中国医学的进步而骄傲，为大多数家庭认可科学育儿理念而真心感到高兴。这就是支撑我不断丰富和发展《郑玉巧育儿经》的内在动力。

衷心感谢新手爸爸妈妈们能阅读这本拙著。作为一名儿科医生，我只能说自己尽力了，把爱心献给了宝宝和养育宝宝的父母。书中尚存很多瑕疵，难免会有这样和那样的不足和问题，恳请读者批评指正。

2022年1月于北京

目 录
contens

第一章 新生儿（诞生~28天）

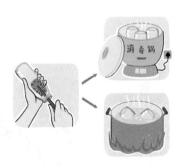

第 二 章 1～2个月的宝宝

第 三 章　2~3个月的宝宝

第 四 章　3~4个月的宝宝

第 五 章　4~5个月的宝宝

第 六 章　5~6个月的宝宝

第 七 章　6~7个月的宝宝

第 八 章　7~8个月的宝宝

第九章 8~9个月的宝宝

第 ⑩ 章 9~10个月的宝宝

第 十一 章　10~11个月的宝宝

第 十二 章　11~12个月的宝宝

抱 姿

抱起、放下宝宝的方法

抱不同时期宝宝的建议

哺乳及拍嗝

哺乳姿势

给宝宝拍嗝

宝宝止嗝方法

溢乳处理方法

面部护理

口腔护理

鼻部护理

耳部护理

眼部护理

洗　澡

给宝宝洗澡　　　　给宝宝做抚触　　　　脐部护理

日常生活
护理

给宝宝换尿布　　　宝宝运动练习　　　给宝宝穿脱衣服

判断宝宝冷热及　　给宝宝剪手指　　　便秘的腹部　　　给宝宝喂
增添衣服的方法　　甲、脚趾甲　　　　按摩　　　　　　维生素 AD

呵护宝宝安全

鼻腔和耳内异物的
急救方法

被尖锐物品划破皮
肤后怎么处理

烫伤的正确处理步骤

气管异物的急救方法

心肺复苏的步骤

第一章

新生儿（诞生~28天）

第一节　新生儿特点

新生儿分类

医学上将娩出到诞生后28天的婴儿，称为新生儿。这段时间，称为新生儿期。新生儿期虽然时间跨度不大，却是婴儿发育的第一个阶段，而且是特别重要的阶段。不同类型的新生儿，在护理、喂养、疾病防治等方面，有着不同的特点和要求。知道了您的宝宝属于哪一类新生儿，就可以按照不同的要求，来呵护宝宝稚嫩的生命，让新生儿健康成长。

根据分娩时的孕龄

根据分娩孕龄，医学上将新生儿分为足月儿、早产儿和过期产儿。这样划分的意义在于判别新生儿生理健康状况，并予以相应呵护。

分类	划分标准及意义
足月儿	胎龄满37周，但不满42周的新生儿。足月新生儿意味着身体各脏器已发育成熟，完成了胎儿期的生长过程，具备了离开母体的条件。绝大多数足月儿是健康的新生儿宝宝。
早产儿	胎龄满28周，但不满37周的新生儿。极早早产儿是指胎龄满22周但不满28周的新生儿。早产儿意味着身体各脏器发育尚未成熟，就提前离开了适宜胎儿生长发育的宫内环境，出生后将面临一定程度的生存挑战。

分类	划分标准及意义
过期产儿	胎龄满42周以上的新生儿。过期产儿可谓"瓜熟蒂不落"，面临的生存挑战有时比早产儿还要大，所以，产科医生一般会采取医学措施避免出现过期产儿。

根据出生时的体重值

根据新生儿体重值，医学上把新生儿分为正常体重儿、巨大儿和低体重儿三种。区分新生儿体重，意在关注低体重儿。

分类	划分标准及意义
正常体重儿	2500克≤出生时体重<4000克。
巨大儿	出生时体重≥4000克。出生体重过高会危害新生儿健康。巨大儿体重越高，顺利分娩的可能性越低，需要使用医疗器具助产的可能性也越大；分娩过程中出肩困难；容易造成产道撕裂，产后子宫收缩不良等。
低体重儿	出生时体重<2500克的新生儿；极低出生体重儿是指出生体重小于1500克的新生儿；超低出生体重儿是指出生体重小于1000克的新生儿。对待低体重儿，父母要像对待早产儿那样，重视宝宝的生长发育，不可有半点儿疏忽。

根据胎龄与体重的关系

根据胎龄与体重的关系，医学上把新生儿分为适于胎龄儿、小于胎龄儿和大于胎龄儿三种。

分类	划分标准及意义
适于胎龄儿	出生体重在同胎龄平均体重的第10~90百分位。
小于胎龄儿	出生体重在同胎龄平均体重的第10百分位以下。足月小样儿是指胎龄已足月，出生体重小于2500克的新生儿。医学上就称这样的新生儿为低出生体重儿。低出生体重儿意味着新生儿在宫内发育不良。
大于胎龄儿	出生体重在同胎龄平均体重的第90百分位以上。

根据诞生后的健康状况

根据新生儿健康状况，医学上一般将新生儿分为健康新生儿和高危新生儿。区分健康与高危新生儿的意义在于及时发现高危新生儿，及早将宝宝从产科转到新生儿科进行救治，保证宝宝健康成长。

分类	划分标准及意义
健康新生儿	无任何危象的新生儿。
高危新生儿	出现危象或可能发生危重情况的新生儿。

根据诞生后的时间

根据新生儿诞生后的时间，可把新生儿分为新生儿早期和新生儿后期。划分早、晚期新生儿，核心意义在于关注早期新生儿护理。新生儿出生第一周是非常关键的时期。不过新手爸爸妈妈可以放心，大多数情况下，新生儿出生第一周是在产院度过的，宝宝会得到科学的护理。

分类	划分标准及意义
新生儿早期	诞生一周以内的新生儿。
新生儿后期	出生第2周到第4周末的新生儿。

新生儿睡眠特点

睡眠姿势

在我们中国的新生儿护理理论与实践中，目前被广泛接受的做法是：新生儿采取仰卧位睡姿最妥当。在世界范围内，儿科领域已达成共识，婴儿会翻身前，应采取仰卧睡姿。这是因为，俯卧睡姿有发生婴儿猝死的风险。侧卧睡姿同样有发生窒息的危险，宝宝很容易从侧卧睡姿转变成俯卧睡姿。尽管有专家认为俯卧睡姿能使宝宝睡得更安稳，并认为可促进宝宝大脑发育，锻炼胸式呼吸，但爸爸妈妈切不可冒此风险。

在宝宝清醒状态下，可短时间让宝宝俯卧，锻炼宝宝抬头和肢体爬行动作。宝宝俯卧时，一定要注意，头部必须侧过来，口鼻一定要完全暴露在看护人的眼前。看护人全程都要目不转睛地盯着宝宝，不能离开视线，确保宝宝的安全，才是第一要务。

新生儿仰卧时出现溢乳，看护人要迅速把宝宝体位变为侧卧，并轻拍其背，清除溢出的奶液，避免奶液呛入气管。处理完溢乳后，让宝宝恢复仰卧位睡姿。新生儿不能单独睡眠，爸爸妈妈要与宝宝同睡一室，以便及时发现宝宝异常，避免宝宝发生溢乳、窒息等危险。

睡眠时间

有一种说法似是而非却又约定俗成，就是认为新生儿每天应该睡上20个小时。许多新手爸爸妈妈为此困扰，因为宝宝大多睡不了这么长的时间。许多刚出生3天的新生儿，白天大部分时间也很精神，睁着大眼睛凝望这个新奇的世界。客观地说，只要宝宝吃饱了，环境舒服了，他就会睡得很香甜，直到睡好，睁开眼睛。新生儿平均睡眠时间只是一个参考值，宝宝实际睡眠时间比平均值多几个小时或少几个小时，一般都是正常的，父母不必担忧。

◎ 新生儿在不同阶段睡眠时间都一样吗

新生儿在不同阶段，睡眠的时间长度是有所不同的。早期新生儿睡眠时间相对长一些，每天可达20小时以上；晚期新生儿睡眠时间有所减少，每天约在16~18小时。随着日龄增加，新生儿睡眠时间会有所减少。

早期新生儿进入睡眠状态，大多不分昼夜；而晚期新生儿的睡眠，有可能更多集中在夜间。如果妈妈有意在后半夜推迟喂奶，宝宝夜间一次睡眠时间可保持五六个小时。

考虑到新生儿糖源储备很有限，过度延长喂奶间隔，容易导致新生儿低血糖。因此，新生儿期的喂奶间隔，一般不超过4小时，请新手妈妈牢记。

新生儿心肺特点

正常的呼吸频率

新生儿肋间肌薄弱，呼吸主要靠膈肌的升降；呼吸运动比较浅表，但呼吸频率较快，每分钟约40次。出生后头两周呼吸频率波动较大，这是新生儿正常的生理现象，新手爸爸妈妈不要紧张。如果新生宝宝每分钟呼吸次数超过了80次，或者少于20次，就应引起重视，及时去看医生。

心脏杂音可能是暂时的

新生儿诞生后最初几天，心脏有杂音，这完全有可能是新生儿动脉导管或卵圆孔暂时没有关闭，血液流动发出的声音，父母不必紧张，更不要认为宝宝有先心病。如果确定是动脉导管未闭，医生可能会采取医学措施，促进动脉导管尽快闭合。如果医生担心宝宝有先心病，会给宝宝做心脏彩超来确诊。倘若医生暂时不能确定宝宝"心脏缺损"是否能够长好，杂音是否能够消失，也会建议3个月或半年后复查。新手妈妈千万不要着急，情绪紧张会影响乳汁分泌和产后恢复。

◎ 新生儿呼吸频率计数法

新生儿呼吸浅表，节律不规律，计数不很容易。用棉絮捻成线状，也可直接用一根白线头，放在距离宝宝鼻孔约1厘米处，观察线头摆动，每摆动一下即为宝宝呼吸一次。妈妈可以看表，爸爸来计数宝宝呼吸，这样配合可顺利完成呼吸计数过程。

新生儿心律不齐常见

新生儿心律波动幅度较大，出生后24小时内，心律可能会在每分钟85~145次之间波动；出生后一周内，可在每分钟100~175次之间波动；出生后2周至4周内，可在每分钟115~190次之间波动。许多新手父母常常因为宝宝脉搏跳动快慢不均而担心不已，这是因为不了解新生儿心律特点，现在应该放心了。

血液多集中于躯干，四肢容易发冷

新生儿血液多集中于躯干，四肢血液较少，所以宝宝四肢容易发冷，血管末梢容易出现青紫，不能通过触摸宝宝手脚判断宝宝冷热，而是通过触摸宝宝躯干和颈部来判断宝宝冷热。但是判断宝宝是否发热，或者体温是否过低，则需要使用体温计测量宝宝体温。

新生儿泌尿特点

排尿是本体反射，新生儿还不会控制，有尿就排。随着年岁增加，宝宝会逐渐形成并最终具有排尿的自控能力。

排尿次数多

新生儿膀胱小，肾脏功能尚不成熟，每天排尿次数多，尿量小。正常新生儿每天排尿20次左右，有的宝宝半小时或十几分钟就尿一次。如果奶液较稀，宝宝排尿量、次就较多；奶液较稠，排尿量、次就较少。新生儿白天醒着的时间较长，吃奶次数也多，所以排尿量、次也较夜间多些。

尿液色泽

新生儿尿液的正常颜色应该是微黄色，一般不染尿布，容易洗净。如果尿液较黄，染尿布后不易洗净，爸爸妈妈就要取些宝宝尿液，请医生做尿液检查，看是否有过多尿胆素排出，以便确定宝宝胆红素代谢是否异常。

排盐能力低

新生儿肾脏功能还远不成熟，尿液中排出钠的能力较低。一岁以内的宝宝情况差不多是这样。鉴于此，母乳喂养宝宝的妈妈，要适当减少自身盐的摄入量，每日食盐量不要超过6克。

尿液浓缩能力不足

新生儿肾脏功能尚未成熟，妈妈在哺乳期过量摄入高蛋白食物，就可能会导致新生儿血液中尿素氮含量增高，对新生儿有一定的危害。配方奶喂养，要按奶粉盒上的说明调配奶液，切不可过浓或过淡。

尿磷多较高

新生儿肾功能不足，还可造成体内血氯和乳酸较高。用鲜牛奶喂养新生儿，血磷和尿磷均较高，易产生钙磷比例失调，形成低血钙。为什么鲜牛奶钙含量比母乳高，但鲜牛奶喂养的宝宝却比母乳喂养的宝宝更容易缺钙，原因就在这里。所以，一岁以下婴儿，如果母乳不足，首选婴儿配方奶，而不是鲜牛奶。

新生儿胃肠特点

消化蛋白质和脂肪的能力强

新生儿消化道能分泌足够的消化酶。凝乳酶帮助蛋白质的消化和吸收，解脂酶帮助脂肪的消化和吸收。新生儿能消化吸收85%~90%母乳中的脂肪，这个比例，高于新生儿对牛乳脂肪的消化与吸收。

新生儿胰淀粉酶少，对淀粉食物的消化能力比较弱。新生儿4个月后，淀粉酶分泌逐渐增加，对淀粉类食物消化能力开始增强。新手妈妈往往有个误解，认为奶类含脂肪、蛋白质多，不好消化，而淀粉类食物含碳水化合物多，比较容易消化。所以当宝宝出现消化不良时，不敢再给宝宝喂奶，而是喂米汤，这是不对的。婴儿对蛋白质和脂肪的消化能力甚至超过成人。

易对蛋白质产生过敏反应

新生儿肠壁有较大的通透性，利于初乳中免疫球蛋白的吸收。所以母乳喂养的宝宝，血液中免疫球蛋白的浓度较牛乳喂养的要高，这是母乳喂养的好处之一。同样是因为新生儿肠道通透性大，母乳以外的蛋白质通过肠壁，容易产生过敏反应，如牛奶蛋白、豆蛋白等，都可能引起宝宝蛋白质过敏反应，这也从反面证明了母乳喂养的优越性。

新生儿体态和姿势特点

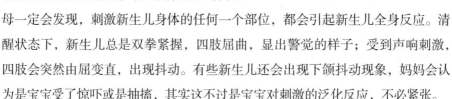

常见姿势

新生儿喜欢这样的姿势，像小青蛙，妈妈千万不要捆住宝宝的小胳膊小腿。

泛化反应

新生儿神经系统发育尚不完善，对外界刺激的反应是泛化的，缺乏定位性。新手父母一定会发现，刺激新生儿身体的任何一个部位，都会引起新生儿全身反应。清醒状态下，新生儿总是双拳紧握，四肢屈曲，显出警觉的样子；受到声响刺激，四肢会突然由屈变直，出现抖动。有些新生儿还会出现下颌抖动现象，妈妈会认为是宝宝受了惊吓或是抽搐，其实这不过是宝宝对刺激的泛化反应，不必紧张。

面部表情出怪相

新生儿会出现一些让妈妈难以理解的怪表情，如皱眉、咧嘴、空吸吮、咂嘴、屈鼻等。新手妈妈没有经验，看到宝宝这些怪相，就认为宝宝可能有问题，忙着去医院。其实这是新生儿的正常表情，与疾病无关。只有当孩子长时间重复出现某一种表情或动作时，才应该引起爸爸妈妈的注意，必要的话及时看医生，以排除宝宝抽搐的可能。

"挣劲儿"

新手妈妈常常问医生，宝宝总是使劲，尤其是快睡醒时，有时憋得满脸通红，是不是宝宝哪里不舒服呀？宝宝没有不舒服，相反，他很舒服。新生儿憋红脸，那是在伸懒腰，是活动筋骨的一种运动，不必大惊小怪。把宝宝紧紧抱住，不让宝宝挣劲，或带着宝宝到医院，都是没有必要的。

新生儿生理现象

易呛奶、易溢乳

口腔中的器官——会厌，可起到覆盖气道或食管口的作用。吞咽时会厌关闭，盖住气道，以免食物或唾液误入气道。停止吞咽时会厌开放，气道通畅。新生儿调节能力差，会厌运动不协调，这就是宝宝经常出现呛奶或呛咳的原因之一。

贲门是胃入口端的括约肌，其作用是阻止食物从胃流入食道。幽门是胃出口端的括约肌，其作用是阻止十二指肠中的内容物返流到胃部。新生儿胃肠发育不完善，常表现出贲门的松弛和幽门的痉挛。这就是新生儿吃奶后容易溢乳的原因。

暂时性黄疸

新生儿出生72小时后，可能出现暂时性黄疸。暂时性黄疸是因新生儿胆红素代谢的特殊性引起的，属于正常生理现象，因此不需要治疗。但对暂时性黄疸的进展情况和严重程度，要注意监测，尤其是早产儿，更要注意监测其暂时性黄疸的发展变化。许多在家"坐月子"的妈妈，常把室内光线弄得较暗，又挂着各种颜色的窗帘，很容易造成对新生儿皮肤黄疸的忽略。正确的做法是：每天在室内自然光线下查看宝宝的皮肤颜色。

新生儿打嗝

新生儿频繁打嗝甚至干呕，可能是胃食管反流所致，需要带宝宝看医生。但是，如果宝宝只是偶尔打嗝，一会儿就过去了，宝宝没有腹胀、干呕、呕吐、痛苦等异常表现，吃奶、睡眠都正常，新手爸爸妈妈不必担心，这种打嗝属生理性的，不是病，不会影响身体健康。那么，宝宝为什么会打嗝呢？主要是因为，新生儿神经系统发育尚不成熟，吃奶过快或者吸入冷空气时，过度刺激了控制横膈肌运动的神经，横膈肌运动短时失常，宝宝就出现了打嗝现象。随着宝宝神经系统的逐渐成熟，打嗝现象会逐渐减少。

生理性脱皮

新生儿出生后两周左右，出现脱皮现象，这让不少妈妈着急。好好的宝宝，一夜之间稚嫩的皮肤开始爆皮，紧接着就开始脱皮，漂亮的宝宝好像涂了一层糨糊，干裂开来。这是因为新生儿皮肤的最外层表皮，不断新陈代谢，旧的上皮细胞脱落，新的上皮细胞生成。出生时附着在新生儿皮肤上的胎脂，随着上皮细胞的脱落而脱落，这就形成了生理性脱皮的现象。

生理性脱发

有些新生儿在出生后几周内出现脱发，多数是隐袭性脱发，即原本浓密黑亮的头发，逐渐变得绵细、色淡、稀疏，极少数是突发性脱发——几乎一夜之间就脱发了。新生儿生理性脱发，大多数会逐渐复原，属正常现象，妈妈不要着急。

发稀和枕秃

新生儿的头发质量与妈妈孕期营养有极大的关系。进入婴幼儿时期，宝宝的头发质量开始与家族遗传关系密切。新生儿枕秃并不是新生儿缺钙的特有体征，多数是因宝宝头部与床面或枕头摩擦所致，尤其是头部出汗多的宝宝，更容易出现所谓的枕秃。缺铁、缺锌、营养不良等也可导致枕秃，因此不可在情况不明时，盲目为宝宝补钙。

新生儿皮肤红斑

新生儿出生头几天，可能出现皮肤红斑。红斑的形状不一，大小不等，颜色鲜红，分布全身，以头面部和躯干为主。新生儿有不适感，但一般几天后即可消失，很少超过一周。个别新生儿出现红斑时，还伴有脱皮现象。有学者认为，新生儿红斑的产生，主要是因为新生儿出生后，皮肤受到了光线、空气、温度等环境因素的影响，以及外部的机械刺激。比如新生儿洗澡后，红斑可加重。新生儿红斑对健康没有任何危害，不用处理，会自行消退。

第二节　新生儿生长发育

身高测量方法

　　测量新生儿身高，需要两个人进行。一人用手固定好宝宝的膝关节、髋关节和头部，另一人用皮尺测量，从宝宝头顶部的最高点至足跟部的最高点，测量出的数值即为宝宝身高。

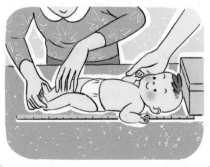

身高发育规律

◎ 出生后身高

　　新生儿诞生时的平均身高为50厘米，个体差异的平均值在0.3~0.5厘米之间，男女婴有0.2~0.5厘米的差别。

　　足月正常新生儿出生0~3天：男婴平均身高50.4厘米，女婴平均身高49.7厘米。如果男婴身高低于46.9厘米或高于54厘米，女婴身高低于46.4厘米或高于53.2厘米，需要医生判别是否异常。

◎ 满月后身高

　　通常情况下，多数婴儿满月后身高平均增长3~5厘米。新生儿出生时的身高与遗传关系不大，但进入婴幼儿时期，身高增长的个体差异性就表现出来了。遗传、营养、环境、疾病、运动等因素都与身高有着密切的关系。

　　　注：身高、体重、胸围、腹围、头围指标依据中国卫健委妇幼司于2009年发布的《中国7岁以下儿童生长发育参考标准》。

体重

体重测量方法

新生儿至少每周测量一次体重；1岁前至少每月测量一次；2岁前至少每季度测量一次；3岁前至少半年测量一次；6岁前至少每年测量一次。要在相同条件下测量，以免导致误差。

（1）电子体重秤：测量前要进行校验。

（2）坐秤：适合能独自坐立的宝宝。

（3）立秤：适合3岁以上的宝宝。

体重发育规律

◎ 出生后体重

足月正常新生儿，出生体重男婴体重中位值3.32千克，女婴体重中位值3.21千克，如果男婴体重低于2.58千克或高于4.18千克，女婴体重低于2.54千克或高于4.10千克，为体重过低或过高。

◎ 新生儿"塌水膘"

新生儿出生后的最初几天，睡眠时间长，吸吮力弱，吃奶时间和次数少，肺和皮肤蒸发大量水分，大小便排泄量也相对多，再加上妈妈开始时乳汁分泌

量少，所以有些新生儿在出生后的头几天，体重不增加，甚至下降。这种现象俗称"塌水膘"，属于正常的生理过程，新手妈妈不必着急。在随后的日子里，新生儿体重会有迅速增长。

◎ 满月后体重

足月新生儿，满月时男婴体重中位值4.51千克，女婴体重中位值4.20千克。如果男婴体重低于3.52千克或高于5.67千克，女婴体重低于3.33千克或高于5.35千克，为体重过低或过高。早产儿和足月低体重儿的生长发育情况是否正常，要由医生根据宝宝具体情况加以判别。

新生儿体重的发育不是孤立的，而是与许多因素有关。通常出生体重越高，满月后体重相对越高；出生体重越低，满月后体重相对越低。新生儿出生1个月内，正常来说体重增加1千克左右。

◎ 体重标准值计算公式

婴儿体重（千克）标准值=出生体重（千克）+月龄×70%。

新生儿体重，平均每天可增加30~40克，平均每周可增加200~300克。这种按正态分布计算出来的中位值代表的是新生儿整体普遍情况，每个个体只要在正态数值范围内或接近这个范围，都应算是正常的。体重指标是这样，其他指标也是这样。

在这里，我想告诉新手爸爸妈妈，科学育儿不是咬住数字不放，不是照本宣科，观察宝宝各项生长发育指标的动态变化，要比某一次测量的数值更有意义。爸爸妈妈要树立正确的育儿理念，科学看待数值指标，理解宝宝生长发育规律。

胸围、腹围测量方法

◎ 胸围

用软皮尺测量，从一侧乳头起始，过另一侧乳头，平行绕胸部一周，与起始点对接，所测周长数值即宝宝胸围。

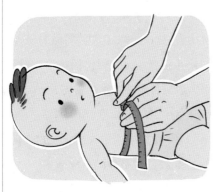

◎ 腹围

用软皮尺测量，从肚脐起始，平行绕腹部一周，与起始点对接，所测周长数值即宝宝腹围。

头围

头围测量方法

用软皮尺测量，从眉弓上缘起始，绕过两耳上缘，再绕过枕部粗隆（从耳郭向枕后移动，触及的最高点），回到起始点，所测周长数值即宝宝头围。

头围发育规律

◎ 出生头围

新生儿诞生时平均头围约35厘米。由于新生儿平均体重在增加，平均头围也相应增加。

◎ 头围增长

头围的增长速度，在出生后前半年比较快，但总的变量还是比较小的。从新生儿到成人，头围相差也就是从十几厘米到二十几厘米。满月前后，宝宝的头围比刚出生时增长两三厘米。头围增长速度，是评价宝宝脑部和神经系统发育的重要指标之一，定期监测头围增长情况，可及时发现大脑和神经系统疾病。

第三节　新生儿喂养

营养素补充剂

维生素D

中华医学会儿科学分会提出的维生素D缺乏性佝偻病防治建议，新生儿出生后2周开始摄入维生素D 400 IU/d至2岁。美国儿科学会最新指南建议，在出生后几天开始补充维生素D 400 IU/d。

维生素A

在补充维生素D时，可选用维生素AD复合制剂。维生素A和维生素D比较合适的比例是2：1或3：1。如果选择了维生素AD剂，不需要再服用维生素D剂。

2020中国儿童保健学术年会上，由中华预防医学会儿童保健分会专家组讨论并制定的《中国儿童维生素A、维生素D临床应用专家共识》提倡，新生儿出生后应及时补充维生素A 1500~2000 IU/d、维生素D 400~800 IU/d，持续补充至3周岁。针对特殊人群，补充维生素A、D能够使儿童获益，主要包括：

（1）早产儿、低出生体重儿、多胞胎等出生后每日应补充维生素A 1500~2000 IU、维生素D 400~800 IU，前3个月按上限补充，3个月后可调整为下限。

（2）存在缺铁性贫血及铁缺乏的儿童，每日应补充维生素A 1500~2000 IU、维生素D 400~800 IU，促进铁的吸收和利用，提高缺铁性贫血的治疗效果。

（3）反复呼吸道感染、腹泻等罹患感染性疾病患儿每日应补充维生素A 2000 IU、维生素D 400~800 IU，以促进儿童感染性疾病的恢复，提高机体免疫力。

（4）其他罹患营养不良、孤独症谱系障碍（ASD）、注意缺陷多动障碍（ADHD）等慢性病的儿童同样存在着维生素A缺乏的风险且病情严重程度与维生素A缺乏程度呈正相关。建议每日补充维生素A 1500~2000 IU、维生素D 400~800 IU，有助于改善患病儿童的营养状况，改善慢性病的预后。

钙

母乳喂养的宝宝，只要妈妈摄入足够的钙，不需要给宝宝额外补充。配方奶喂养的宝宝，大多数宝宝能达到正常奶量。奶中所含的钙足够宝宝生长发育所需，也不需要额外补充钙剂。

母乳喂养的好处，新手妈妈们一定已经了解许多。可以说，母乳是新生儿最完美的食物，母乳含有宝宝出生后6个月内所需要的全部营养，以及抵御致病微生物感染的物质。此外，母乳对弥补早产儿的"先天不足"、脑神经发育具有良好作用，并能够降低婴儿将来发生心血管病的概率。因此，母乳喂养不仅对婴幼儿时期的宝宝健康十分重要，对其未来的健康也有深远影响。

母乳喂养的八大好处

·母乳蛋白质中，乳蛋白和酪蛋白的比例最适合新生儿和早产儿的需要，保证氨基酸完全代谢，不至于积累过多的苯丙氨酸和酪氨酸。

·母乳中，半光氨酸和氨基牛磺酸的成分都较高，有利于新生儿脑生长，促进智力发育。

·母乳中未饱和脂肪酸含量较高，且易吸收，钙磷比例适宜，糖类以乳糖为主，有利于钙质吸收，总渗透压不高，不易引起坏死性小肠结肠炎。

·母乳能增强新生儿抗病能力，初乳和过渡乳中含有丰富的分泌型IgA，能增强新生儿呼吸道抵抗力。母乳中溶菌素高，巨噬细胞多，可以直接灭菌。乳糖有助于乳酸杆菌、双歧杆菌生长，乳铁蛋白含量也多，能够有效地抑制大肠杆菌的生长和活性，保护肠黏膜，使黏膜免受细菌侵犯，增强胃肠道的抵抗力。

·增强母婴感情，使新生儿得到更多的母爱，增加安全感，有利于成年后建立良好的人际关系。

·研究表明，吃母乳的新生儿，成年以后患心血管疾病、糖尿病的概率，要比未吃母乳者低得多。

·母乳喂养可加快妈妈产后康复，减少子宫出血、子宫及卵巢恶性肿瘤的发生概率。

·母乳喂养在方法上简捷、方便、及时、卫生，奶水温度适宜，减少了细菌感染的可能性。

努力把最珍贵的初乳喂给新生宝宝

初乳是指新生儿出生后7天以内所吃的母乳。常言"初乳滴滴赛珍珠"，以此形容初乳的珍贵。初乳除了含有一般母乳的营养成分外，更含有抵抗多种疾病的抗体、补体、免疫球蛋白、溶菌酶、吞噬细胞、微量元素，且含量相当高。这些免疫球蛋白对提高新生儿抵抗力，促进新生儿健康发育，有着非常重要的作用。初乳中还含有保护肠道黏膜的抗体，能防止肠道疾病。初乳中蛋白质含量高，热量高，容易消化和吸收。初乳还有刺激肠蠕动作用，可加速胎便排出，加快肝肠循环，减轻新生儿生理性黄疸。总之，初乳优点很多，一定要珍惜，尤其是产后头几天的初乳，免疫抗体含量最高，千万不要废弃。

新生儿刚出生是否立即哺乳

当代医学主张，新生儿刚出生就应立即哺乳。这种主张有五点科学依据：

·科学研究显示，出生后立即和妈妈皮肤相接触的新生儿，约有88%能够在20分钟后，顺利找到妈妈的乳头，并正确吸吮母乳；而出生后没有立即接触妈妈皮肤和乳头的新生儿，日后能够吸吮母乳的只有约20%，其中还包括吸吮姿势不正确，甚至吸吮困难的新生儿。

·早吸吮，进行早期母子皮肤接触，有利于新生儿智力发育。

·早吸吮，早哺乳，可防止新生儿低血糖，降低脑缺氧发生率。

·早吸吮，可促进母体催乳素增加20倍以上。

·早吸吮，可刺激母亲子宫，加快子宫收缩，对防止产后出血有帮助。

新生儿出生后立即哺乳是很重要的，新手妈妈一定要重视这个问题。

什么是成功的母乳喂养

成功的母乳喂养是：纯母乳喂养到婴儿6个月，添加辅食后，继续母乳喂养，持续到宝宝2岁以上。要想达到成功的母乳喂养，最主要的是信心和决心，其次是心情和情绪，再就是睡眠和营养，还有健康状况和体质。妈妈可能会疑惑，孕期就已下定决心母乳喂养，心情也不错，护理孩子有月嫂，可母乳喂养仍不成功，而且周围成功母乳喂养的宝宝也不多。问题就在这里，下定决心母乳喂养，但妈妈或家人总是担心母乳不足，总怕宝宝饿着，心情相当紧张，"怕"字当头，母乳喂养便很难坚持下去。

哺乳妈妈要注意的问题

哺乳期妈妈，如果因为健康原因而要服药，一定要告诉医生，你是一个正在哺乳的妈妈，以便医生开具既不会影响乳汁分泌，也不会影响宝宝健康的药物。

妈妈体内要有足够的水分来制造奶水，所以每天都要摄入足够的水分，至少要喝6~8杯水，以没有口渴感为准。尿少且颜色深黄，表明体内水分不足。喝什么水最好呢？白开水和不加糖的鲜榨果汁是最好的。

营养不良会导致精神紧张、身体疲劳，影响母乳供应。哺乳妈妈可用六小餐来代替三大餐，多吃新鲜的水果、肉、蛋、奶、鱼和坚果，避免吃没有多少营养的饼干、糖果之类的食物。

妈妈在整个哺乳期都需要额外补充钙剂，每日800~1200毫克，进食高钙食物，如牛奶和虾皮。每日需额外补充维生素D 400~600IU，多种维生素和矿物质补充剂1片，直到哺乳期结束。

妈妈不累、宝宝舒服的哺乳姿势

◎ 怀抱宝宝哺乳

胸贴胸，腹贴腹，下颌贴乳房。妈妈一只手托住宝宝臀部，另一只手肘部托住宝宝头颈部，头部躺在臂弯处，头顶朝向妈妈侧前方，妈妈和宝宝的视线近乎相视。宝宝下颌贴住乳房下部，鼻子朝向乳房上部，宝宝上身躺在妈妈前臂上，让宝宝紧挨着妈妈胸腹部，这是宝宝最感舒服的吃奶姿势。让宝宝仰着头吃奶，下颌贴乳房，前额和鼻部远离乳房，即容易吸吮，也有利于呼吸，还有利于吞咽。需要注意的是，不要窝着宝宝颈部，让宝宝头部略后仰，避免乳房堵住宝宝鼻孔。

◎ 坐式姿势哺乳

宝宝两腿分开，坐在妈妈一侧大腿上，妈妈一手揽住宝宝，一手托起乳房。这种哺乳姿势适应于宝宝头能竖立起来时期。

◎ 剖宫产妈妈哺乳

抱头式哺乳：剖宫产的妈妈腹部有刀口，为了避免宝宝触碰到妈妈刀口，可以采取抱头式哺乳姿势。宝宝身体躺在妈妈腋下部，头部从腋下伸出，宝宝和所吸吮乳房在同一侧位置，利用哺乳垫是不错的选择。

躺式哺乳：妈妈有腰痛或患有痔疮或会阴侧切或剖宫产时，可采取躺式哺乳。宝宝躺在妈妈一侧，面向妈妈，妈妈侧卧，一手揽住宝宝，注意不要压到宝宝，不要堵住宝宝口鼻。

妈妈可以盘腿坐在床上或地板上，这样喂奶，宝宝就像躺在摇篮中，妈妈不累，宝宝也舒服。坐在床上喂奶，后背要放上靠背垫，胳膊下可以放个枕头或哺乳枕垫，可避免胳膊酸痛。可盘腿坐在床上，也可把腿伸开，膝关节屈曲，在下面放一个软垫。坐在床边喂奶，一只脚蹬在凳子上，也可在胳膊下放一个哺乳枕垫。坐在椅子上喂奶，在椅背上放上靠垫。

常见问题及解决方案

◎ 宝宝吃奶哭闹是怎么回事？

问题： 刚开始喂奶的新妈妈，往往是累得一身汗，胳膊酸了，脖子僵了，宝宝却因不能舒服地吃奶而哭闹。

解决方法： 正确的喂奶姿势是，妈妈一只手托住宝宝的臀部，另一只手肘部托住宝宝的头颈部，宝宝的上身躺在妈妈的前臂上，这是宝宝吃奶最感舒服的姿势。有的妈妈恰恰相反，宝宝越是衔不住乳头，妈妈越是把宝宝的头部往乳房上靠，结果宝宝鼻子被堵住了，不能出气，就无法吃奶。一定要让宝宝仰着头吃奶（宝宝下颌贴在妈妈的乳房上，前额和鼻部尽量远离乳房），这样宝宝食道伸直了，不但容易吸吮，也有利于呼吸，还有利于牙颌骨的发育，避免出现"兜齿"。

◎ 宝宝衔不住乳头怎么办？

问题： 妈妈乳头过小、过短，都会使宝宝衔不住乳头，造成喂奶困难。宝宝衔了放，放了衔，重复几次，就开始烦躁、哭闹、打挺。妈妈急，宝宝哭，母子都累得筋疲力尽。

解决方法：

·每天用食指、中指、拇指三个手指捏起乳头，向外牵拉，坚持5～10秒，每天在喂奶前拉更好。

·用吸奶器吸引乳头，每次吸住乳头10～30秒，每天在哺乳后进行。

·给宝宝哺乳后，让大宝宝帮助吸吮乳头，也可让宝爸帮助。

·喂奶时用中指和食指轻轻夹住乳晕上方，使乳头尽量突出，这样做也可防止乳房堵住宝宝鼻孔。

◎ 宝宝咬破乳头怎么办？

问题： 常常有哺乳的妈妈，乳头被乳儿咬破了，皲裂感染。乳儿吸吮时，妈妈剧烈疼痛，甚至会并发乳腺炎。有的妈妈只好狠下心来，给宝宝断奶，但看到宝宝瘦了，心里又难受。

解决方法： 宝宝咬破妈妈的乳头，多源于喂奶方法不对，没有让宝宝的小嘴完全含住乳头，只是浅浅地"叼着"乳头，宝宝为了吃到奶，就试图用牙床咬住乳头，久而久之，妈妈的乳头就被磨破了。这样一来，妈妈在喂奶时，因为乳头疼痛，本能地向后躲，宝宝含的乳头就更少，不得不用牙床紧紧咬住乳头，牵拉乳头，从而再次损伤了乳头，形成恶性循环。明白了这个道理，妈妈就要让宝宝把乳晕尽量含入口中，而不单单是衔住乳头！

健康护理：每次喂奶后，在乳头上涂抹乳头保护霜，也可挤出少许乳汁涂抹于乳头上。条件允许的话，喂奶后，可暴露乳头几分钟。如果哺乳时痛感明显，可在喂奶时戴上乳头保护罩，不但可减轻疼痛，还可防止乳头再次被咬破。如果皲裂处有感染迹象，需在医生指导下使用外用抗菌药膏，喂奶前清洗乳头。妈妈不要用毛巾用力擦乳头，以免擦伤。不要穿太紧或质地太硬的内衣，选择宽松些的哺乳期乳罩，如果乳罩摩擦皲裂的乳头而发生疼痛，可在乳头上套一个乳头保护罩或带防溢乳垫，能有效减轻疼痛。

◎ 发生乳头错觉怎么办？

问题：宝宝出生后，因为某些原因，妈妈不能亲自哺乳，不得已用奶瓶喂奶。当条件允许妈妈哺乳时，宝宝有可能拒绝吸吮妈妈的乳头，只接受奶瓶喂奶，这就是乳头错觉。

解决方法：发生了乳头错觉，妈妈切莫焦虑，耐心等待，坚持母乳喂养，宝宝很快会接受妈妈乳头的。

◎ 奶少怎么办？

问题：妈妈奶少，很容易发现。喂奶前乳房无涨感，无喷乳反射，宝宝吃奶间隔时间短，次数多，易醒爱哭，生长缓慢，大便少等。

解决方法：

·勤喂。试着抽出24~48小时的时间（如您的奶水实在太少了，可抽出更长的时间），什么事也不要做，专心喂奶和休息。

·两侧乳房都要喂。每次喂奶都要换边喂，这样既可引起婴儿吸奶的兴趣，又可同时刺激两乳奶水分泌。一般都是婴儿在一边吃十几分钟，换边后再吃几分钟。

·吸吮妈妈乳头。母乳喂养，妈妈要尽可能坚持亲自哺乳，尽量不把乳汁吸出来，放到奶瓶里喂。另外，也要少给宝宝使用安抚奶嘴。

·妈妈饮食平衡。尽可能吃各种营养成分不同的天然食物。每次喂奶前，喝一杯水或鲜榨果汁。

· 充分休息与放松。充分休息与放松，很快就会使母乳分泌量增多。和宝宝一起睡个午觉，洗个温水澡，听听轻松的音乐，做做轻缓的运动等，都有利于乳汁增加。

◎ 乳冲怎么办？

问题： 每当给宝宝喂奶时，宝宝就打挺、哭闹，刚把乳头衔入口中，很快就吐出来，甚至拒绝吃奶。妈妈奶水向外喷出，甚至喷宝宝一脸。当宝宝吸吮时，吞咽很急，一口接不上一口，很易呛奶。这就是"乳冲"造成的。

解决方法： "剪刀式"喂哺。妈妈一手的食指和中指做成剪刀样，夹住乳房，让乳汁缓慢流出。生活中少喝汤，适当减少乳汁分泌。有医生建议喂奶前先把乳汁挤出一些，以减轻乳涨。我不赞成这样的做法，因为挤出去的"前奶"含有丰富的蛋白质和免疫物质等营养成分，"后奶"的脂肪含量较多。若每次都是挤出"前奶"的话，宝宝就多吃了脂肪，少吃了蛋白质等其他营养成分，造成营养不均衡。

◎ 宝宝总是吃吃停停怎么办？

问题： 宝宝吃奶时总是吃吃停停，吃不到三五分钟，就睡着了；睡眠时间又不长，半小时一小时又醒了。

可能原因1： 妈妈哺乳姿势不对，宝宝倍感不适，索性放弃吃奶。	**解决方法：** 采取妈妈和宝宝都舒服的喂奶姿势，参考"妈妈不累、宝宝舒服的哺乳姿势"。
可能原因2： 宝宝没有把乳头完全衔入口中（宝宝嘴唇没有盖住乳晕的大部分），吃奶费力效率低，宝宝疲惫地睡着了。	**解决方法：** 喂奶时，抱好宝宝，用乳头轻轻触碰宝宝的下嘴唇，待宝宝把嘴张开时，把乳头送入宝宝口中，使宝宝上嘴唇和下嘴唇完全包裹住乳头和部分乳晕。
可能原因3： 母乳不足，吞咽一口奶，需要吸吮两三下，还没吃饱就累了，只好吃吃睡睡，睡睡吃吃。	**解决方法：** 哺乳时用手轻轻按摩乳房一两分钟，刺激乳汁分泌，宝宝吸吮就不大费力气了；两侧乳房轮流哺乳，每次15分钟左右。

可能原因4： 母乳和配方奶混合喂养时，宝宝只吃母乳不吃配方奶的现象比较常见，而混合喂养多是因母乳不足时的无奈选择。宝宝不吃配方奶只吃母乳，但母乳又不足，宝宝就舍不得放开妈妈的乳头，导致了吃吃停停，吃一会儿睡一会儿的情况。	**解决方法：** 如果母乳确实不足，也可以先喂母乳，然后再补充少量配方奶。配方奶的温度与母乳尽量一致，选择符合宝宝月龄的奶嘴型号，奶嘴的质地和形状更接近妈妈乳头，使宝宝更容易接受，避免发生乳头倒错。
可能原因5： 配方奶喂养，奶嘴孔过小，需要用力吸吮，宝宝吸吮一会儿就累了，一累就睡，睡一会儿还饿。	**解决办法：** 按照宝宝月龄购买奶嘴。有的宝宝性子急，吃奶量也比较大，希望奶液流速快一些，可尝试用大一号的奶嘴。如果宝宝没有发生呛奶，也不再出现吃吃停停，吃吃睡睡，或者一吃奶就烦躁的现象，那么，之前很有可能是宝宝嫌奶嘴孔太小。

无论是母乳喂养、配方奶喂养，还是混合喂养，宝宝吃奶后能安睡两三个小时，就已经很好了。随着月龄增加，宝宝吃的能力会越来越强，深睡眠时间也会越来越长，吃吃停停、吃吃睡睡的现象会大有改观。

◎ 宝宝不吃妈妈乳头怎么办？

问题： 宝宝刚出生的时候，妈妈没能及时给宝宝喂上母乳，而是先用奶瓶喂了配方奶，那么宝宝很快（一般也就3天左右）就适应奶瓶和配方奶了，改喂母乳，反倒不适应了。

解决方法： 新生儿出生最初半小时非常关键，要尽快把小生命放入妈妈的怀抱吮吸母乳。如果开始喂了配方奶，一旦妈妈能喂母乳了，就一定想尽办法让宝宝吃母乳。一开始宝宝会哭，等着配方奶的到来，这时妈妈就要狠狠心，坚持不再喂配方奶。一次吃不多没关系，多吃几次，只要妈妈坚持，宝宝很快就会适应母乳的。

现在母乳喂养出现了一个新问题，那就是把母乳挤出来，放在奶瓶里喂，其理由是宝宝不吃妈妈的乳头。除了特殊原因母婴必须分离，不建议妈妈选择这样的喂养方式，因为宝宝吸吮妈妈的乳头和吸吮妈妈的乳汁有同样重要的意义。

◎ 母乳到底够不够宝宝吃？

问题： 许多新手妈妈感到困惑不解，怎么知道宝宝能否得到足够的奶水？自己会不会有足够的奶水喂宝宝？

解答： 妈妈奶水的多少，很大程度上是由宝宝吸吮程度决定的。宝宝吸吮妈妈的乳头，会刺激妈妈体内分泌更多的催乳素。妈妈给宝宝喂奶次数越多，体内分泌的催乳素越多，妈妈乳汁分泌的也就越多。

假如宝宝需要的奶量，超过了妈妈当下的生产量，宝宝自然会吃得频繁些，努力吸吮会使妈妈产生更多的奶水。哺乳一段时间以后，母乳产量就可以和宝宝的需求量大致平衡了。

◎ 每天应该喂奶几次？

问题： 母乳喂养的原则是什么？需要定时定量吗？

解答： 母乳喂养的原则是按需哺乳。新生儿出生后1~2周内，吃奶次数比较多，有的一天可达10次以上，即使是后半夜，吃得也比较频繁。满月后吃奶次数有所下降，每天8次左右。后半夜往往会睡五六小时不吃奶。

宝宝每天吃奶量和次数并非一成不变，今天也许多些，明天也许少些。只要没有其他异常，妈妈就不要着急。习俗讲的"孩子猫一天狗一天"，有一定道理。即使是刚刚出生的宝宝，也知道饱饿，什么时候该吃奶，宝宝会用自己的方式告诉妈妈。

特别值得注意的是，不要宝宝一哭就喂，因为宝宝哭并不都是饥饿的信号，还可能有别的原因，要注意区别。

新生儿睡眠时间比较长，尤其是出生两周以内的新生儿，除了吃奶，大部分的时间在睡觉，有的甚至一次睡眠时间超过四五个小时。是叫醒吃奶，还是等他自然醒来？当然要叫醒宝宝吃奶！早产或体重低的新生儿，觉醒能力差，如果一直让宝宝睡下去，有可能发生低血糖。所以，如果宝宝睡眠时间超过了3小时仍然不醒，那就要叫醒喂奶。如果宝宝不吃奶，就要看看宝宝是否有其他异常情况，是否有病。如果是在后半夜，就不要主动叫醒宝宝了，除非连续睡眠时间超过了6小时。

如果宝宝睡眠时间很短，十几分钟就醒，是不是一醒就喂奶呢？如果偶尔一两次，妈妈就不要介意了；如果很频繁，就要寻找原因，是否奶水不足，是否消化不良等，及时解决。

◎ 如何判断喂养良好

问题：宝宝体重或减轻或增长不明显，是喂养出现了问题吗？

解决方法：新生儿每天换下6~8次很湿的尿片，排大便2~5次，每周平均增加200~300克体重，满月时体重增长800~1200克，说明喂养良好。大部分新生儿，出生后一周左右，体重会减轻，属于正常现象。有的新生宝宝生后10天左右，才恢复到出生时的体重，也属正常。

新生儿24小时内，需喂奶8~12次，或每隔2~3小时喂一次，这也是平均情况。有些新生儿吃的次数多，有些次数少，只要宝宝看起来肤色健康，皮肤有弹性，身长、体重增长正常，机警有活力，就是喂养良好的宝宝。

◎ 母乳喂养的新生儿用喂水吗？

问题：许多人都认为，无论是母乳喂养，还是配方奶喂养，新生儿都需要喂水。这种看似正确的观点和做法，实际上是错误的。

正确选择：无论是母乳喂养，还是配方奶喂养，抑或是母乳和配方奶混合喂养，在添加辅食前，都不必添加任何食物和饮料，包括水。母乳和配方奶含有婴儿从出生到6月龄生长发育所需的全部营养物质，包括父母熟知的蛋白质、脂肪、碳水化合物、维生素、水、钙、铁、锌等宏量和微量元素。母乳和配方奶，其中所含水量，完全能够满足6个月以下婴儿所需，不用额外喂水。给6个月以下婴儿额外喂水，非但没有必要，还会增加婴儿心脏与消化道的负担；额外喂水，会减少宝宝奶的摄入量，影响宝宝正常的生长发育。

在脱水热、暑热症、发热、腹泻、呕吐、尿崩等特殊情况下，需要在医生指导下补充水分或口服补液。

◎ 喂奶后妈妈可否倒头就睡？

问题：新手妈妈经过分娩、产后护理婴儿，身心疲惫不堪。喂完奶后，妈妈倒头就睡，这是常见的现象。

解决方法：新生儿的食道入口贲门括约肌发育还不完善，很松弛，而胃的出口幽门很容易发生痉挛，加上食道短，很容易发生胃食管反流，出现溢乳。倘若乳汁呛入气管，有发生窒息的危险。所以，如果宝宝身边只有妈妈，切莫喂奶后倒头就睡。喂奶后，轻拍宝宝背部一会儿，再缓缓放下宝宝，观察几分钟，如果宝宝睡得很安稳，妈妈再躺下睡觉。夜晚睡觉时，要开一盏光线比较暗的小夜灯，一旦宝宝溢乳，能及时发现、及时处理。

◎ 乳头湿疹

问题： 乳头漏奶，容易弄湿衣物。久而久之，就发生了乳头湿疹。乳头湿疹不易根治，可反复发生，长期不愈。

解决方法： 发生漏奶，要及时更换内衣，尽可能保持内衣干爽；喂奶时，如另一侧乳头溢乳，可在喂奶前垫一块多层的无菌纱布，也可以垫一条洁净的干毛巾，或者是吸水性强的乳垫。喂奶后立即拿掉被乳汁浸湿的纱布，在乳头上涂抹乳头保护膏，预防乳头湿疹。一旦患了乳头湿疹，要及时就医，遵医嘱治疗。乳汁可谓是细菌的培养基，如果不及时取下被乳汁浸湿的内衣、纱布、毛巾、乳垫、防溢乳垫，很容易滋生细菌，感染乳头，特别是乳头破损时，细菌由破损处侵入乳腺，导致化脓性乳腺炎。

◎ 乳腺炎

问题： 罹患乳腺炎，是哺乳期妈妈的常见问题。哺乳期妈妈采取一些预防措施，避免乳腺炎的发生是很有必要的。

解决方法：

·避免乳头皲裂。采取正确的哺乳姿势，让妈妈和宝宝都感到舒适。用乳头刺激宝宝下唇，待宝宝把嘴张开时，把乳头送入口中，让宝宝的小嘴完全含住乳头，并尽可能地使宝宝嘴唇包裹住乳晕。

·不要让乳房受到挤压和冲撞，更不能长时间压迫乳房；睡觉时尽可能采取仰卧位，不要把手和上肢放在胸部；侧卧位睡眠时，如果乳房有被压迫感或微微疼痛感，要马上变换体位；不要采取俯卧位睡姿。

·如果因某些原因，不能按需哺乳，一定要及时排空乳房，不要攒奶。

·乳房有硬块时要及时处理，可用硫酸镁湿敷或热敷，每次尽量让宝宝把乳房吸空。采取措施后乳房硬块非但未消，还有增大增多趋势，甚至出现了痛感，要及时就医。

·保持心情愉快，心情郁闷焦躁时，要寻求帮助，尽快排解。

·乳房出现红、肿、热痛或体温升高，要及时看医生。

·感觉乳房胀痛，即便宝宝没有吃奶需求，妈妈也要试着给宝宝喂奶，如果宝宝不吃，就要用吸奶器把奶吸出来，或者徒手挤奶，直到乳房胀痛感消失。倘若喂奶或吸奶后，乳房胀痛仍无缓解，要及时就诊。

·晚上，如果宝宝较长时间不吃奶，妈妈感到乳房胀痛，一定要起来吸奶或挤奶，消除乳房胀痛。很多新手妈妈，都是一夜之间患上乳腺炎的。

·乳头或乳房有感染迹象，要及时看医生，切不可耽误。一旦发生乳腺炎，需要用药，一定要遵医嘱，不要因担心宝宝而拒绝使用药物和其他治疗措施。

  配方奶　　喂养

不宜母乳喂养的情况

◎ 哪些宝宝不宜吃母乳

妈妈用甘甜的乳汁哺育宝宝是再寻常不过的事了，但有些时候，妈妈不得不放弃用母乳喂养宝宝，妈妈也不要为此过于难受。尽管不能母乳喂养，毕竟还有配方奶，也能让宝宝健康发育。

苯酮尿症（PKU）

患有PKU的宝宝不宜母乳喂养，也不宜用普通配方奶喂养，需要选择特殊配方奶喂养。

乳糖不耐受综合征

乳糖不耐受综合征患儿，常表现为吃了母乳或配方奶后出现腹泻。如果宝宝腹泻严重，已经影响了宝宝体重增长，应暂停母乳或普通配方奶喂养，暂时选择低乳糖或无乳糖配方奶。

母乳性黄疸

母乳性黄疸需停母乳喂养只是短时间的，一般是24~48小时左右，之后就要恢复母乳喂养。如果恢复母乳喂养后，黄疸再次加重，可再停喂一两天。经过两三次这样的过程，宝宝就不会因为吃母乳而出现黄疸了，可以继续母乳喂养了。

◎ 哪些妈妈不宜给宝宝喂母乳

如果新手妈妈不宜给宝宝哺乳，却硬是要喂奶，这样的话，不但可能伤害宝宝，也可能给妈妈带来伤害，母婴都失去健康。坚持母乳喂养的前提应该是妈妈的身体健康，如果出现孕期或分娩后严重并发症、乳房疾病、急性感染性疾病、传染性疾病、处于甲状腺功能亢进和减退发病期、患有妊娠糖尿病或2型糖尿病、肾脏疾患、心脏病或服用禁忌药物等，妈妈应听从医嘱，暂时或完全停止母乳喂养。

婴儿配方奶等同于母乳吗

配方奶是以牛乳为主要原料，按照母乳成分经过加工，去掉牛乳中过多的酪蛋白，添加了牛乳中不足的营养素。但配方奶与母乳成分相差甚远，是目前技术水平尚无法企及的。

母乳中含有很多生物活性物质和多种抗体，能够抵抗许多常见病，其作用可持续两年之久。母乳中还含有吞噬病菌的吞噬细胞，可溶解细菌的溶解酶，能阻止细菌代谢的乳铁蛋白。所以，母乳喂养的宝宝，罹患感染性疾病的概率低，不易发生过敏反应，较少罹患婴儿湿疹。

如何选择配方奶

因为不可抗拒的原因，妈妈不能用母乳喂养宝宝，在这种情况下，选择符合国标（婴幼儿配方奶生产国家/国际标准）和行标（婴幼儿配方奶生产行业标准）的婴幼儿配方奶，可作为母乳替代品。如果宝宝是足月新生儿，选择普通配方奶就可以了。如果宝宝是早产儿，要根据宝宝体重增长情况，在医生指导下，选择早产儿配方奶。如果宝宝患有乳糖不耐受症，可选择低乳糖或无乳糖配方奶。如果宝宝对牛奶蛋白过敏，根据过敏程度和不同的过敏症状选择氨基酸、深度或适度水解蛋白配方奶。如果宝宝吃某一品牌的配方奶很好，就不要轻易更换其他品牌，以免宝宝不能耐受。

配方奶的调制

配方奶盒中会配有小勺。通常情况

下，婴儿配方奶配备的小勺，一平勺配方奶为4.5克，需加水30毫升；幼儿配方奶配备的小勺，一平勺配方奶为9克，需加水60毫升。给宝宝调制配方奶时，要先加水后加粉，建议水温38~42℃，盖好奶瓶盖，轻轻摇晃奶瓶至奶粉完全溶开，就可以喂宝宝了。

合适的奶温

奶水温度要适宜，以38~42℃为宜，滴儿滴奶在手背或手腕上，应不感到烫，又有热乎乎的感觉。过热会损伤新生儿口腔、食道黏膜；过凉则会导致肠道不能耐受，出现大便溏稀或腹胀，造成新生儿不安、哭闹。爸爸妈妈如把握不好，可选用恒温水壶或温奶器；

还可购买奶瓶温度计、测温贴等产品测量奶温，千万不要通过吸奶嘴的方式测温，以免成人口中的细菌，尤其是幽门螺旋杆菌，经口传播给婴儿。

奶瓶竖立的角度

喂奶时，奶瓶一般与新生儿面部成90°。如果角度不适宜，容易造成婴儿牙槽骨畸形，如"地包天"或"天包地"。奶水要充满整个奶嘴，不要一半是奶，一半是空气，这样会使孩子吸进过多空气，造成腹胀、打嗝、溢乳、排气多。

把控塑料奶瓶质量

建议选用玻璃材质的奶瓶，但玻璃奶瓶易碎，存在一定安全风险。如果选用塑料材质奶瓶，包装上必须有材质和容积标识；奶瓶上须有容量刻度；奶瓶各部位不应闻到异味；如果塑料奶瓶上有结晶体、异物、杂质、多麻点、气泡、气味（包括你能接受的气味），都提示此奶瓶存在质量问题，是不能出厂销售的，绝不能给宝宝使用。

奶嘴孔大小

奶嘴孔大小要适宜，过大，宝宝易发生呛奶；过小，宝宝吸吮费力，会面肌疲劳。不同月龄段宝宝使用的奶嘴型号不同，且不同品牌型号的奶嘴，孔的大小也不同，即使是符合宝宝月龄的奶嘴，也不一定适合所有该月龄段的宝宝。对吸吮力较弱的宝宝来说，可能奶嘴孔偏小；对吸吮力很强但吞咽力稍差的宝宝来说，又可能奶嘴孔偏大。购买时要注意选择适合宝宝月龄的奶嘴，不妨多买几个，如果奶嘴孔大小不适合，可以尝试着更换，找到合适宝宝大小的奶嘴。

餐具消毒

新生儿餐具每次使用完毕，都要及时清洗，可选用奶瓶专用清洗剂，每天把一天使用并清洗过的餐具消毒，可选择蒸或煮，也可以使用婴儿专用餐具消毒器皿。

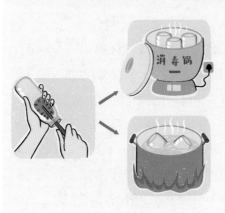

消毒完毕一定要烘、擦或晾干，不要带水放置。宝宝喝剩的奶液不能留待下次喂，直接弃掉或倒出来成人喝掉。调奶器皿和奶瓶洗净、晾干备用，这是预防新生儿鹅口疮的有效方法。不要使用餐巾纸擦新生儿餐具，因为餐巾纸的卫生状况不确定。新生儿餐具可放在消毒柜里，或罩在洁净盖布下，不要暴露在外，以免落上灰尘。

混合 喂养

母乳喂养和配方奶喂养同时进行，称为混合喂养。一方面，现在的新手妈妈大多是上班族，生活节奏快，精神压力大，工作任务重，生育年龄偏大，乳量偏少，难以满足宝宝的需要，不得已采取混合喂养方式；另一方面，妈妈认为自己的乳量不足，不能把宝宝喂饱，主动选择了混合喂养。

如何判断母乳是否足够喂养宝宝

母乳是否足够喂养宝宝有可度量的标准吗？有，就是生长发育速率，包括身长、体重、头围等数值的监测，其中，体重是确定母乳充足与否的客观指标。对于新手父母来说，可操作性强，又能快速反应出乳量是否足够喂养宝宝。以下几点认知，也是新手父母需要了解的。

◎ 母乳的分泌量随宝宝需求而变化

分娩后，大多数产妇能分泌足够的乳汁喂养宝宝，但会有少数产妇，乳汁分泌的时间会有所延迟，可能会在分娩一两周左右，或者更长的时间才能分泌足够的乳汁。乳汁的分泌量与很多因素有关，睡眠是否充足、情绪是否平稳、饮食是否正常、哺乳次数和时间是否足够、身体状况是否良好等，都会或多或少地影响到乳汁的分泌。但是，这些因素对母乳产量的影响不是永久的，如果产妇的乳汁分泌机制没有问题，这些因素很容易去除，重新恢复乳量。倘若妈妈当下感受到乳汁不足，切莫灰心焦虑，尽可能地放松精神，调整情绪。妈妈越是以平常心对待母乳喂养，母乳喂养的成功率越高。请新手妈妈牢记：只要宝宝体重如期增长（出生7~10天宝宝会有生理性体重降低，属正常现象），就说明母乳喂养得很好。

◎ 宝宝的吸吮力

即使是新生宝宝，对乳量的需求也存在着显著的差异。有的宝宝出生第一天就表现出对吃奶的热情，每次都用力地吸吮；有的宝宝则对吃奶不那么热切，甚至是吃吃停停，吃吃睡睡，吸吮的力度也不那么强。这两种情况都可能会让新手妈妈怀疑自己的乳汁不足。吃奶热情高，吸吮力强的宝宝，吃奶时间大多比较短，妈妈很可能会因此认为自己的乳汁不足；而吃奶热情比较低，吸吮力弱一些的宝宝，吃奶时间多比较长，妈妈会感到身体疲惫，由此产生内心焦躁，对自己的乳量产生怀疑，甚至心生愧疚，觉得对不起宝宝。还是那句话：只要宝宝体重如期增长（出生7~10天宝宝会有生理性体重降低，属正常现象），就说明母乳喂养得很好。

◎ 宝宝表达饿的方式不同

每个宝宝都是独一无二的，令人惊讶的是，新生儿出生后，就已经显示出了独有的个性。多数宝宝饿了会大哭，直到把乳头放入口中才安静下来，但宝宝大哭并非都是因饿而起：有的宝宝饿了却不哭，只是醒来，身体扭来扭去，咂咂小嘴，用力把头转向妈妈，用身体语言告诉妈妈他饿了；有的宝宝既不用大哭，也不用身体语言表达他饿了，而是醒来，静静地等待着妈妈喂奶；也有的宝宝会吭吭唧唧，四肢用力舞动，脸憋得通红，急切地表达着他要吃奶的愿望。所以，妈妈切不要因为宝宝时常大哭而怀疑自己的乳汁不够。

解读宝宝哭闹的原因并不像想象的，或书上说的那么轻而易举。当宝宝哭的时候，妈妈的第一反应是宝宝饿了，而且给宝宝喂奶也是妈妈最容易做到的，也是从心里最想做的。如果这时妈妈感到乳房中没有充足的乳汁，就坚定自己的乳汁少，不能满足宝宝的需求，往往就会喂配方奶。新手妈妈切莫着急下结论，宝宝哭的原因有很多，除了饿，还有冷了、热了、哪里不舒服了、需要妈妈抱抱了等原因。判断乳汁是否充足，重要的参考指标是宝宝体重增长速率。

◎ 宝宝的食量存在差异

宝宝出生后，食量会逐渐增加，但并不是每天都稳步增加。有时一天就增加几十毫升；有时连续几天都停留在原有的食量；有时不但食量没有增加，还比原来下降了。在吃奶次数和时间上，宝宝间也存在差异。同龄的宝宝，有的宝宝每天需要喂奶10次以上，有的宝宝则只需喂奶七八次；有的宝宝每次吃奶时间长达40分钟，有的宝宝20多分钟就不吃了。多数情况下，母乳量是随着宝宝的需求分泌的，但也有例外，有的宝宝虽然吃饱了，仍然不舍得离开妈妈的怀抱，不愿意松开妈妈的乳头，妈妈由此认为自己的乳汁不足，宝宝没有吃饱。如果宝宝体重增长速率是正常的，说明妈妈的乳汁是能够满足宝宝生长发育所需的，妈妈大可放心。

◎ 请理解新手妈妈的焦虑

请周围的人不要说这些让新手妈妈焦虑的话。再次重申：只要宝宝体重如期增长（出生7~10天宝宝会有生理性体重降低，属正常现象），妈妈就无须担心，你的乳汁足够宝宝吃。

◎ 宝宝偶尔不想吃母乳

如果妈妈抱起宝宝喂奶，宝宝正在"气头上"，说什么也不吃，妈妈只好用配方奶喂养，倘若恰好宝宝吃了，妈妈获得了经验，笃定母乳不足，混合喂养的序幕就这样拉开了。没有真正确定母乳不足的情况下，切莫轻易选择混合喂养。因为混合喂养并不像你想象的那么容易，在混合喂养之路上会遇到诸多问题，母乳产量与哺乳次数和宝宝需求密切相关，添加了配方奶，很有可能会使母乳越来越少。

◎ 确实不能纯母乳喂养时

如果必须选择混合喂养，妈妈也不要难过，并不是所有宝宝都能够纯母乳喂养，也不是只有纯母乳喂养的宝宝才是健康的。妈妈和周围人都要欣然接受混合喂养的事实。需要做的是提前做好准备，规避可能出现的混合喂养问题。在育儿方面，不是全无或全有，也不是全错或全对的，我们应该辩证地看待育儿中的问题。混合喂养会带来一些喂养上的难题，但混合喂养也有好的一面，如果母乳真的不够宝宝吃，又不想放弃母乳，混合喂养是比较好的选择。如果不出现乳头倒错，宝宝既吃母乳又吃配方奶，那就再好不过了，混合喂养也就没那么难了。

如何解决混合喂养中常见的问题

◎ 乳头倒错

混合喂养的宝宝能感到人工奶嘴和妈妈乳头不同的质感、气味。多数宝宝更喜欢吸吮妈妈柔软、舒服的乳头，而拒绝吸吮人工奶嘴。如果用奶瓶给宝宝喂过药水，宝宝很可能会拒绝奶瓶喂养。

不接受人工奶嘴说起来算不上大问题，但解决起来却比较棘手。曾有混合喂养的妈妈，尝试在奶瓶喂养前，先饿一饿孩子，或在人工奶嘴上沾点糖，或等到孩子睡得迷迷糊糊的时候喂。这些办法有时奏效，有时却一点儿用也没有。妈妈爱说"宝宝太精了"，或说"宝宝太固执了"，也许是这样吧。我的建议是，如果宝宝"精"得你无计可施，妈妈就老老实实用小勺或小杯喂吧，或许过一段时间，宝宝就会很喜欢人工奶嘴了。

◎ 不爱吃配方奶

宝宝一开始挺爱吃配方奶，可有一天突然不喜欢吃了。妈妈不要着急，遇到这种情况，就只给宝宝喂母乳，绝大多数宝宝不会一直饿着自己的，如果母乳真的不够他吃，终会有一天开始接受配方奶。在宝宝拒绝配方奶这段时间里，要监测宝宝体重增长情况，如果体重增长速率下降，要及时带宝宝看医生。

有的妈妈和孩子较劲，不吃配方奶，就不喂母乳，想着宝宝饿急了，就会接受配方奶了。结果呢，宝宝更加不喜欢吃配方奶，甚至还没等到把奶嘴放到宝宝嘴里，宝宝已经开始反抗了。请妈妈不要采取这样的"制裁措施"。

有的妈妈等到孩子睡得迷迷糊糊的时候把奶嘴塞进宝宝嘴里，结果宝宝吸了起来。可是，等到宝宝醒来，更加不喜欢喝配方奶了。只要宝宝体重增长速率正常，请妈妈不要采取这样的方式。

◎ 不爱吃母乳

这种情况并不多见，分析可能的原因：母乳没有配方奶的甜度高，而宝宝多喜甜；奶瓶乳汁充沛，宝宝吸吮起来省力，遇到这种情况，妈妈需要做的是，坚持母乳喂养，不随意增加配方奶量，以免母乳越来越少。妈妈要有耐心，找到舒适的喂奶姿势。想办法喂母乳，不要轻易放弃。把母乳挤出来放在奶瓶里喂，解决了宝宝一时不吃妈妈乳头的问题，但会造成母乳分泌量下降，给以后的母乳喂养带来新的问题——母乳不足。宝宝吸吮妈妈乳头时，催乳素会迅速升高；用吸奶器吸奶时，催乳素分泌速度缓慢；宝宝吸吮时催乳素的分泌量要比用吸奶器抽吸时高出20倍。

◎ 消化功能紊乱

混合喂养时，宝宝可能会出现消化功能紊乱。这是因为母乳比配方奶更容易吸收；母乳更适合宝宝尚未成熟的肠道；母乳受到有害菌污染的概率更低；母乳能保持恒温，温度也更适合宝宝肠道；母乳不易发生过敏反应和不耐受；母乳不易导致宝宝便秘和肠绞痛。如果宝宝出现了消化道功能紊乱，比如便秘、腹泻、肠绞痛等情况，请及时就医。注意喂奶餐具卫生；用40℃水调制奶液；如果是牛奶蛋白过敏，可咨询医生，把普通配方奶更换成水解蛋白配方或氨基酸配方奶；如果是乳糖不耐受，可在医生指导下，暂时更换成低乳糖或无乳糖配方奶。给宝宝用药，包括益生菌，一定要在医生指导下才可服用。

◎ 母乳到底缺多少？每次冲调多少配方奶

母乳分泌量受很多因素影响，每一天，甚至一天中的每一时刻，母乳的分泌量都发生着变化。情绪、饮食、睡眠、体内激素水平等都影响乳汁的分泌量。但是，母乳分泌量的变化并不影响宝宝的生长发育。母乳少的时候，宝宝会用力吸吮，延长吸吮时间，如果此次乳量没有满足宝宝需要，宝宝会很快再次要奶吃，以弥补前次的不足。母乳很充足，宝宝吃多了，宝宝会有比较长的一段时间不要奶吃，以消化过多的奶水。也就是说，宝宝会随着妈妈乳汁分泌的情况来调节自己的吃奶情况。所以，母乳喂养提倡的是按需哺乳，最好的办法是尊重宝宝，相信宝宝知道饱饿。尽量减少配方奶的喂养量，以免影响宝宝对母乳的摄入。

◎ 喂奶时间如何安排

遵照母乳按需，配方奶按时，增加母乳次数，减少配方奶次数的原则。宝宝饿了，首先喂母乳，喂奶后，宝宝表现出很满足的样子，或者安静地入睡了，就不要因担心宝宝没吃饱再喂配方奶。

可选择的混合喂养方式

比采取什么样的混合喂养方式更重要的是：宝宝欣然地接受了混合喂养；宝宝没有发生乳头倒错（不接受人工奶嘴）；宝宝体重增长速率正常；宝宝未发生胃肠功能紊乱。如果以上4项都满足，那么，你采取的混合喂养方式就是最好的。

◎ 宝宝饿了，首选母乳

每次先喂母乳，如果宝宝不再要奶吃，就等到下次喂奶时间。如果喂完母乳后，宝宝仍然哭闹，就临时喂配方奶，补充母乳的不足。如果宝宝吃完母乳后不哭不闹，即使妈妈觉得宝宝吃得很少，也不要马上喂配方奶；若喂奶还不到一个小时，宝宝又要吃奶了，也不喂配方奶，仍然先喂母乳，不足部分以配方奶补充。这种方法对增加母乳量有好处，但容易出现乳头倒错。

喂母乳就喂母乳，喂配方奶就喂配方奶。两种奶不混在一起喂。

◎ 白天母乳，夜间喂配方奶

妈妈休息得越好，母乳分泌得越多。为了保证妈妈夜间休息，只在夜间喂配方奶，其余时间全部喂母乳；也可以在晚上睡前、宝宝后半夜醒来要奶时喂配方奶，其余时间喂母乳。通常情况下，妈妈休息得好，乳汁分泌量会增多，母乳能够满足宝宝需求，就不需要混合喂养了。

◎ 白天喂配方奶，夜间母乳喂养

采取这样的混合喂养方式，多是因为夜间只有妈妈一人看护宝宝，喂母乳方便快捷。这种方式的混合喂养，母乳量很可能会越来越少，配方奶越加越多。

◎ 母乳和配方奶交替

一次母乳喂养，下一次配方奶喂养，如此循环交替。这种方法操作容易，但母乳分泌会受到很大影响，配方奶喂养量会越来越多，最终导致配方奶喂养。

◎ 根据妈妈的感受

奶胀了就喂母乳，奶不胀就喂配方奶。这是凭借妈妈主观判断，随着宝宝月龄的增加，妈妈乳房胀满的感觉会逐渐减弱，有出现判断失误的可能。母乳分泌量会越来越少。

◎ 母乳和配方奶混着喂

由于母乳不足，有的妈妈就把母乳挤出来，和配方奶混合在一起喂，使得宝宝能够吃上完整的一顿，妈妈也能够清楚地知道，宝宝到底吃了多少奶。采用这样的混合喂养，妈妈的乳头得不到宝宝吸吮的刺激，催乳素分泌逐渐减少，乳汁会越来越少。

◎ 母乳不是越攒越多

妈妈不要试图攒奶，宝宝越吸吮，乳汁会越多。妈妈总是担心乳汁少，怕宝宝饿着，很依赖配方奶，结果配方奶越喂越多，母乳分泌却越来越少，最终完全靠配方奶喂养了。在刚刚开始母乳喂养的时候，妈妈可能会遇到这样那样的问题，不要着急，不要气馁，放平心态。

◎ 不轻易放弃母乳喂养

混合喂养最容易发生的情况是放弃母乳。母乳少，孩子吸吮困难，吸吮几口就睡着了，没有多长时间孩子就醒了要奶吃，妈妈爸爸和周围的人会认为影响孩子睡眠，也使大人疲劳，干脆停掉母乳喂配方奶算了。混合喂养要充分利用有限的母乳，尽量多喂母乳。如果妈妈认为母乳不足，就减少喂母乳的次数，会使母乳越来越少。母乳喂养次数要均匀分开，不要很长一段时间都不喂母乳。有的孩子尽管母乳少，吃不饱，可就是依赖母乳，不吃配方奶。遇到这种情况，周围人就会劝妈妈别再喂母乳了。我不赞成这样做，母乳是婴儿最佳的食品，母乳喂养对妈妈和宝宝的身心健康都有很大益处。

不可否认，无论怎样努力都没有足够的乳汁。遇到这种情况，妈妈不要伤心和自责，配方奶也能喂出健康的宝宝。虽然用奶瓶喂养，妈妈也要抱着宝宝喂，让宝宝有更多的时间享受到妈妈温暖的怀抱。

喂养中的注意事项

拍嗝的方法

喂奶后给宝宝拍嗝，是防止宝宝溢乳的方法之一。常用的有三种拍嗝方式：竖立拍嗝、半卧拍嗝、坐位拍嗝。新生儿还不能竖立起头部，脊椎尚不能支撑身体，拍嗝时，要注意保护脊椎和头颈部。

◎ 竖立拍嗝

把宝宝竖立着抱起来，宝宝胸腹部依靠在妈妈的胸部，宝宝头部趴在妈妈的肩上，妈妈用一只手臂抱住宝宝臀腰部，另一只手握成空拳状，由下往上，轻轻拍宝宝背部。需要注意的是，要掌握力度，不能在宝宝的腰、后脖颈位置拍打；要观察宝宝是否发生了溢乳，可以让家人帮助观察，如果只有你一个人，可站在镜子前，观察宝宝情况；一定要保护好宝宝头颈部，不要让宝宝口鼻趴在你的肩上而堵住宝宝呼吸道。给宝宝拍嗝时，可在你的肩上放一块干净的手绢或纱布，一是卫生，二是避免宝宝把乳汁或口水流到你的衣服上。给宝宝拍嗝时，手要成空拳状，不能用手掌拍。

◎ 半卧拍嗝

让宝宝半卧在你的腿上，头部侧躺在你的前臂上，使口鼻完全暴露，切莫堵塞宝宝呼吸道。手托住宝宝腋下，以免宝宝坠落。妈妈抬高上臂，使宝宝身体抬高45°，另一只手握成空拳状，轻轻拍宝宝后背。

◎ 坐位拍嗝

让宝宝坐在腿上，上身略前倾，一只手托住宝宝下颌和前胸部，另一只托住宝宝头颈和后背部，前后摆动宝宝四五下，动作要轻，幅度要小。另一只手握成空拳状，轻轻拍宝宝背部五六下，摆动身体和轻拍背部反复交替，总时长不超过2分钟。注意，小月龄的宝宝采取此拍嗝方法时要注意时长，不能太久，以免损伤宝宝脊柱。

宝宝如何传达饱、饿信息

发育正常的新生儿都知道饱饿，这是新生儿与生俱来的能力。宝宝饿了，他就会：饥饿性哭闹；用小嘴找乳头；当把乳头送到嘴边时，会急不可待地衔住，满意地吸吮；吃得非常认真，很难被周围的动静打扰。宝宝饱了，他就会：吃奶漫不经心，吸吮力减弱；有一点儿动静就停止吸吮，甚至放下乳头，寻找声源；用舌头把乳头抵出来，放进去，再抵出来；他还会转头，不理你。

如何顺利吸出母乳

新生儿期，有些妈妈乳量大、奶水多，宝宝吃不完，需要将多余的乳汁挤出去一些。挤奶时，有的妈妈喜欢自己用手挤奶；有的妈妈喜欢用电动或者手动吸奶器。不管用哪一种方法，挤奶前都要先把手洗净，并准备好干净的接奶容器。

◎ 徒手挤奶

大拇指和食指呈C型，放在乳晕边缘，大拇

指、乳头、食指三点一线，按下去（不改变位置）—挤压—归位，3~5次换个位置。

◎ 用吸奶器吸奶

用吸奶器吸奶，操作简单，比用手挤奶省力。用吸奶器吸奶时，也需要先按摩乳房，刺激催乳素分泌，这样不但会增加泌乳，还可减轻因吸奶引起的乳头疼痛。

如何储存和加热母乳

◎ 储存方法

母乳吸出后，应即刻放入有盖的清洁玻璃瓶，或塑料瓶，或一次性母乳储存袋中，并将容器密封好，预留一些空气，以便乳汁冷冻后膨胀。然后，在容器外贴上标签，标出母乳量和储存日期，放入冰箱中。

（请注意：足月儿使用的储存容器须清洁，早产儿使用的储存容器须无菌）。

◎ 储存时间

直接吸入到母乳储存容器密封后的母乳，放置在冰箱冷藏室可储存24小时；零度保鲜室可储存72小时。放置在冷冻室内，如果冷冻室与冷藏室同一个冰箱门，可存放2周；如果冷冻室是独立开关门的，可存放3～4个月；−15℃以下冷冻室可储存6～7个月。常温下可储存2小时，但不建议把吸出的母乳常温下保存，即使是冬季。不建议把母乳和日常食品特别是生肉存放在一起。乳类食物是细菌的良好培养基，很容易滋生细菌，一旦有致病菌污染，会伤害到宝宝胃肠健康。

冷冻奶，在未解冻未加热前，在冷藏室内可放24小时，常温下可放4小时；冷冻奶解冻并加热后，在冷藏室内可存放4小时，不可放置在常温下。如果没有在限定时间内喂给宝宝，不可再给宝宝吃，也不可再次冷冻，喝剩下的奶，不能再次给宝宝吃，也不能再冷藏或冷冻。冷冻的母乳可能会出现分层和不均匀的现象，这是脂肪悬浮所致，须轻轻摇匀，不影响宝宝食用。

◎ 解冻方法

先把冷冻母乳放在盛有自来水的容器中（特别注意的是，解冻母乳时，不要放在火炉或微波炉上直接加热），然后把容器放在冰箱冷藏室内解冻，大约需要 40 ～ 60 分钟。

◎ 温热方法

把解冻的母乳倒入奶瓶中，再把奶瓶放在盛有75℃热水的容器中，或把奶瓶直接放到温奶器中，加热到 42℃左右，就可以喂宝宝了。如果底部有些沉淀，须轻轻摇匀。

喂奶间隔白天、晚上是一样的吗

新生儿胃容量很小，能量储存能力也比较弱，需要不断补充营养。新生儿吃奶次数多，夜间也不会休息。因此喂奶的间隔，白天和晚上差不多是一样的。随着日龄的增大，宝宝夜间吃奶次数会逐渐减少，慢慢就会养成白天吃奶，晚上不吃奶的习惯了。

夜间喂奶应避免的危险

夜间喂奶和白天喂奶有什么不同呢？

（1）光线暗，视物不清，不易观察孩子皮肤颜色，不易发现孩子是否溢奶。

（2）妈妈困倦，容易忽视乳房是否堵住了孩子鼻孔，有发生呼吸道堵塞，甚至窒息的风险。

（3）妈妈不想让宝宝夜间哭闹，也担心影响爸爸和邻里睡眠，孩子一哭就立即用乳头哄，结果宝宝夜间吃奶次数越来越多，甚至导致黑白颠倒的吃奶习惯，对母婴健康都不利。

如何区别生理性溢乳和疾病性呕吐

◎ 生理性溢乳的特点

· 溢乳前后宝宝没有任何不适表现。

· 每次溢乳量不多。

· 虽然溢乳，但没有因为溢乳明显增加吃奶量和次数。

· 没有因为溢乳影响了宝宝体重正常的增长速率。

· 没有因为溢乳而影响宝宝尿便性质和排泄。

◎ 病理性呕吐的特点

· 呕吐前宝宝有不适感觉，表情不快，脸憋得通红，吭吭唧唧不耐烦，给奶不吃，难以通过喂奶哄宝宝不哭。

· 吐奶量比较多，有时呈喷射状，除了有奶液外，可有胆汁样物、胃液及奶块等，气味发酸，甚至酸臭。

· 吃奶量显著减少或增加。

· 体重增长缓慢，缺乏精神，大便性质不正常，次数少，往往伴有腹胀。

第四节　新生儿护理

生活护理

室温和湿度

◎ 新生儿需要适宜的室内温湿度

新生儿体温调节中枢非常不稳定，环境温度的变化对新生儿体温影响比较大。如果环境温度的变化超过了新生儿自身调节的能力，或会造成寒冷损伤，或会造成发热。新生儿适宜的室内温度，冬季是22~24℃，夏季是26~28℃，春秋两季温度适宜，不需要人为调整。适宜的室内湿度50%左右。湿度过小，会加快宝宝体表水分蒸发，致使呼吸道黏膜干燥，降低呼吸道抵御病原菌的能力。如果宝宝长时间处于温度过高湿度过低的环境，甚至有导致新生儿脱水热的可能。

◎ 宝宝能吹空调、电风扇吗

在炎热夏季，空调和电风扇是可以使用的，但是要注意几点：室内外的温差尽量小于7℃；空调冷风口和电扇不能直对着母婴吹；室内温度不要低于24℃。空调与电风扇比，推荐使用空调，一是可有效降低过高的室内温度；二是可维持较为稳定的室内温度；三是可调节室内湿度在适应的范围；四是可有效调节全房间温湿度。

◎ 宝宝房间能使用加湿器吗

干燥季节，如果室内湿度过低，可以使用加湿器。有的父母担心加湿器会对新生儿造成辐射，请父母放心，对新生儿没有危害。需要注意的是，加湿器内只需加入纯净水，不要添加其他东西，包括香料、香精，更不能放入消毒剂；每天都要用加湿器清洗剂清洗加湿器，并用流动水冲洗，以免清洗剂残留；不使用加湿器期间，要清洗后晾干。条件允许的情况下，建议购买冷雾加湿器。

如何抱起、放下宝宝

新生儿颈、肩、胸、背部肌肉尚不发达，不能支撑脊柱和头部，所以新手爸爸妈妈不能较长时间竖立着抱宝宝，必须用手把宝宝的头、背、臀部几点固定好。

◎ 抱起仰卧位的宝宝

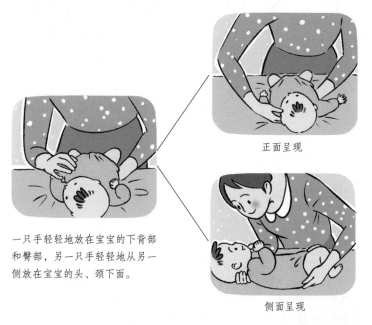

正面呈现

侧面呈现

一只手轻轻地放在宝宝的下背部和臀部，另一只手轻轻地从另一侧放在宝宝的头、颈下面。

慢慢地抱起宝宝。

把宝宝的头放在臂弯里，给予支撑。

最后再调整一下手的位置。一只手托住宝宝的头和颈部，一只手托住宝宝的屁股。

◎ 把宝宝仰卧放在床上

把宝宝放到床上的步骤刚好与抱起相反。放宝宝到床上时，需要注意的是不要让宝宝头部突然落下。

一只手置于宝宝的头、颈下方，另一只手托住宝宝的臀部，轻轻地把宝宝放到床上。

一只手从宝宝的臀部下方轻轻抽出，微微抬高宝宝的头部，使置于宝宝头、颈下方的手得以抽出，再轻轻地把宝宝的头放到床上。

◎ 抱起侧卧位的宝宝

无论采取什么方法抱起宝宝，都要确保宝宝头部安全，不要让宝宝头部耷拉下来，也不要让宝宝突然落下。

一只手置于宝宝头、颈下方，另一只手置于宝宝臀部下方。

把宝宝揽进手中，确保宝宝的头部不耷拉下来，然后轻轻地抬高宝宝。

让宝宝靠近你的身体抱住，然后将手臂轻轻地滑向宝宝的头部下方。

使宝宝的头部枕在你的肘部。如果觉得不舒服，可以将手的位置调整到一个让你和宝宝感觉更舒适的角度。

◎ 把宝宝侧卧放到床上

把宝宝放到床上的步骤仍然与抱起相反。注意不要让宝宝头部突然落下。

让宝宝躺在你的手臂上，头枕着肘部，然后用另一只手稳稳托住宝宝的头部。

慢慢将宝宝放到床上。

轻轻抽出置于宝宝身下的手臂，然后用这只手略向上抬起宝宝头部，使另一只手轻轻抽出，再慢慢将宝宝头部放下。

如何给宝宝穿脱衣服

◎ 给宝宝穿套头衣服

宝宝不喜欢脸部被东西蒙上，如果有东西挡住宝宝视线，或蒙在宝宝鼻子和嘴巴上，宝宝会迅速反抗，用手去抓，甚至哭闹。所以，给宝宝穿套头衣时，你的动作既要迅速又要轻柔，尽量不让衣服碰到宝宝的脸。

先把衣服从下往上折起至衣领，再用两手把衣领撑开，迅速将衣服领口套在宝宝下巴处，然后微微抬高宝宝的头部和上半身，把衣服拉下，这样衣服就套在了宝宝的脖颈上。

把衣袖折成圆圈形，一只手伸进袖口，另一手握住宝宝的小手送到袖口，用你原来在袖口中的那只手抓住宝宝的小手。

轻轻地把宝宝的小手从袖口中拉出，顺势把衣袖套在宝宝手臂上。以同样的方法，给宝宝穿上另一只衣袖。

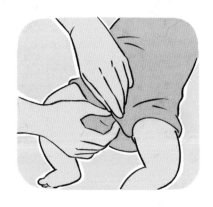

两只衣袖都穿好后，把衣服下拉抻平。如果衣服带有开档口，则需抬起宝宝的双腿，将宝宝背面的衣服拉下来后，系好开档口。

◎ 给宝宝脱套头衣服

给宝宝脱套头衣时，一定要把领口撑得足够大，以便顺利通过宝宝的脸部，否则，宝宝会很不愉快，甚至哭闹，拒绝再次经历脱衣。

将衣服从下往上折起，握着婴儿的肘部，把袖口折成圈状，然后轻轻地把手臂拉出来。用同样的方法，给宝宝脱下另一只衣袖。

脱下两只衣袖之后，将衣领撑开。

快速、轻柔地通过宝宝的面部。

一只手轻轻地抬起宝宝的头，另一只手将衣服从宝宝头下拿出。

◎ 给宝宝穿连体衣

给宝宝穿贴身的连体衣，方便宝宝爬行、活动，也避免宝宝小肚子受凉。

把宝宝抱起，放到平铺的衣服上。

将两条裤腿分别从下往上折成圆圈形，套入宝宝的脚，然后拉直裤腿。

把衣袖也折成一个圆圈形，一只手伸进袖口，另一只手握住宝宝的小手送到袖口，用在袖口中的那只手抓住宝宝的小手，以同样的方法给宝宝穿上另一只衣袖。

衣袖过长，可将长出来的部分挽起。

◎ 给宝宝脱连体衣

宝宝不喜欢穿衣服，但却喜欢脱衣服，可能是因为宝宝不喜欢被衣服束缚的感觉吧。

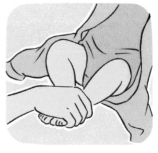

解开衣服的扣子，握住宝宝的膝盖或小腿，把宝宝的双腿从裤腿中拉出来。

轻轻地抬起宝宝的双腿，将衣服从宝宝臀部推至背部。

握住宝宝的肘部，轻轻地把宝宝的手臂从衣袖中拉出来。

将一只手放在宝宝的头、颈部下方，微微抬高宝宝的上身，另一只手将衣服从宝宝身下拿出。

如何给宝宝换纸尿裤和尿布

◎ 如何更换纸尿裤

新生儿尿便次数多，而尿液和粪便会刺激臀部，如不及时更换尿布，会引起尿布疹、皮肤溃破、细菌感染，严重的还可引起肛周脓肿。

打开纸尿裤，抱起婴儿，让婴儿臀部刚好放在纸尿裤上，也可让婴儿躺在隔尿垫上，抬起婴儿脚踝，把纸尿裤垫到婴儿臀部下方。

纸尿裤上缘拉到腰部。如果是男婴，让阴茎朝下，以免尿湿盖在腹部的纸尿裤部分；如果是女婴，臀部下方的纸尿裤上缘略向上些，以免尿液渗出到腰部。

把纸尿裤两端的腰贴粘牢，注意粘好的腰贴要与纸尿裤上缘平行。

夹在婴儿大腿两侧的纸尿裤的松紧度要适宜，松紧程度以能容纳一只手指为宜。

◎ 正确使用纸尿裤的注意事项

选择适合宝宝的纸尿裤

对新手父母来说，给宝宝选择纸尿裤，可提前做些功课，选择有口碑、可信度高的商家，挑选正规生产厂家，有国家省市行政部门批准文号（消字号）、生产卫生许可证。选择纸尿裤的注意要点是透气性好，触摸手感舒适柔软，无嗅无味。正常更换纸尿裤情况下，未发生侧漏，尿湿部位触摸起来无结块和潮湿感，接触纸尿裤皮肤无红疹。

适时更换

每个宝宝奶量和排尿次数不尽相同，难以统一规定多长时间更换一次尿裤。建议在每次喂奶前，宝宝睡觉前、醒来时，判断是否需要更换纸尿裤。

夏季减少用量

夏季天气炎热，宝宝易患尿布疹，要勤换纸尿裤或减少使用时间。

◎ 如何更换尿布

不要把尿布放到腹部，更不要把低于婴儿腹温的尿布放在腹部，否则宝宝腹部很可能会受凉。男婴排尿向上，放置尿布时要在上面多加一层，重点在"上"；女婴排尿向下，放置尿布时要在下面多加一层，重点在"下"。这样有利于预防男婴阴囊湿疹，女婴臀红。尿布不要覆盖宝宝脐部，以防尿液弄湿脐带。尿布不要兜得过紧，留有一定空间，这样可避免尿布疹的发生。

沾染大便的尿布要弃掉；仅有尿渍的尿布，清洗后在阳光下暴晒，方可再用。

◎ 尿布疹的预防和护理

预防尿布疹的6条建议

尿布疹是婴儿常见皮肤病，常见于肛门周围、臀部、大腿内侧及外生殖器，甚至可蔓延到会阴及大腿外侧。初期发红，继而出现红点，直至成鲜红色红斑，会阴部红肿，以后融合成片。严重的会出现丘疹、水疱，甚至糜烂。若合并细菌感染则产生脓疱。

（1）要及时更换被大小便浸湿的尿布，以免尿便长时间地刺激皮肤。

（2）使用传统的尿布时，建议选择中性或弱酸性洗液，一定要漂洗干净，以免有洗涤液残留，洗净后直接烘干或晾干放置。

（3）尿布质地要柔软，建议选用无色或浅色纯棉尿布。

（4）每次清洗臀部后都要在臀部涂上护臀霜/膏。

（5）每次清洗后都要用干爽的洁净毛巾蘸干水分，再涂抹护臀霜/膏。

（6）勤更换尿布，尽可能地保持尿布干爽。

尿布疹治疗建议

一旦发现宝宝患了尿布疹，要及时向医生咨询或直接带宝宝看医生，在医生指导下使用治疗尿布疹的药膏。比如氧化锌软膏、鞣酸软膏，或含有抗生素的药膏。

如何给宝宝洗澡

◎ 洗澡时间、用具、环境、水温

选择适宜的时间

可在每天上午9~10点给宝宝洗澡，这时太阳充足，宝宝状态好。宝宝在某些情况下，是很不愿意受到意外干扰的。比如，刚吃得饱饱的；美美地睡一觉后醒来；一阵困意袭来，宝宝正准备入睡；已经饿得饥肠辘辘时。所以，不宜在刚刚喂完奶、有困意、刚醒来、接近喂奶时间的时候给宝宝洗澡，以免宝宝吐奶，因饥饿和困倦哭闹。倘若总是在宝宝不愿意接受洗澡的时候给宝宝洗澡，宝宝很可能会拒绝接受洗澡，导致每次洗澡时宝宝都哭闹不止。

准备好洗澡用具

浴盆、浴网、浴巾、浴衣、擦脸毛巾、擦屁股毛巾、婴儿浴液/浴皂，都要准备齐全，以免在洗澡过程中因缺东少西而忙中出乱，埋下安全隐患。

环境温度要适宜

给宝宝洗澡的地方，一定不能有对流风。洗澡时，要关好门窗。如果浴室温度低，可打开暖风或移动暖气加热。如果使用的是带有强光的浴霸，可提前打开浴霸加热，宝宝进浴室前关闭，洗澡全程都不能打开带有强光的浴霸。浴室比较适宜的温度是24~28℃。

水温提前试好

洗澡水温可控制在40~35℃；如果想锻炼宝宝适应低水温洗澡，可把水温调到32~27℃。可使用水温计测量水温，也可根据妈妈的经验用手试温。可用手背、上臂内侧、手腕部或肘部试温。妈妈皮肤细薄、敏感，会更接近真实水温。既使用温度计试温，也要用手感受一下温度，以防水温计失灵的可能。如果洗澡中途给需要给宝宝兑热水，一定要把宝宝抱出浴盆，切不可直接加热水，心存侥幸是发生意外的温床。

◎ 给宝宝洗澡的方法

全裸洗

宝宝喜欢这样的洗澡方法。新手父母最初给宝宝洗澡会很紧张，担心宝宝掉到水里，担心水进到宝宝眼睛耳朵里。可把宝宝放在浴网上，宝宝的小手会抓住浴网边，由爸爸适当保护，妈妈给宝宝洗澡，会很顺利地完成洗澡任务。

分部洗

宝宝不喜欢这样的洗澡方法，这种方法比较麻烦，适合不需要全身洗澡，但担心宝宝皱褶处淹着，洗洗某些重要部位，如面部、颈部、腋窝、大腿窝、手脚、臀部。

◎ 洗澡时的注意事项

※ 不要把宝宝全身同时抹上浴液/浴皂，以免宝宝身体滑，把握不住，滑倒在水里。可以分部洗，在某一部位打浴液后，马上冲洗干净，再洗另一部位。

※ 宝宝喜欢吸吮手指，用手揉眼睛，不要让浴液停留在宝宝小手上。给宝宝小手抹浴液后，要立即用清水冲洗，以免宝宝用带有浴液的小手揉眼睛或吸吮。

※ 把宝宝放到水里，一定要把握住宝宝的上臂和头部。出水时，不要用毛巾擦，把宝宝放到浴巾上，迅速包裹起来就可以了。

※ 浴盆周围放上毛巾，以免宝宝滑脱，碰到盆边磕伤。

※ 最好用手撩水给宝宝洗。用毛巾洗，不好掌握手劲，容易擦破孩子皮肤。新生儿皮肤被擦破，感染的可能非常大。

※ 如果使用浴液，把宝宝从浴盆中抱出后，一定要用清水冲洗干净。女婴外阴和男婴小阴茎也需要用清水冲洗。

※ 洗澡完毕，不要马上把孩子抱到另一个房间，应先打开洗澡间的门，让室内温度相接近，再抱出去。

※ 洗澡后不要急着穿衣服，先用浴巾裹着，迅速把头擦干，全身涂抹保湿霜/膏后给宝宝穿衣服。不建议给宝宝使用爽身粉、痱子粉或其他粉剂涂在身体上。

※ 要给宝宝做抚触的话，全身涂抹保湿霜后，仍然需要使用按摩乳。

※ 不建议用湿毛巾或一次性湿纸巾给宝宝洗脸，轻了擦不净奶渍，重了可能损伤稚嫩的皮肤。建议用手接流动水或用脸盆给宝宝洗脸，妈妈可能会担心水进到宝宝眼睛里，无须担心，宝宝会自动闭上眼睛，以免水流进眼睛，这是新生宝宝的自我保护能力。

※ 不要把水弄进宝宝耳朵里，耳朵不像眼睛，没有自身保护能力，给宝宝洗脸洗头时，用拇指和中指轻轻压住耳郭，可避免水进入耳朵。

※ 新生儿皮肤很薄嫩，不建议用毛巾或其他洗澡巾/棉等给宝宝擦身，以

免宝宝皮肤擦伤（多是不可见的表皮损伤）。

　　※ 洗澡后，皮肤毛细血管扩张，内脏供血减少，不要马上给宝宝喂奶，建议洗澡后15分钟左右。

　　※ 宝宝皮肤没有很多油脂，不要每天使用浴液，以免宝宝皮肤过于干燥，罹患湿疹。洗澡后用有保湿作用的护肤乳/霜/膏涂抹全身，以免皮肤水分流失。

　　※ 脐带还没脱落，或脱落后没有长好，如果把宝宝放到水中洗澡，脐带可能会进水，可用碘伏清理脐部。一次性从脐根部开始，逐渐向外涂抹，不要来回重复，如果觉得没有清理干净，重新拿一根新的医用无菌棉签。

如何给宝宝清洗衣物

　　阳光中的紫外线有消毒功效，如果有条件晾晒衣服，可经常晾晒宝宝的衣服被褥。使用洗涤液给宝宝洗衣服被褥，要用清水多漂洗一两次，以免残留。直接接触宝宝皮肤的内衣，更要漂洗干净。不建议用消毒液洗宝宝的衣服被褥，以免漂洗不净，刺激甚至伤害到宝宝皮肤。

如何给宝宝剪指甲

　　宝宝指甲超过手指末端，就需要修剪，以免指甲划伤宝宝的小脸。宝宝指甲长得很快，一般3天左右就需要修剪一次。给宝宝剪指甲时，一定要认真仔细，不要一次修剪过深，决不能深入到甲床里，最好保持指甲超出甲床一点点。不能等到指甲长得比较长的时候才修剪，以免宝宝指甲劈裂或折断。给宝宝单独配备婴儿专用指甲钳/剪，不要与他人混用。

宝宝溢乳怎么护理

　　如果宝宝突然溢乳，尽快把宝宝侧过来，清理溢出的乳汁，有时乳汁会从宝宝鼻腔溢出，要注意清理。然后，轻轻拍背；也可抱起宝宝，半仰卧着放到腿上，一手托住宝宝头颈部，一手握成空拳状轻轻拍宝宝后背。

◎ 减少宝宝溢乳的6种有效方法

（1）喂奶前给宝宝更换尿布，喂奶后就不要再换了，以免由于活动引起溢乳。

（2）喂奶后竖着抱宝宝，轻轻给宝宝拍背，直到打嗝，再缓缓放下。

（3）喂奶后发现宝宝尿了拉了，不要马上换尿布，待宝宝吃奶后15分钟左右再更换。

（4）宝宝剧烈哭闹时不要急着喂奶，先安抚好宝宝，待宝宝不哭或哭得不剧烈时再喂奶。

（5）如果妈妈的奶水多而冲，喂奶前，用无菌纱布或干净的手绢垫着，刺激几下乳头，第一个奶阵过后再喂宝宝。

（6）要让宝宝含住乳晕，奶瓶喂养时要让奶汁充满奶嘴，以免宝宝吸入过多空气，加重溢乳。

怎么抑制宝宝打嗝

新生儿消化、神经系统尚未发育完善，膈肌运动不协调或发生痉挛，宝宝很容易出现持续打嗝现象。新手父母不要着急担心，宝宝打嗝是常见的生理现象，而非疾病所致。但是，如果宝宝打嗝持续时间较长，也会感觉不适，妈妈看着也很心疼，希望宝宝打嗝快快消失。可缓解宝宝打嗝的有效办法有：

（1）抱起宝宝拍嗝。

（2）抱起宝宝喂奶（不适合刚喂奶后的打嗝）。

按压宝宝内关穴：把两手拇指分别放到宝宝手掌面的手腕中部，中指放到手背面的手腕中部，拇指和中指相对按压揉搓一两分钟，如果效果不明显，可适当增加力度。

（3）挤压胸部：面对着宝宝，两手张开握住宝宝胸部两侧（拇指放在前胸部，四指放在后背部），轻轻挤压一下，再松开，反复做几次。如果没有效果，可适当增加力度。

（4）妈妈用手指轻轻弹击宝宝足底。

（5）"捂肚子"：这个方法爸爸做特别好，爸爸用力摩擦手掌，感觉手掌很热的时候，用手掌捂在宝宝腹部，并轻轻按摩几下。

（6）胳肢宝宝痒痒肉：妈妈可用手轻轻胳肢宝宝腋窝、前胸、大腿根部等处。

如果上述办法都不奏效，或者因为做不到位而发挥不了实际作用，爸爸妈妈不必着急，宝宝打嗝自会越来越少，直到自行消失。

新生儿正常大便

一般情况下，新生儿会在出生后的12个小时内，首次排出墨绿色大便，这是胎儿在子宫内形成的排泄物，医学上称为胎便。胎便可排2~3天，逐渐过渡到新生儿大便。如果新生儿出生后24小时内还没有排出胎便，医生会给予关注，排除疾病的可能。父母要做到心中有数，如果宝宝24小时未排胎便，需要及时告知医生。正常的新生儿大便，色泽金黄，颗粒小，黏稠均匀，无特殊臭味。母乳喂养的新生儿每天大便4~6次；配方奶喂养的新生儿大便次数多偏少，每天1~2次。但也有的宝宝不是这样，即使母乳喂养，每天的大便次数也是1~2次，甚至2~3天大便一次。只要宝宝大便不干硬，排便不困难，体重增长正常，妈妈就无须为此担心。

听懂宝宝的啼哭

新生儿的语言就是啼哭，哭是新生宝宝和爸爸妈妈交流的方式，新手爸爸妈妈可通过哭声了解宝宝，给稚嫩的小生命以关怀、爱护，帮助他们解决饥饿、不适、痛苦与疾病等问题。

◎ 宝宝啼哭的意义

新手爸爸妈妈听到宝宝哭闹就心急如焚，常常不知所措，有的抱着孩子又拍又晃，有的一哭就喂奶，有的父母无端情绪烦躁，用糟糕的心情和方式对待与父母交流"说话"的宝宝。面对啼哭的宝宝，父母需要给予的是关爱、耐心和积极的应答。耐心听孩子"说什么"，用丰富的想象解读宝宝的"语意"，帮助宝宝排忧解难。

·宝宝啼哭是在表达"爸爸妈妈，我需要你的帮助"。新手父母理解、接受宝宝的啼哭，回应宝宝的需求，并施以援手，解决宝宝的问题，对宝宝的身心健康是非常有益的。

·对新生宝宝来说，啼哭也是一种运动方式，可加大宝宝肺活量，吸入更多的氧气，排出二氧化碳，有利于气体交换和血液循环。

·新生宝宝在生长发育的快速路上极速奔跑，啼哭可加快新陈代谢速度，促进生长发育。

·新生宝宝离开母体，各系统发育都未完全成熟，其中，最不成熟的是神经系统，啼哭可促进神经系统发育，父母对宝宝啼哭回应得越及时，对宝宝需求判断得越准确，对宝宝快速建立神经系统反射帮助越大。

·啼哭可促进宝宝的胃肠道运动、消化、吸收，从而增加食欲，对宝宝生长大有裨益。

·啼哭可促进新生宝宝心智成熟发展，益智强体。

·宝宝用不同的啼哭向父母表达自己的需求，啼哭是促进宝宝语言发育的方式之一。

◎ 15种生理性啼哭

运动性啼哭	"妈妈，我躺累了，需要运动了！"运动性啼哭表现为，哭声抑扬顿挫，不刺耳，声音响亮，节奏感强，哭声大雨点小，无异常伴随症状，不影响吃奶、睡眠及玩耍。新生儿运动性啼哭是运动的一种方式，每日可达4~5次，累计啼哭时间可达2小时。如果轻轻触摸宝宝，或对宝宝微笑，或者把宝宝两只小手放在腹部轻轻摇动，宝宝多会停止啼哭。
饥饿性啼哭	"妈妈，我饿了，快给我吃奶吧。"这种哭声带有乞求味道，声音由小变大，很有节奏，不急不缓。当妈妈用手指触碰宝宝面颊时，宝宝会立即转过头来，并有吸吮动作；若把手拿开，不给喂哺，宝宝会哭得更厉害；一旦喂奶，哭声戛然而止。吃饱后非但不再啼哭，还会面露笑意。
过饱性啼哭	"哎呀，妈妈把我撑着啦！"这样的情况多发生在喂奶后，哭声尖锐，两腿屈曲乱蹬，有时会出现溢乳。若把宝宝腹部贴着妈妈胸部抱起来，哭声会加剧，甚至呕吐。过饱性啼哭有助消化，妈妈就允许宝宝哭一会儿，消化消化食儿吧。

口渴性啼哭	"妈妈，我口渴，喂我奶喝吧！"表情不耐烦，嘴唇干燥，时常伸出舌头，舔嘴唇；当给宝宝喂奶时，啼哭立即停止。
意向性啼哭	"妈妈，我躺够了，抱抱我吧！"啼哭时，宝宝头部左右不停扭动，左顾右盼，哭声平和，带有颤音；妈妈来到宝宝跟前，啼哭就会停止，宝宝双眼盯着妈妈，很着急的样子，有哼哼的声音，小嘴唇翘起，这就是要你抱抱他。
尿湿性啼哭	"我尿裤子了，给我换换吧！"啼哭强度较轻，少泪，大多在睡醒时或吃奶后啼哭；哭的同时，两腿蹬被；当妈妈为他换上一块干净的尿布时，宝宝就不哭了。
亮光性啼哭	"我已经睡醒了，怎么天还没亮呢？"宝宝白天睡得很好，一到晚上就哭闹不止。当打开灯光时，哭声就停止了，两眼睁得很大，眼神灵活，这多是白天睡得过多所致。应逐渐改变睡眠时间安排，保证宝宝晚上能进入甜美梦乡。
寒冷性啼哭	"妈妈给我盖得太少了，我冷啊！"哭声低沉，有节奏，哭时肢体少动，小手发凉，嘴唇发紫；当为宝宝加衣被，或把宝宝放到暖和地方时，他就安静了。
燥热性啼哭	"妈妈给我盖得太多了。"宝宝多大声啼哭，不安，四肢舞动，颈部多汗；当妈妈为宝宝减少衣被，或把宝宝移至凉爽地方时，宝宝就会停止啼哭。
困倦性啼哭	"我困了，可我还不舍得睡觉，不要强迫我！"啼哭呈阵发性，一声声不耐烦地号叫，这就是习惯上称的"闹觉"。宝宝闹觉，常因室内人声嘈杂，空气污浊、闷热。改善宝宝睡眠环境，很快就会停止啼哭，安然入睡。
疼痛性啼哭	"什么东西扎着我了！"异物刺痛、虫咬、硬物压在身下等，都会造成疼痛性啼哭。哭声比较尖厉，妈妈要及时检查宝宝被褥、衣服中有无异物，皮肤有无蚊虫咬伤。
害怕性啼哭	"我好孤独啊，我有点儿害怕了！"哭声突然发作，刺耳，伴有间断性号叫。害怕性啼哭多出于恐惧黑暗、独处、打针吃药，或突如其来的声音等。要细心体贴照看宝宝，消除宝宝恐惧心理。

便前啼哭	"我要拉屎了！"便前肠蠕动加快，宝宝感觉腹部不适，哭声低，四肢舞动，小脚蹬来蹬去。
伤感性啼哭	"我感到哪里不舒服！"哭声持续不断，流泪。比如宝宝养成了洗澡、换衣服的习惯，当不洗澡、不换衣服、被褥不平整、尿布不柔软时，宝宝就会伤感地啼哭。
吸吮性啼哭	"这乳头今天怎么回事！"这种啼哭，多发生在喂奶3~5分钟后，哭声突然，阵发，往往发生在出现奶阵时；或者乳汁减少了，宝宝还没吃饱，提出了抗议。

20种疾病性啼哭

婴儿啼哭有如此多的益处，是否就可对啼哭置之不理，让他哭个够呢？不是。婴儿的哭有正常的，也有异常的，引起啼哭的原因很多，应根据不同的原因加以处理，但有一点是肯定的，无论什么原因，只要宝宝啼哭，父母都要积极回应，给宝宝关爱、安抚。在第一时间发现宝宝生病，很多时候，宝宝是用哭声告诉父母："我生病了，快来帮帮我。"一旦怀疑生病性啼哭，要及时带宝宝看医生。

阵发性剧哭	"我的肚子好疼啊！"阵发性剧哭就是一阵阵地、发作性地剧烈哭闹，发作的间隔时间长短不一，每次发作的持续时间也长短不一，常伴有躁动不安。由于间歇时如常，父母容易忽视疾病的可能。突然的阵发性剧哭，可能是急腹症的表现，需紧急就医。
突发尖叫啼哭	"啊！我头痛欲裂！"突发尖叫啼哭就是哭声直，音调高，单调而无回声，哭声来得急，消失得快，即哭声突来突止，很易被认为是受惊吓或做噩梦。突发尖叫啼哭可能是头痛的表达，是一种危险信号，需紧急就医，拨打急救电话。
连续短促的急哭	"我喘不过气来了！"连续短促的急哭，其特点是哭声低、短、急，连续而带急迫感，好像透不过气来，同时伴有痛苦挣扎的表情，这是缺氧的信号，需紧急就医。

小鸭叫样啼哭	"嗓子难受得不行！"小鸭叫样啼哭顾名思义，哭声似小鸭鸣叫，若同时出现颈部强直，则应考虑是否有咽后壁脓肿，应把这种哭声与一般的声音嘶哑相区别。声音嘶哑是感冒引起的咽炎、喉炎，而咽后壁脓肿较危险，若脓肿溃破，脓汁可堵塞呼吸道危及生命，故出现小鸭叫样啼哭需紧急就医，拨打急救电话。
呻吟性啼哭	"我病得很重，没有力气大声哭了。"呻吟和啼哭有所不同，它不带有情绪和要求，似哭又似微弱的哼哼声，表现无助的低声哭泣，是疾病严重的自然表露。孩子大哭大闹很易引起父母的重视，呻吟性啼哭往往被父母忽视。
夜间阵哭	"我的屁屁奇痒难受！"白天玩耍如常，入睡前还嬉笑，入睡后不久（30分钟左右），突然出现一阵哭闹，好像用针扎了一下，哭得突然、剧烈，这可能是蛲虫作怪。
夜间啼哭	"我总睡不稳，缺钙啊！"夜间睡眠不安，如同受惊吓一般，哭一会儿，睡一会儿，睡得很不安宁，很轻的动静就可引起哭闹。宝宝常呈睡状，闭着眼睛哭，同时出现肢体抖动，多是缺钙的表现。
嘶哑地啼哭	"我嗓子是哑的！"哭声嘶哑，呼吸不畅，啼哭伴咳嗽，声似小狗叫，体温升高，原因可能是急性喉炎，需立即就医。
阵发性啼哭伴屈腿	"肚子总是疼！"宝宝阵发性剧哭，双腿屈曲，2~3分钟后又一切正常，但精神不振，间歇10~15分钟后再次啼哭，若再伴有呕吐、腹泻，则肠套叠的可能性极大，果酱样大便是确诊肠套叠的可靠指标，但为时已晚。一旦怀疑肠套叠，应立即看医生，不要等到排果酱样大便。
阵发性啼哭拒绝触摸	"我的肚子剧痛！"宝宝阵发性剧哭，额部出汗，面色发白，哭声凄凉，拒绝任何人触摸腹部，即使靠近宝宝，就现出惊恐万状。不能排除肠套叠、肠梗阻、急性腹膜炎等疾病的可能，需紧急带宝宝就医。

突发尖叫啼哭伴发烧、呕吐	"我得了很严重的病！"突发尖叫啼哭同时伴发烧、喷射性呕吐，两眼发直，精神萎靡，面色发灰，可能患有急性脑病、脑膜炎等颅脑疾病。
突发尖叫啼哭伴阵发性青紫	"我的脑子好像憋坏了！"新生儿出生时有产伤或窒息史，阿氏（APGAR）评分低，当出现尖叫样啼哭同时伴有阵发性青紫，面肌及手足抖动时，应想到缺血缺氧性脑病、脑出血的可能。
呼吸急促哭闹伴咳喘	"我的呼吸道出问题了！"宝宝患了肺炎、毛细支气管炎，可出现呼吸急促、哭闹、咳嗽、喘憋、口唇发绀、鼻翼扇动、呼吸节律增快、发热。
连续短促的急哭，不能平卧，拒乳	"我的心脏有毛病！"患有先天性心脏病的婴儿，哭闹时表现为连续的短促急哭，同时伴有不能平卧，喜欢让妈妈竖着抱起，头部放到妈妈的肩上，拒乳，还可表现出口唇青紫、点头样呼吸等，表明孩子心脏可能有病患。
哭伴抓耳挠腮、发热	"我的耳朵！我的耳朵！"表现哭闹不安，夜间尤甚，同时伴抓耳挠腮，或头来回摇摆，不敢大声哭，伴有发热，多是急性中耳炎，若有脓性分泌物自耳中流出则更易诊断；如不伴有发热，很可能是外耳道疖子或异物。
哭伴流涎	"我嘴里疼得要命！"平时不怎么流口水，突然开始口水不断，流涎不止，下颌总是湿漉漉的，喂食会引起宝宝哭闹。夜间宝宝突然哭闹，妈妈以为宝宝饿了，给宝宝喂奶，宝宝哭得更厉害了。检查一下宝宝口腔是否有溃疡、疱疹、糜烂、齿龈肿胀等。
哭伴某一肢体不动	"动不了的地方疼啊！"宝宝哭闹时多是四肢舞动，小手乱抓，小腿乱蹬，若哭闹时有某一肢体不动，或触动某一肢体时引起孩子哭闹，则可能有关节、骨骼或肌肉病变，如关节脱位、骨髓炎、关节炎、软组织感染等。脱去宝宝身上的衣物，仔细排查，观察是否有红肿、擦伤、皮疹等异常情况。活动活动肢体，观察是否有活动障碍，是否由于活动某一部位引起宝宝哭闹。

排便性啼哭	"肛门疼得厉害。"宝宝排大便时啼哭，是由于肛门疾病引起的，如肛周脓肿、肛裂、痔疮等；排尿时啼哭多由于尿道口炎症所致，男婴可由于包皮过长、包茎所致。便秘可导致肛裂和痔疮，患了肛裂和痔疮后，由于疼痛，宝宝拒绝排便，大便就更加干燥。所以，一定要积极治疗肛裂和痔疮，让宝宝不再感觉疼痛。同时，采取一些方法，使大便变软，易于排出，宁稀毋干。
患有疝气宝宝突发哭闹	"我的疝气卡住了！"患有疝气的婴儿，突发持续的剧烈哭闹，应注意有无疝气嵌顿。父母首先查看一下，宝宝疝气部位是否比平时增大，不能被还纳回去？疝气部位是否张力很高，触摸起来很硬？疝气局部皮肤是否与周围皮肤不同，颜色变化，甚至呈暗紫色？如果有这些情况，要及时看医生。
哭与维生素A中毒	"维生素A补太多了，和缺乏一样难受！"宝宝长时间超量摄入维生素A，可出现哭闹不安、多汗、食欲差、食量少等情况。这种情况，多是因给宝宝超量补充了维生素A。

补充两款以上的营养补充剂，恰好两款以上补充剂都含有维生素A，叠加起来，远远超过了每日所需。维生素A是脂溶性的，多摄入的维生素A可蓄积在体内，久而久之，就出现了维生素A摄入过量表现。需要停用所有含维生素A的补充剂，选用纯的维生素D补剂。如果需要补充多种维生素补充剂，一定要选不含维生素A的。另外，需要给宝宝额外补充钙剂时，如果选择了钙磷复合制剂，宝宝出现了显著的多汗、烦躁等症状，不能排除磷的摄入量过多，建议选择单纯的钙剂。

◎ 宝宝止哭窍门

※ 把宝宝的两只小手放在他的胸腹部，爸爸妈妈握着宝宝的手，轻轻地摇晃，宝宝常会停止哭闹，安静下来。

※ 用一手手掌腕部托住宝宝颈部和背部，五指托住宝宝头部，另一手手掌腕部托住宝宝腰部和骶部，

五指分开托住臀部，宝宝膝盖以下贴在爸爸妈妈上腹部，与宝宝面对面，轻轻哼唱摇篮曲，宝宝常会停止哭闹，安静下来。

※ 宝宝头朝前，俯卧在爸爸妈妈手臂上，两条腿挎在爸爸妈妈手臂两侧，爸爸妈妈用拇指和中指托住宝宝下颌，手掌抵在宝宝前胸，切不可抵在宝宝颈部，另一只手用来保护宝宝的安全，轻轻左右上下摆动宝宝。

身体护理

口腔护理

新生儿易患鹅口疮。每天早晚喂奶后，用医用无菌棉签清洁口腔。新生儿口腔黏膜细嫩，唾液腺发育不足，黏膜较干燥，易受损伤，护理时动作一定要轻柔。

如果新生儿口唇出现白泡，可能是没有完全衔住乳头；吸吮时间过长；妈妈摄入盐过多，或液体量摄入过少。妈妈喂奶时，先用乳头刺激宝宝下唇，待宝宝把嘴张开时，把乳头完全送入宝宝口中，使宝宝上唇和下唇尽可能地覆盖到乳晕。不要长时间让宝宝吸吮乳头，当宝宝只是在吸吮，并没有吞咽奶时，就不要再喂了。妈妈增加液体摄入量，减少盐的摄入量，每天不超过6克盐。

鼻腔护理

当分泌物堵塞鼻腔，影响宝宝通气时，要帮助宝宝及时清理。如果宝宝流清涕，可以直接用婴儿吸鼻器吸出鼻涕。如果鼻涕稠或有鼻痂，先往鼻腔内滴入洗鼻液，然后再用吸鼻器吸鼻；还可用柔软的无菌纱布或婴儿用湿巾，把一角顺时针方

向捻成布捻子，轻轻放入鼻孔，逆时针方向，边捻动边向鼻腔移动，然后再边捻动边向外拉出，鼻腔内分泌物被裹到纱布或湿巾上带出。

如果宝宝鼻涕稠，鼻痂硬，爸爸妈妈不敢帮助宝宝清理鼻腔，或者宝宝哭闹很不配合，可以采取：让浴室有比较大的蒸汽，然后把宝宝抱到浴室；每天洗澡后给宝宝清理鼻腔。

脐部护理

新生儿脐带未脱落、脱落后残端未愈合前，脐带是细菌入侵的门户，如不精心护理，可能导致新生儿脐炎，严重者会罹患败血症。新手爸爸妈妈要高度重视。脐带未脱落或脱落后未愈合前，每天洗澡后，可用碘伏擦脐部。

皮肤护理

新生儿皮肤稚嫩，角质层薄，皮下毛细血管丰富，局部防御机能差，任何轻微擦伤，都可造成细菌侵入，因此要认真护理宝宝皮肤。新生儿皮肤皱褶较多，皮肤间相互摩擦，积汗潮湿，分泌物积聚，容易发生糜烂，在夏季或肥胖儿中更易发生皮肤糜烂。爸爸妈妈给新生儿洗澡，要注意皱褶处分泌物的清洗，动作要轻柔。

在清洗过程中，过多地给新生儿使用洗涤液，会使新生儿皮肤变得干燥粗糙。所以不提倡给新生儿使用洗涤剂，包括标有"新生儿专用"的洗涤剂。如果新生儿头部有奶痂，可用液体甘油浸泡几分钟，然后用细密的小梳子轻轻梳理。每周可使用一次婴儿洗发液。

新生宝宝的皮肤对来自外界的任何刺激都很敏感，即使是婴儿专用护肤品，对新生儿来说也可能会出现过敏反应。所以新生儿只需使用婴儿专用的保湿乳/霜/膏，选择不含香料、防腐剂种类和含量都比较少的保湿品。全身使用前，首先在宝宝耳后、前臂少量涂抹，未出现皮肤发红皮疹等异常情况，再给宝宝全身使用。

臀红护理

臀红会造成局部皮肤破损，细菌侵入皮下，引起肛周脓肿、排便困难。妈妈一定要重视宝宝臀部的护理，不可懈怠。臀红是新生儿护理中最常见的问题。新生儿尿便次数多，需要不断穿纸尿裤或包裹布尿布，即使定时更换，也难免臀部受到尿便刺激。所以，宝宝臀部护理就显得格外重要。

◎ 如何预防宝宝臀红

※ 每天早晚给宝宝清洗臀部，建议用温暖的流动水冲洗，不需要使用任何洗涤液。如果臀部涂抹了护臀膏，用清水洗不净，可以用婴儿专用的中性或偏酸的洗液洗涤，但一定要用流动水冲洗干净，不要有残留。

※ 冲洗后，用干毛巾蘸干水分，稍晾片刻，使水分蒸发，再涂上一层薄薄的护臀乳／霜／膏，不要涂很厚，以免影响皮肤呼吸。

※ 可选用护臀乳、霜、膏，不建议选粉剂，因为粉剂遇潮湿后，会形成颗粒状物，刺激皮肤。

※ 要定时给宝宝更换尿布，不要等到纸尿裤完全湿了才换。

※ 大便后，建议用清水冲洗臀部，不建议用一次性湿巾反复擦净。

※ 没有大便时，无须用清水清洗，也不需要用湿巾擦臀部，如果臀部有尿液，可用柔软的干纸巾蘸干臀部，不要擦。

※ 用心给宝宝挑选透气性好的纸尿裤，如果选择尿布，建议选择天然色，如果要重复使用有过大便的尿布，一定要洗净并消毒。

新生儿抚触

抚触的作用

长期以来，有关婴儿抚触的绝大部分研究集中于早产儿。对早产儿施以抚触治疗，结果令人吃惊，如此简单的干预手段使羸弱的早产儿，在体重、觉醒时间、运动能力等方面得到明显改善。给健康的新生儿做抚触，同样有很大的益处：可增加胰岛素、胃泌素的分泌；经抚触的健康新生儿，奶的摄入量高于未经抚触的宝宝；抚触有减轻疼痛作用；给剖宫产新生儿做抚触，可加深亲子关系；增加新生儿安全感，减少焦虑；提升宝宝免疫力。

抚触方法

◎ 头部抚触

第1步：用两手拇指从前额中央向两侧滑动。

第2步：用两手拇指从下额中央向两侧滑动，让上下额形成微笑状。

第3步：两手从前额发际，向脑后抚触，最后两中指停在耳后，像梳头样动作。

◎ 胸部抚触

双手在胸部两侧从中线开始，进行弧线型抚触。

◎ 腹部抚触

两手依次从婴儿右下腹向上再向左到左下腹移动，呈顺时针方向画圆。

◎ 四肢抚触

两手抓住婴儿一只胳膊，交替从上臂至手腕，轻轻挤捏，像牧民挤牛奶一样，然后从上到下搓滚。对侧及双手做法相同。

◎ 手足抚触

用两拇指交替从婴儿掌心向手指方向推进，从脚跟向脚趾方向推进，捏一捏每个手指和脚趾。

 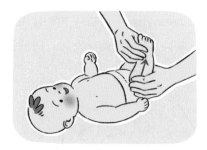

◎ 背部抚触

以脊椎为中线，双手与脊椎成直角，往相反方向移动双手，从背部上端开始移向臀部，再回到上端，用食指和中指从尾骨部位沿脊椎向上推至颈椎部位。

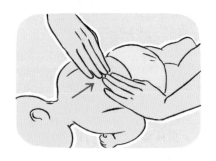 

抚触注意事项

※ 给宝宝做抚触，重要的是表达对宝宝的爱，而不是方法和形式，所以，不要拘泥于固定刻板的手法。

※ 抚触的基本程序是，从头部开始，接着是脸、手臂、胸、腹、腿、脚、背部。每个部位抚触2~3遍，开始要轻，之后适当增加力度。

※ 建议在洗澡或两次喂奶之间进行抚触，室温在22~26℃之间。

※ 抚触前用热水洗手，把婴儿专用按摩油涂满手的掌侧，即可开始抚触。

※ 抚触时低音量播放优美的音乐，微笑着和宝宝轻轻交谈或唱歌。

※ 密切注意宝宝情况，当宝宝有哭闹、口唇或肤色发紫等异常情况时，应立即停止抚触，抱起宝宝抚慰，直到宝宝恢复正常。

※ 宝宝完全裸露身体抚触，建议抚触时的室温在24~28℃，给早产儿抚触的室温在28~32℃。如果达不到这个温度，要分部抚触，未做抚触的部位用浴巾或被子盖好。

新生儿护理常见问题

如何培养宝宝的睡眠习惯

◎ 抓住宝宝觉醒时机，让宝宝有更安稳的睡眠

新生儿出生头几天，除了吃奶，几乎就处在睡眠状态。随着日龄增加，宝宝醒来时间逐渐延长。通常情况下，宝宝会在上午八九点或洗澡后，有一段相对较长的觉醒时间。爸爸妈妈可抓住这个时机，帮助宝宝做做肢体活动；搂抱宝宝；眼神温柔地望着宝宝；对着宝宝微笑；和声细语地和宝宝交流；竖立着把宝宝抱起来（注意保护宝宝的头部和脊椎），持续数十秒，让宝宝看看周围的世界；让宝宝体会到觉醒时刻的美好。宝宝带着美好的印记入睡，会睡得更安稳，更甜美，爸爸妈妈会欣慰地看到宝宝睡梦中的微笑。觉醒状态时的美好时光，会让宝宝更快更安心地入睡，会持续更长时间地安稳睡眠。

◎ 耐心帮助昼夜睡眠颠倒的宝宝

让昼夜睡眠颠倒的宝宝回归正常，说起来容易做起来难。新生儿尚未建立稳定的生物钟，睡眠节奏容易紊乱。最让新手父母崩溃的是，宝宝白天睡得安安稳稳，入睡也很容易，可一到了夜晚，宝宝不但入睡难，夜眠也不安稳，不断醒来吃奶，夜间吃奶间隔时间越来越短，白天却越来越长。宝宝这样昼夜颠倒，时间久了，爸爸妈妈终有一天会挺不住，身体上的疲惫和心理上的焦虑，几乎到了崩溃边缘。

然而，宝宝昼夜睡眠颠倒，不是宝宝的错，不能怪罪宝宝，因为婴儿的睡眠特点就是睡眠周期短，昼夜不分。但也不是父母的错，没有父母会刻意培养宝宝昼夜不分的睡眠习惯，他人不能责怪父母，新手父母也无须内疚。明智的选择是，首先接受宝宝昼夜颠倒的睡眠模式，用关爱和耐心面对宝宝。为了让自己不那么辛苦，妈妈尽可能地创造条件，靠近宝宝的睡眠模式，即宝宝睡，你尽量抓紧时间睡，睡不着就闭目养神，万一睡着了呢，就有精神关爱夜间频

繁醒来的宝宝了。用糟糕的情绪面对睡眠颠倒的宝宝，只能使宝宝的睡眠更差；试图用强硬方法纠正睡眠颠倒的宝宝，恐怕对宝宝心理健康很是不利。新手父母可以放心的是，对于新生儿来说，昼夜睡眠颠倒不异常表现，也不是什么病症。为了改善宝宝昼夜颠倒的睡眠现状，延长宝宝白天醒来的时间，父母可尝试采取以下方法：

· 白天的时候，不要挂窗帘，尤其不能挂遮光窗帘。也不建议挂帘纱，如为了保护隐私挂帘纱，要购买即可阻挡外部视线，透光性又好的帘纱。

· 让宝宝住在采光好的房间，尽可能地让室内充满光亮。

· 家人自如行动，无须蹑手蹑脚，正常音量说话，无须特意压低声调。

· 宝宝处于觉醒状态时，要抓紧时机，和宝宝互动和宝宝做游戏，比如妈妈竖着抱宝宝，爸爸用一块红布蒙在脸上，再快速拿下来，露出欣喜的笑脸，然后爸爸妈妈互换角色继续游戏。拿一个小红球，在宝宝眼前缓慢、快速移动，交替着进行，让宝宝追视。

· 晚上如果宝宝哭闹不睡觉，可把宝宝的小手放在他的肚子上，妈妈双手握住宝宝小手轻轻摇晃，妈妈要平稳呼吸，让宝宝感受到妈妈内心的平静，用爱安慰哭闹中的宝宝，宝宝听着妈妈的摇篮曲安稳入睡。

· 如果宝宝哭的比较厉害，难以安抚，仔细寻找一下可能的原因，如是否需要换纸尿裤了？宝宝是否冷了，热了？宝宝是否哪里不舒服？可脱下衣服查看皮肤有无红疹。

· 如果没有查到任何原因，爸爸妈妈就努力让自己安下心来，耐心哄不睡觉还哭闹的宝宝，相信宝宝不会一直这样颠倒下去，终有一天会回归正常的睡眠节奏。面对育儿中的种种问题和不如意，爸爸妈妈拥有好的心态比什么都重要。

◎ "抱着睡，放下醒"的宝宝

有的宝宝只能"抱着睡"，不能放到床上，放下就醒来哭闹。对于婴儿来说，这是再正常不过的事啦，宝宝当然喜欢抱着睡了。但对于妈妈来说，可是棘手的育儿问题了。宝宝体重在一天天增长，抱着睡会一天比一天吃力，抱着睡的时间越来越长，妈妈睡眠时间却越来越短，被剥夺睡眠的妈妈，终有一天会疲惫不堪。

其实，抱着睡，放下醒的宝宝，不是宝宝自身问题，更不是病症，而是习以为常，与哄睡方式密不可分。倘若从一开始就没有抱着宝宝睡，甚至不抱着哄睡宝宝，宝宝就不会有这样的睡眠习惯。也就是说，抱着睡，放下醒的睡眠习惯是慢慢养成的。养成一种习惯相对容易，纠正一种习惯就不那么容易了。如果宝宝已经被养成了这样的睡眠习惯，爸爸妈妈切莫焦急困惑，纠正习惯也不能着急，欲速不达，反而更放不下了。要一步步慢慢来，在宝宝能接受的情况下，逐渐减少抱着睡的时间：

·宝宝进入沉睡阶段（握住宝宝小手，抬起胳膊，很快放下，宝宝没有自主运动）再把宝宝放到婴儿床上。

·宝宝处于昏昏欲睡阶段时（眼睛反复闭上睁开，黑眼球往上移动，不断扭动身体，面露不悦）不再用摇篮法抱着宝宝，让宝宝平躺在你的腿上或胸腹部，待宝宝进入沉睡阶段，就把宝宝放下。

·宝宝在吃奶过程中睡着了，马上把宝宝竖立着抱起来，宝宝头依靠在妈妈肩上，一只手保护住宝宝，另一只手轻轻拍背。宝宝打嗝后，或者拍了一两分钟，把宝宝放到床上，只要宝宝不大声哭闹，就不要再次抱起宝宝哄睡。

·宝宝睡眠中哭闹，不要马上抱起宝宝，而是俯下身来，嘴对着宝宝耳朵轻，努起嘴唇轻微吹气，一只手臂放在宝宝身侧，手腕环绕在宝宝头部，直到宝宝安静下来。

·当发现宝宝有困意时，不要抱起哄睡，而是把宝宝放在床上，妈妈坐在宝宝身边，轻轻哼着摇篮曲，或者对着宝宝喃喃细语，在宝宝不耐烦或要哭闹的时候，不要马上抱起宝宝，而是俯下身来，如前一条所述哄宝宝入睡。

·宝宝有点儿动静，切莫马上去拍、去哄、去抱，以免宝宝养成习惯。有时孩子本来没有醒，妈妈一拍一哄，反倒把宝宝弄醒了。婴儿睡觉不踏实，动作多，是正常现象。

·相信爸爸妈妈会有更好的哄睡方法，找到爸妈和宝宝都乐于接受的哄睡方法。在宝宝只接受抱着睡的时日里，倘若爸爸妈妈已经使出了浑身解数，仍无济于事，宝宝不接受爸爸妈妈任何的好意，而爸爸妈妈也不忍心让宝宝哭闹，更不忍心宝宝睡不踏实，那就欣然接受当下的睡眠模式吧。

·当爸爸妈妈不再焦躁于宝宝抱着睡这件事的时候，或许宝宝很快就不再要抱着睡了。请相信，宝宝也如爸爸妈妈爱他/她一样爱爸爸妈妈。除了爱，还有依恋。对于宝宝来说，爸爸妈妈就是他/她的全部世界。

◎ 宝宝频繁醒来

宝宝深睡眠(安静型睡眠)和浅睡眠(积极型睡眠)反复交替,构成周而复始的睡眠周期。频频出现浅睡眠、更多的处于醒来的敏感时刻、常常醒来是婴儿的睡眠特点。因为,婴儿需要更长的浅睡眠时间。

婴儿易醒对生命有深刻意义。如果沉睡时间长而多,那么,当宝宝饥饿、寒冷、燥热、呼吸道堵塞时,不能很快醒来,就会面临着生

不同年龄浅睡眠比率

胎儿	100%
婴儿	50%
2岁幼儿	25%
青少年	20%
成人	20%
老年人	15%

命危险。所以,婴儿特有的睡眠模式是对生命的保护。婴儿易醒对智力发育同样意义深远。浅睡眠是婴儿大脑成熟所必需的,大脑发育最快的时期也是需要最多浅睡眠的时期,随着婴幼儿成长,从外界环境接收到更多的感官刺激,对内部刺激需求减少,浅睡眠时间也就逐渐减少了。

宝宝只有在深睡眠的状态下,才会是安安静静的。浅睡眠的时候,则是动作多,一会儿伸伸懒腰,一会儿扭动一下身体,一会儿伸一下胳膊挥舞一下小拳头,一会儿又吸吮自己的小手,一会儿又嗯嗯地发出声响,一会儿又扮起怪相……面对宝宝的"不安表现",新手爸妈往往反应过度,宝宝稍有动静,就又是拍又是哄,甚至立即抱起宝宝。爸爸妈妈的过度反应,让原本处于睡眠中的宝宝醒来,不能从浅睡眠自然而然地进入深睡眠,慢慢就养成了让人哄着睡的习惯。最好的处理方法是:不要动辄就打扰宝宝,无论是醒来安静地玩,还是睡觉中的各种"表演",宝宝都不希望有人打扰。所以,宝宝醒着就让他醒着,过一会儿可能又睡了。宝宝动作多的时候,就给宝宝充分的"表演"时间,宝宝不愿意有人"砸场子"。

◎ 吃会儿就睡,睡会儿又吃的宝宝

新生宝宝吃会儿就睡,睡会儿又吃,是再正常不过的现象,新手父母无须担忧。但是,如果吃奶间隔过短,体重增长也不很理想,可从以下几方面查找可能的原因:

·早产儿,需要更多的睡眠时间。吸吮力弱,精力不足,吸吮几下就累了,如果宝宝能够吃一会儿就睡,睡一会儿又吃,是好事。倘若睡很长时间不醒来

吃奶，妈妈可不能等待，要想办法让宝宝醒来吃奶，以免发生低血糖，伤害脑细胞。

· 泌乳不足，宝宝吸吮可是个力气活儿。当妈妈泌乳不足时，宝宝会使劲吸吮，把宝宝累得睡着了，可胃不断抗议，不让宝宝踏实地睡，吃会儿睡，睡会儿吃也就在所难免了。

· 妈妈乳头太大或太小。乳头太大，宝宝不能把乳头完全含入口中，吸吮时用不上力；乳头过小，宝宝含不住乳头，只能用嘴唇叼着，不能充分挤压乳窦，不能大口吃奶，索性睡一会儿，很快被饥饿唤醒，宝宝吃一会儿，睡一会儿也就不足为奇了。

· 妈妈抱我吃奶的姿势不对劲，把我的鼻子堵住了，我怎么出气啊？只好不吃了，睡上一觉再说。

· 我是混合喂养的宝宝，不喜欢人工奶嘴，也不是很能接受配方奶，就惦记着妈妈的奶，可妈妈的奶水不多，就只好吃一会儿，睡一会儿，等着妈妈的奶。

新生儿能到户外吗

站在科学角度，从理论上来说，是能够抱新生儿到户外活动的。但是，新生儿出生后的第一周，是胎儿到新生儿的过渡期，生命力比较脆弱，很容易受到外界不良因素影响，不建议抱一周以内的新生儿到户外活动。我国传统能接受抱宝宝到户外活动的时间是出生后42天。抱宝宝到户外活动，要避开污染、雷电、雨雪、暴风等恶劣天气；另外，新生儿皮肤稚嫩，对日光反应强烈，不易暴露在日光直射下，要做好眼睛和皮肤防护。

新生儿可不可以接受阳光照射

新生儿可接受户外阳光，但皮肤不能直接暴露在阳光下，如果不可避开，要给宝宝穿长衣长裤、戴有帽檐的帽子、使用婴儿车上的遮阳棚或撑起遮阳伞。新生儿眼睛不能被阳光直射。在室内接受阳光，要注意以下四点：

· 建议选择窗户朝南的房间，南北通透的更佳，白天不要挂窗帘，尤其是遮光窗帘。

· 遇 $PM_{2.5}$ 超标、沙尘暴等空气污染时，不要开窗通风。

· 不要让宝宝眼睛直接朝向阳光，让宝宝侧面或背对着阳光。患有湿疹的部位要避开阳光照射。

·新生宝宝皮肤稚嫩，光线过强，紫外线会晒伤宝宝皮肤，开窗照阳光时，要注意防晒，可给宝宝穿一层单衣，如果发现宝宝皮肤发红，要暂时离开光线。

拒绝吃配方奶怎么办

◎ 不吃人工奶嘴

混合喂养的宝宝，会更喜欢吸吮妈妈柔软的乳头，拒绝吸吮人工奶嘴。有的妈妈采取这样的解决方法，宝宝拒绝人工奶嘴，就不喂母乳，宝宝饿了，自然就接受人工奶嘴了；有的妈妈会在人工奶嘴上沾点糖或母乳，试图让宝宝接受人工奶嘴；也有的妈妈会选择，等到宝宝睡得迷迷糊糊的时候喂配方奶。这些方法有时奏效，有时却一点儿没用。这三种方法都不推荐。如果宝宝"精"得你无计可施，妈妈就踏踏实实喂母乳，努力让母乳多起来。实在不够宝宝吃，就先用小匙或小杯子喂配方奶，等待母乳奇迹般的能满足宝宝需要了，或许有一天，宝宝就欣然接受了人工奶嘴了。

◎ 喂奶就哭

无论是喂母乳，还是喂配方奶，只要喂奶，宝宝就哭闹，可能是因为：

·宝宝口腔发炎，最常见的是鹅口疮。

·鼻塞，宝宝鼻子不通气，全靠口腔换气，吃奶时就影响换气，憋得喘不过气来，可不吃又饿，就只有哭了，告诉妈妈"我很难过"。

·宝宝不饿，妈妈凭主观想象，认为宝宝该吃奶了，可宝宝这时还不饿，根本不想吃奶，妈妈就施展妙计，宝宝无法破解，只能拿出撒手锏，哭给妈妈看。

·喂奶姿势不正确、吃奶时总是被呛着、肚子胀不舒服、疲惫困倦等。仔细分析，寻找原因，切莫宝宝越哭，妈妈越喂。

新生儿腹泻、腹胀

◎ 一吃就拉

有妈妈这样描述：孩子一吃就拉，好像是直肠子，既不耽误吃，也不耽误长。最可能的原因是，宝宝肠道神经发育不完善，肠道极易被激惹，孩子的吸吮动作和吸进的奶液，都可能成为刺激源，刺激肠道蠕动加强、加快，结果就是一吃就拉。避免一吃就拉的有效办法：

· 妈妈不要吃，或少吃辛辣食物。

· 如果宝宝同时有湿疹，妈妈还要少吃海鲜等容易过敏的食物。

· 不要给新生儿把尿把便，会造成排便次数增多，除此之外还有很多弊端。

· 避免宝宝腹部受凉。

◎ 新生儿腹泻护理

需要医生解决的问题，就不赘述了，在这里重点讲一下家庭护理。

· 宝宝腹泻，父母切不可自行给宝宝服用止泻药，更不能擅自使用抗生素。宝宝肠道内微生态平衡尚未建立，有益菌群数目少，乱用抗生素，不但不能治疗腹泻，还有可能加重腹泻。

· 母乳喂养的宝宝，患腹泻期间可继续母乳喂养，不需要减少喂奶次数和量。母乳是宝宝最佳的饮食，即使在腹泻期，仍然是最佳选择。如果是混合喂养或配方奶喂养，也可继续喂养。如果腹泻比较严重，且治疗效果不佳，可在医生指导下，更换配方奶。比如，宝宝因腹泻继发了乳糖不耐受，可暂时用低乳糖或无乳糖配方奶替换普通配方奶。

◎ 新生儿腹胀护理

新生儿肠神经节发育不完善，受到外界因素影响很容易出现腹胀，常见的有以下几种因素：

· 母乳喂养的宝宝，妈妈吃得过于油腻了，有出现腹胀的可能，妈妈吃肉类食物时，要注意去除过多的油脂，比如炖猪蹄汤，会有很多浮油，一定要把浮油去掉，吃猪蹄喝清汤。

· 新生儿腹部受凉，也会造成腹胀，可给宝宝做个小肚兜，增加一层保温。更换纸尿裤前，摸一下是否很凉，暖一暖再穿。

· 两手掌对搓，掌心感到很热的时候，放在宝宝腹部给宝宝暖一会儿；也可用宝宝专用暖水袋暖热宝宝腹部，但注意不要烫伤宝宝。

· 配方奶喂养的宝宝，会因牛奶蛋白过敏出现腹胀，可在医生指导下，选择部分或深度水解蛋白，或者氨基酸配方奶。

· 宝宝有原发和继发的乳糖不耐受时可出现腹胀，可在医生指导下，给宝宝服用乳糖酶，或者用低乳糖或无乳糖配方奶替代普通配方奶，直到腹胀停止。

顽固的"缺钙"和"耳后湿疹"

◎ 越治越重的"缺钙"

维生素A过量的症状和佝偻病症状很相似，当出现多汗、易惊醒等症状时，父母会想到缺钙。选择给宝宝额外补充钙剂，或者加大维生素AD的补充量。当维生素A长时间摄入过量时，宝宝会出现类似缺钙的症状，即"越治越重的缺钙"。

◎ 顽固的耳后湿疹

新生儿一般是仰卧位睡眠，耳后透气较差。如果室温比较高，宝宝头部总是汗水不断，耳后潮湿，会引发顽固的耳后湿疹。发现宝宝耳后湿疹，首先要消除上述诱因，洗澡后及时涂抹保湿霜，在医生指导下使用治疗湿疹的外用药膏。不要自行购买湿疹药膏，更不要轻信什么"天然成分""不含激素"的湿疹药膏，更不能购买三无产品。一定要在医生指导下，清清楚楚地使用治疗湿疹的药物。

如何给新生儿喂药

给新生儿喂药的情况并不常见，但宝宝出生两周，需要喂维生素AD或维生素D的滴剂或丸剂。给宝宝喂口服药，建议采取喂奶时抱姿。

（1）喂滴剂：用吸管吸出所需剂量，滴或挤入宝宝颊部或舌下，切莫直接挤入咽喉部。

（2）喂丸剂：可以剪开丸剂，直接挤到宝宝颊部或舌下。

（3）喂片剂：把片剂碾压成粉末，最好用玻璃研磨器皿研磨，然后用水调成溶液，用喂药器滴入或挤入宝宝颊部或舌下。

新生儿四季护理要点

春季护理要点

春季气温不稳定，要随时调整室内温度，尽量保持室温恒定。春季北方风沙大，扬尘天气不要开窗，以免沙土进入室内，刺激新生儿呼吸道，引起过敏、气管痉挛等。春季空气湿度小，可使用加湿器保持适宜的湿度。

夏季护理要点

（1）母乳新鲜恒温，是新生儿安度夏季的最佳食物。如果必须配方奶喂养，一定要注意卫生，不吃剩奶，现吃现配。

（2）母乳喂养的妈妈要多饮水，保证液体摄入量。

（3）注意皮肤护理，勤换纸尿裤或尿布，大便后清洗臀部，涂护臀乳。

（4）夏季室温过高，有发生脱水热的可能，室内温度不宜高于28℃，可使用空调控制室温，空调送风口不要对着婴儿床。

（5）南部地区夏季湿度大，室内湿度不宜高于70%，可使用除湿机控制湿度。

（6）眼炎、汗疱疹、痱子、皮肤皱褶处糜烂、臀红、肛周脓肿、腹泻等，都是新生儿夏季易患疾病。每天给宝宝用温水洗澡一两次，控制适宜的室温和室内湿度，可有效预防痱子；要注意皮肤皱褶处的清洗；发现臀红，及时护理；发现肛门周围感染，要及时带宝宝就医。

◎ 几点特别提醒

夏季养育新生儿，有些做法或想法很常见，但不一定正确。

※ 不敢开窗户。夏季室外温度比室内温度还高，开窗不会使婴儿受凉，相反能保持室内空气新鲜，每天都要开窗通风30分钟左右。

※ 不敢睡凉席。小婴儿完全可以睡凉席，选择质量上乘的凉席，以免伤及宝宝，可在凉席上面铺一层棉布、薄被或毛巾。

※ 不敢开空调。室内温度过高，宝宝吃喝睡觉都会受到影响，还会长痱子，痱子感染形成脓包疮，容易发生尿布疹及肛周感染。所以，使用空调控制适宜的室内温度和湿度，对婴儿利大弊小。不要把室内温度调得过低，不要因为开空调，24小时紧闭门窗，要定时打开窗户通风换气。如果家中安装的是新风系统，不需要开窗换气。

秋季护理要点

秋季是宝宝最不易患病的季节，唯一易患的疾病是病毒性腹泻，要注意预防。秋季出生的新生儿，很快进入冬季，北方的冬季来得早，户外天寒地冻，室内温暖如春，室内外温差大，不宜抱新生儿到户外活动。记得在宝宝出生后2周开始补充维生素AD。

冬季护理要点

北方冬季气温寒冷，但室内有很好的取暖设备，反而不易造成新生儿寒冷损伤。主要问题是室内空气质量差、湿度小、室温高，会影响到宝宝吃奶和睡眠，要尽可能地给宝宝创造适宜舒适的室内环境。南方冬季气温温和，但阳光少，室内阴冷。南方建筑多不安装取暖设备，不建议家中使用空调取暖，可选择可移动暖气。

第五节　新生儿能力发展、早教建议

最新研究成果显示，婴儿的养育经历，在很大程度上影响着脑部神经网络结构的建立，生活环境对婴儿大脑结构的形成有很大影响。平素一些自然而又简单的动作，如搂抱、轻拍、对视、对话、微笑等，都会刺激婴儿大脑细胞的发育。

新生儿出生后就具备学习能力，早教可从新生儿开始。尽管新生儿不能用语言表达，但新生儿已经具备了与人交流的能力。通过看、说（哭）、听、嗅、表情和躯体运动的方式，向爸爸妈妈输送信息，同时接受爸爸妈妈的信息。

看的能力：新生儿有活跃的视觉能力

新生儿能够看到周围的东西，甚至能够记住复杂的图形，分辨不同人的脸形，喜欢看鲜艳、动感的东西。妈妈由于感冒戴上了口罩，新生儿会显出迷惑不解的样子，吃奶减少；妈妈突然戴上眼镜，新生儿也表现出不解的样子。如果在新生儿眼前放一个布娃娃，开始时对布娃娃很有兴趣，但时间长了，就不再看了；当再换一个新的娃娃时，新生儿还会再感兴趣。

新生儿最喜欢看妈妈的脸

当妈妈注视孩子时，孩子会专注地看着妈妈的脸，眼睛变得明亮，显得异常兴奋，有时甚至会手舞足蹈。宝宝和妈妈眼神对视时，甚至会暂停吸吮，全神贯注凝视妈妈，这是人类最完美的情感交流。

视觉能力训练

　　这个训练最好在暗室进行，可以拉上遮光窗帘，挡住光线；也可以在无窗的房间进行，比如衣帽间。妈妈把宝宝抱在怀里，先亲亲宝宝，然后轻轻地用手遮住宝宝左眼，在距离宝宝右眼20厘米处，打开手电筒，让光线照在宝宝右眼约一秒钟，关闭手电筒。5秒钟后，重复上面的方法，照宝宝左眼。每只眼睛照5次。照的同时，妈妈用清晰响亮的声音，对着宝宝说"光"。当刺激完毕时，再抱起宝宝亲亲。

　　这个训练，可提高宝宝看的能力，提高宝宝视觉捕捉光线的能力，帮助宝宝认知光线的作用。

听的能力：给新生儿适当的声响刺激

　　医学已经证明，胎儿在母体内就有听的能力，能感受声音的强弱，音调的高低，能分辨出声音的类型。这正是胎教的基础。新生儿不仅具有听力，还有声音的定向能力。适量声响会刺激新生儿提高视觉、听觉、触觉的灵敏度，促进新生儿神经系统发育，有利大脑发育和智力开发。

　　新生儿喜欢听人说话，最喜欢听妈妈的声音，其次是爸爸的声音。新生儿对高亢悦耳的声音最敏感，已经能把听到的和看到的联系起来了。他们喜欢听有节奏的优美旋律和歌声，爸爸妈妈可充分利用家里的东西，奏出"交响乐"，锅碗瓢盆、丁零当啷，对宝宝来说都是美妙的乐曲。

听觉能力训练

　　宝宝舒服地躺在床上，爸爸妈妈和宝宝面对面，在距离宝宝60厘米左右的地方，稍微用力碰撞两块积木，微笑地告诉宝宝：这是木块的声音。观察宝宝的反应。3秒钟后重复敲击，观察宝宝反应，如此重复3次。

说的能力：倾听新生儿的语言

婴儿从出生那刻起，首要的需求就是与人沟通，这是人的本性使然。婴儿通过各种方式与人进行沟通，告诉爸爸妈妈他饿了、困了、不舒服了、需要搂抱了。爸爸妈妈要清楚地意识到，宝宝发出的所有声音都是语言，都是在向爸爸妈妈诉说着什么……

一旦婴儿知道爸爸妈妈在倾听他的诉说，他就会使出全身力量和爸爸妈妈进行愉快的交流。当妈妈说话时，正在吃奶的新生儿会暂时停止吸吮或减慢吸吮速度，听妈妈说话，别人说话他就不理会了。对着宝宝微笑，他就会报以喜悦的表情，甚至微笑。新生儿对爸爸妈妈及周围亲人的抚摩、拥抱、亲吻，都有积极的反应。所以，爸爸妈妈要用智慧理解宝宝特殊的语言。

语言能力训练

宝宝期望着与爸爸妈妈交流，爸爸妈妈可能会说，宝宝还听不懂！这不重要，重要的是要让宝宝知道，你非常愿意和他交流。爸爸妈妈做事的时候，可以温柔地看着宝宝，手上一边做着，嘴里一边说着。

·宝宝是不是尿了，让妈妈看看，哦，真的尿了，妈妈帮宝宝换上干爽的尿布。宝宝舒服了吗？

·宝宝饿了吧？妈妈给宝宝喂奶啦，真香啊！

·宝宝想要妈妈抱抱，亲亲宝宝，摇摇宝宝！

·妈妈非常爱宝宝！

·爸爸很爱宝宝！

和宝宝进行这样的交流，会极大地促进宝宝身心健康发展，对宝宝的心智发育是最好的开发。

嗅觉和味觉能力：新生儿有敏锐的嗅觉和味觉

经观察和医学研究证明，正常情况下，新生儿出生后第6天，就能通过嗅觉，准确辨别妈妈的气味了。

新生儿还有敏锐的味觉，喜欢甜的食品，当给糖水时，吸吮力增强；当给苦水、咸水、淡水时，吸吮力减弱，甚至不吸。妈妈可要注意，不要给宝宝糖水喝，给了糖水再给白开水，宝宝就不喝了。而经常饮用糖水并不利于健康。

运动能力：新生儿具备复杂的运动能力

新生儿已经具有很复杂的运动能力，受自身体内生物钟支配。包在襁褓中的新生儿会很安静，没有了肢体抖动和身体颤动，但极大地限制了新生儿运动能力的正常发育。应该让新生儿有足够的活动空间，这样新生儿会很活跃，运动能力发展快，呼吸功能得到促进。

当妈妈和新生儿热情地说话时，新生儿会出现不同的面部表情和躯体动作，就像表演舞蹈一样，扬眉、伸脚、举臂，表情愉悦，动作优美、欢快；当妈妈停止说话时，新生儿会停止运动，两眼凝视着妈妈；当再次说话时，新生儿又变得活跃起来，动作随之增多。新生儿用躯体和爸爸妈妈说话，对大脑发育和心理发育有很大的帮助。

手的能力训练

让宝宝仰卧在床上，妈妈食指或拇指放在宝宝手掌内，轻轻地拉起。当妈妈感觉到宝宝抓紧你的手指时，大声对宝宝说"抓"。如果宝宝的握力不够，妈妈刚要向上拉起，手指就从宝宝手掌中滑出，妈妈也可以采取握住宝宝手腕的方法。

待宝宝俯卧能够抬头后，也可以让宝宝俯卧在床上，妈妈俯身在宝宝前面，把食指或拇指放在宝宝手掌内，轻轻地向前拉。如果宝宝的手握不住妈妈的手，妈妈也可以握着宝宝的手腕，向前拉宝宝。

运动能力训练

◎ 平衡训练

把宝宝放在一个小垫子上，爸爸妈妈分别拉住小垫子的四角，做前后、左右、上下移动。边移动，边大声说：向前移、向后移、向左移、向右移、向上移、向下移。

本章专题
女婴、男婴特殊护理

女婴特殊护理

女婴尿道、阴道口、肛门紧密相邻，又都是开放的，如果不注意卫生，容易患尿道口炎、阴道炎。清洗女婴尿道口和臀部时，适合用流动水，从上向下清洗；给女婴擦屁屁，要从前往后擦，以免肛门口细菌污染尿道和阴道口而引起炎症，这是护理女婴的关键。

女婴在母体内受大量雌激素刺激，出生后可能会发生以下现象：

◎ 小阴唇粘连

女婴外阴和阴道上皮薄，阴道的酸度较低，抗感染能力差，易发生外阴炎。如果外阴炎并发糜烂溃疡，小阴唇表皮脱落，加上女婴外阴皮下脂肪丰富，会使阴唇处于闭合状态，最终粘连。发现阴唇大范围粘连，要由儿妇科医生处理。如果是小范围粘连，综合儿科门诊的医生即可处理，用消毒棉签轻轻剥离，即可成功。剥

离前，需用生理盐水或高锰酸钾水把外阴冲洗干净，清理掉小阴唇与大阴唇之间的分泌物。剥离后用高锰酸钾水冲洗外阴，在剥离处涂上红霉素眼膏。但多数情况下，医生会让妈妈给宝宝外阴处涂雌激素药膏，粘连会自行分离。轻微粘连，即使不做任何处理，随着宝宝年龄的增加，粘连处同样会分离。是否需要涂抹药物，以及是否需要做粘连剥离，医生会给出最佳选择，新手父母不要焦虑。

◎ 外阴白带

母体雌激素、黄体酮通过胎盘，进入胎儿体内，使女性胎儿子宫腺体分泌物增加。出生后，新生女婴阴道黏液及角化上皮脱落，外阴会有黄白色分泌物，类似"白带"。新生女婴白带一般不需要处理，用消毒棉签，把分泌物轻轻擦拭掉，用清水冲洗就可以了。这种白带持续几天后，会自行消失。如果长时间

不消失，或白带性质有改变，应及时看医生，排除阴道炎的可能。

◎ 乳头凹陷

女婴乳头凹陷是常见现象。据调查，新生女婴中，有45%乳头凹陷；但到成人女性，乳头凹陷的只有7%，而且大部分还可经过吸吮和牵拉改变。

民间习惯上给刚出生的女婴挤乳头，以防乳头凹陷，这是没有科学根据的。挤压新生儿乳房，不但不会改变乳头凹陷，还会损伤乳腺管，引起乳腺炎，严重者引发败血症，危及婴儿生命。

男婴特殊护理

男婴的外生殖器护理也非常重要，具体的护理方法如下：

用干净的毛巾或脱脂棉，由里向外清洁大腿根部和阴茎、睾丸各处的皮肤褶皱。清洁睾丸和阴茎下方的皮肤时，可用手指轻轻将睾丸、阴茎向上托起，但注意不要拉扯阴茎皮肤。清洁阴茎时，要向外擦拭，注意不要将包皮向上推起，去清洁包皮下面。

以下是男婴几种可能发生的现象及处理方法：

◎ 包茎、包皮过长、包皮粘连护理

包皮过长的男婴，容易发生包皮粘连，造成假性包茎。有包茎和包皮过长的宝宝，如果没有排尿障碍，不需要接受手术治疗；但要注意，有包茎的男婴，尿液可能会聚集在紧裹的包皮内，尿酸盐结晶（人们常说的尿碱）刺激尿道口，易引起尿道口发炎。因此，妈妈日常护理要注意宝宝生殖器卫生，发现尿道口发红，可用高锰酸钾水（浓度一定要很淡，配成淡粉色水就可以了，千万不能配成紫色水）冲洗。

◎ 睾丸未降和隐睾护理

睾丸未降和隐睾是有区别的，处理方法也不同。如果宝宝有一侧或两侧睾丸未下降到阴囊，但确定不在腹腔内，正在下降途中，医生多不给予特殊处理，妈妈也不必着急，定期找医生复查就是了。如果睾丸未下降，确定还在腹腔内，则越早处理越好，及时带宝宝看泌尿科医生，采取积极措施。

第二章

1~2个月的宝宝

第一节　本月宝宝特点

外貌

外貌变化

满月的宝宝，皮肤有光泽，细腻白嫩，弹性增强，皮下脂肪增厚，胖嘟嘟的；胎毛、胎脂减少，光鲜照人；头形滚圆，像个可爱娃娃，实在招人喜爱。

头部奶秃

这个月的宝宝有些会出现脱发现象。出生后本来黑亮浓密的头发变得稀疏发黄，妈妈会认为宝宝营养不良或缺乏某种营养素。

宝宝脱发是生长过程中的一种生理现象，随着月龄的增长，开始添加辅食，脱落的头发会重新长出来。宝宝发质与遗传、营养和身心健康等诸多种因素有关，胎儿期的发质还与母亲孕期均衡的营养摄入有关。如果父母发质很好，在不久的将来，宝宝定会长出浓黑光亮的头发。

枕秃

在宝宝还不会翻身，不能独坐的阶段，大部分时间躺在床上，由于宝宝头部出汗多，喜欢来回转动头部；头发长时间受压；枕在摩擦力比较大的枕巾或床单上，使得枕后或头两侧头发脱落的速度快于其他部位，而生长的速度赶不上脱落的速度，就出现了"枕秃"。

很多父母会认为枕秃是缺钙引起的。实际上，绝大多数枕秃与缺钙无关。所以，不要看到宝宝有枕秃，就盲目补钙或增加维生素 AD 摄入量。

 生活

觉醒时间延长

这个月的宝宝对昼夜有了初步感觉，白天觉醒时间逐渐延长，尤其在上午八九点钟，宝宝会有一段较长的觉醒时间，爸爸妈妈可以和宝宝交流，给宝宝做操。有些宝宝后半夜吃奶间隔时间会延长到6个小时左右，这对妈妈来说意义重大，妈妈要抓紧时间睡觉，如果能持续睡上6个小时，有利于增加乳汁分泌量，也有利于产后恢复。

吃奶量增加、时间缩短、次数减少

这个月宝宝吃奶时间不但不延长，反而缩短了，妈妈不禁怀疑，是奶量减少了，还是宝宝生病了？其实，这是由于新生儿吸吮力弱，胃容量小，妈妈乳量也少，乳头条件还不是很好的缘故，加上妈妈还不会舒服地抱宝宝喂奶，宝宝吃一会儿就疲劳地入睡了，吃奶间隔时间也短。随着宝宝日龄的增加，吸吮力增强，妈妈能比较娴熟地喂奶了。宝宝的吸吮速度明显加快，妈妈乳量也比坐月子时充足了。所以，吃奶时间会缩短，间隔时间会延长，这是好现象。如果真是奶少了，宝宝可不会像新生儿那样老实，现在他会大声哭闹。如果宝宝病了，吸吮力会减弱，还会有其他一些异常表现。

大便开始有规律，小便次数减少

满月后，宝宝大便开始规律。纯母乳喂养的宝宝，每日大便2~6次，纯配方奶喂养的宝宝，每日大便1~2次，有的宝宝会隔日一次。

新生儿尿量虽然不是很多，但排尿次数却比较多。随着月龄的增加，宝宝膀胱容积增大，所以，排尿次数可能会有所减少，但一次排尿量却比原来增加了。

精细和粗大运动能力进步

宝宝俯卧时能把头抬起并保持几分钟。握住宝宝手腕部，慢慢向上拉起宝

宝，头部与背部可呈45°。双手托住宝宝腋下，宝宝下颌与前胸呈45°以上。宝宝能追视花铃棒。让宝宝手背轻轻触碰到桌子边缘，通常情况下，宝宝会张开小手，并把手放在桌子上。宝宝会主动把自己的两个小手放在一起，如果不经意中，手触碰到了嘴巴，会吸吮自己的小手。

 情感

情感更为丰富

这个月的宝宝比较喜欢哭闹，哭声也更响亮了。哭不再是消极的，已经有了积极的意义。如总是让他躺着看房顶，会觉得寂寞，就会大声哭，希望爸爸妈妈抱抱他，也让他看看周围的东西。如果这时妈妈怕惯坏宝宝而不去抱他，让他尽情去哭，宝宝会感到失望，心理发育会受到不良影响。

不要认为刚刚1个多月的宝宝没有这样的感受，宝宝有丰富的情感世界。爸爸妈妈学会理解宝宝的哭声，是要经过一段时间的，但是，把宝宝的哭理解成语言，并与宝宝认真交流，对宝宝的心智发育有积极的作用。

更加依赖爸爸妈妈

宝宝对爸爸妈妈更依赖了，喜欢与爸爸妈妈交流，喜欢让爸爸妈妈抱着睡，当妈妈轻轻抚摸宝宝，对着宝宝笑时，宝宝会出现欢欣的样子；如果被爸爸拥抱着，会有一种安全感、幸福感。

第二节 本月宝宝生长发育

身高

本月宝宝，男婴身高中位值54.8厘米，女婴身高中位值53.7厘米。如果男婴身高低于50.7厘米或高于59.0厘米，女婴身高低于49.8厘米或高于57.8厘米，为身高过低或过高。本月宝宝身高增长也是比较快的，一个月可长3~4厘米。

身高测量和体重测量一样，要注意测量误差。身高增长也存在着个体差异，但不像体重那样显著，差异比较小。如果宝宝身高增长明显落后于平均值，要及时看医生。

体重

跳跃性增长

本月宝宝，男婴体重中位值4.51千克，女婴体重中位值4.20千克。如果男婴体重低于3.52千克或高于5.67千克，女婴体重低于3.33千克或高于5.35千克，为体重过低或过高。

半岁前的宝宝，体重增长较快，尤其是100天以前，体重增长更快，每月平均可增加1200克。但体重增加程度存在显著的个体差异。宝宝的增长并不总是均衡的，这个月长得慢，下个月也许会出现快速增长，呈阶梯性或跳跃性。如果宝宝在一个时期增长有些慢，不要过于着急，只要排除疾病所致，到了下一个月就可能出现补长现象。

考虑测量本身的误差

除了个体差异，测量本身也会有误差。在测量宝宝体重时，要注意"误差"，如：体重秤本身误差，宝宝穿衣多寡造成的误差，宝宝吃奶前后误差，吃多吃少的误差，排尿便前后体重的误差，不同季节导致的误差（如，夏季宝宝体内水分蒸发快，体重轻；春秋冬季水分蒸发少，体重相对重）。这些误差同样会影响宝宝体重的称量效果。

头围

这个月宝宝头围可达36厘米。前半年头围平均增长7厘米，但每月实际增长并不是平均的。所以，只要头围在逐渐增长，即使某个月增长稍微少了，也不必着急，要看总的趋势，总的趋势呈增长势头就是正常的。

另外，这个月宝宝颅骨缝囟门都是开放的，很容易变形，受睡姿的影响较大，测量时要考虑这种情况的影响，还要考虑宝宝头形的影响。宝宝头围大小也受遗传因素影响，父母头部比较大，宝宝的头围可能就会比同龄宝宝大些。

爸爸妈妈很重视宝宝的头围，头围大了，担心脑积水，影响智力；头围小了，担心阻碍大脑发育。实际上，脑积水时头围增长过速，超过正常很多。在分析每项发育标准时，要全面，要综合，现在父母对宝宝智力发育非常重视，这是好事，但不能过于忧虑。实际上，除了极个别宝宝有先天性疾病，绝大多数宝宝是健康的，头围数值在平均值上下浮动很正常。

前囟

这个月宝宝的前囟大小与新生儿期没有太大区别。每个宝宝前囟大小也存在着个体差异，如果不大于3.5厘米，不小于0.5厘米，就都是正常的。

宝宝的前囟被众多父母所重视，尤其是老人，更加重视宝宝的前囟，认为囟门是宝宝的命门，不能触摸，触摸了，宝宝会变成哑巴。触摸宝宝的前囟不会使宝宝变哑巴的。但前囟是没有颅骨的地方，一定要注意保护，无必要时，不要触摸宝宝的前囟，更要防护硬的东西磕碰前囟。宝宝的前囟会出现跳动，这是正常的。前囟一般是与颅骨齐平的，过于隆起可能是颅压增高；过于凹陷，可能是脱水。

第三节 本月宝宝喂养

营养需求

满月后的宝宝可以完全靠母乳摄取所需的营养，无须添加任何母乳以外的辅助食物。宝宝奶量存在个体差异，只要宝宝生长发育指标都在正常范围，就说明喂养得很好，母乳能够满足宝宝生长发育所需，无须添加配方奶。妈妈和身边的人不要轻易认为母乳不足，更不要轻易添加配方奶。因为，母乳的分泌量会受到宝宝需求的影响，如果在母乳充足的情况下，误判母乳不足而添加了配方奶，那么，宝宝对母乳的需求就减少了，母乳的分泌也会随之减少。

除了维生素 AD，无须其他营养素补充剂。有的父母希望给宝宝补充更多的营养素，包括DHA（一种人体所需的不饱和脂肪酸）、多种矿物质、多种维生素、鱼油、牛初乳、蛋白粉等。从科学角度来看，这些都非必要，有些还会对宝宝健康不利。尽管DHA对宝宝视觉和大脑发育有益，但母乳中含有丰富的DHA，是否需要额外补充，需咨询医生，切莫擅自给宝宝补充营养素。

早产儿或低出生体重儿，需要在医生指导下实施特殊喂养。如果是配方奶喂养，需要选择不同阶段的早产儿配方奶。（有关早产儿和双胞胎喂养问题，请参看《郑玉巧教妈妈喂养》一书。）

母乳　喂养

进入良性喂养阶段

宝宝满月后，妈妈精力和体力得到恢复，可以到户外活动，心情好转，精神放松了，乳量会有所增加。宝宝所需乳量也不断增加，吸吮力增强，乳头大小已经适宜宝宝，母亲喂奶姿势也比较自然了，从此进入良性喂养阶段。此时，妈妈要注意补充钙剂、多种维生素和矿物质补充剂。

这个月的宝宝比新生儿更加知道饱饿，吃不饱就不会满意地入睡，即使一时睡着了，也很快就会醒来要奶吃。如果一天都吃不饱，大便就会减少；即使次数不少，大便量也会减少；如果量不减少，次数也不少，甚至还增加，大便性质就会改变，排绿色稀便。如果长期奶量不足，宝宝的生长发育就会受到影响。

防止混合喂养儿的产生

哺乳的妈妈不要总是认为，乳汁不够宝宝吃，这会削弱纯母乳喂养的信心，混合喂养儿往往就是在这个月产生的。妈妈认为自己的奶量不足，就会给宝宝添加配方奶。奶嘴孔大，吸吮省力，配方奶比母乳甜，结果宝宝可能就会喜欢上配方奶，而不再喜欢母乳了。因为添加了配方奶，下次吸吮母乳时间就会缩短，吃的奶量也会减少。母乳是越刺激奶量越多，如果每次都有吸不净的奶，就会使乳汁分泌量逐渐减少，最终成了母乳不足，人为地造成了混合喂养。

妈妈应该知道，6个月以内的宝宝，母乳是最佳食物。混合喂养是几种喂养方式中最不好掌握的，要尽量避免。

继续按需哺乳

本月仍然不要机械规定喂哺时间，继续按需哺乳。这个阶段的宝宝，基本可以一次完成吃奶，吃奶间隔时间也延长了，一般2.5~3小时一次，一天7次。但并不是所有的宝宝都这样，2个小时吃一次也是正常的，4个小时不吃奶也不算异常。一天吃5次或一天吃10次，也不能认为是不正常。但如果一天吃奶次数少于5次，或大于10次，要向医生询问或请医生判断是否有异常情况。晚上还要吃4次奶也不能认为是闹夜，可以试着后半夜停一次奶，如果不行，就每天向后延长，从几分钟到几小时。妈妈不要急于求成，要有耐心。

宝宝到底一次能够吃多少母乳，这个时期再通过吃奶前后测量体重就比较困难了，吃奶前宝宝不会老实等待给他测量体重；吃奶后，马上测量体重，宝宝不再像新生儿期那样安静，动来动去很容易溢乳。这个月也没有太大必要了解母乳量了，是否吃饱了，宝宝的反应就能够说明问题——吃不饱，宝宝是不干的。

乳头保护

出了满月，宝宝吸吮能力增强，仍有发生乳头皲裂的可能，妈妈要保护好宝宝的"粮袋"，继续按第一章母乳喂养一节中所述的方法加以预防。急性乳腺炎的发生率降低，但仍有罹患的可能，出现乳房疼痛、红肿、体温高、发热要及时看医生。如果妈妈体温高了，首先就要考虑是否患了乳腺炎，而不是仅仅怀疑是否感冒了。

这个时期的宝宝，可能会出现吃奶不安心的现象，吃吃停停是常有的事，妈妈要有一定的耐心。宝宝感受外界事物的能力增强了，听到声音就会停止吃奶，有时突然听到声响，宝宝会迅速把头掉转过来，还没有来得及吐出乳头，结果就把妈妈的乳头拽得很长，苦了妈妈。所以，喂奶时要注意固定好宝宝的头部，不要让宝宝头部架空，要把宝宝的头放在妈妈臂窝内，用前臂稍微挡住宝宝的后枕部，使得宝宝突然回头时，幅度不会太大，不会伤及乳头。

溢乳程度可能会加重

这个月的宝宝虽然吸吮力增强了，但是胃容量并没有显著增加，而宝宝的活动能力却增强了。运动增加，觉醒时间延长，新生儿期本来没有溢乳，这个月可能就会发生溢乳；新生儿期有溢乳的，这个月可能会更加严重；溢乳的次数减少，但溢乳量可能会增加，可以是刚刚吃进去的奶液，也可以是呈豆腐脑样的奶块，但不会混有黄绿色的胆汁样物。溢乳后，宝宝一切正常，精神好，照样吃奶。即使每天都溢乳，宝宝不但不瘦，还比较胖，生长发育也正常。随着月龄增加，溢乳程度会逐渐减轻。

配方奶 喂养

喂奶量多少合适

满月后每次喂奶量也开始增加，可从每次50毫升增加到80~120毫升。到底应该吃多少，宝宝间有个体差异，不能完全照本宣科。妈妈要根据宝宝的实际需要决定喂奶量。如果没有把握，那就按照如下方法执行：只要宝宝吃，就喂；不吃了，就停止。不要反复往宝宝嘴里塞奶嘴，宝宝已经把奶嘴吐出来了，就证明吃饱了，不用再喂了。

喂养标准和原则

配方奶喂养，尽管有很精准的每日所需奶量，甚至能精准到每种营养成分，但落实到每个宝宝身上，应该吃多少，只有宝宝自己知道。妈妈不用完全按照推荐的奶量去喂养，根本上还是以宝宝正常发育为标准。可以说，宝宝最有权利决定自己吃多少。

混合　喂养

母乳和配方奶不要混着喂

妈妈认为自己母乳不足，就把母乳吸出来，与配方奶混合在一起喂宝宝，这种做法是错误的。这样做，不但会使母乳越来越少，还会引发宝宝胃肠道不适。正确的做法是，到了宝宝吃奶时间，无论妈妈认为是否有奶，都要先给宝宝喂母乳。如果因吸不出乳汁，宝宝哭闹打挺，妈妈首先要抱起宝宝安抚，等到宝宝不哭了，过十几分钟再给宝宝喂配方奶。

母乳不能攒，分泌的乳汁不能被及时吸出来，乳汁分泌就会自动减少；乳房吃得越空，乳汁分泌就会越多。所以不要攒母乳，有了就喂，慢慢或许会够宝宝吃，不再需要添加配方奶了。

不要放弃母乳

混合喂养最容易发生的情况是放弃母乳。母乳少，宝宝吸吮困难。配方奶比母乳甜，奶嘴孔大，吸吮省力，宝宝也喜欢；妈妈乳汁少，吃完没多长时间，就又要奶吃，影响宝宝睡眠，妈妈也疲劳。有些妈妈干脆停掉母乳，喂配方奶算了。

还有另一种情况，有的宝宝只吸吮妈妈的乳头，拒绝吸吮奶嘴，配方奶喂不进去。妈妈担心自己乳汁少，宝宝吃不饱，索性停掉少得可怜的母乳，改用配方奶喂养。妈妈千万不要作这样的决定，宝宝还不满2个月，非常需要妈妈的乳汁。母乳喂养，不单单对母婴身体健康非常重要，对心理健康也有极大益处，可以使宝宝获得最完美的母爱。妈妈要相信，只要放松心情，保证休息和睡眠，吃饱吃好，就会有充足的乳汁喂养宝宝。

也不否认，有少数产妇无论怎样努力就是没有足够的乳汁哺育宝宝。遇到这种情况，妈妈也不要伤心，不要自责，配方奶也一样能把宝宝喂好，喂得很健康。用奶瓶喂养，妈妈也要把宝宝抱在怀里，让宝宝享受妈妈怀抱的温暖。

第四节 本月宝宝护理

生活护理

衣服的质地、款式

给宝宝选择纯棉、质地柔软、宽松、脚脖子和手腕部不是紧口的衣服。衣服颜色最好是白色或浅色的，因为染料对宝宝皮肤有刺激作用。最好不穿带纽扣的衣服，选择和尚服式的领子，不要太紧，宝宝脖子短，充分暴露脖子是很重要的，不但利于宝宝呼吸通畅，还可避免颈部湿疹。

这个月龄的宝宝，不适合穿连帽衫，特别是系带的帽衫。这是因为连帽衫会影响宝宝转头运动，也会阻挡宝宝视野，不利于宝宝视觉发育。系带帽衫除有上述问题，绳带有勒住宝宝颈部的风险。

不建议给宝宝穿开裆裤。妈妈要选择带有拉链或按扣的连体裤，或者购买裤腿和裤裆带有按扣的裤子。这样既保证了宝宝臀部卫生和私密性，也方便妈妈给宝宝清洗小屁屁和更换尿不湿。

给宝宝穿连脚裤，在一定程度上，会影响宝宝肢体运动能力。如果连脚裤过长，当宝宝小脚蹬来蹬去的时候，稚嫩的皮肤有被裤腿磨破的可能；倘若连脚裤过短，会影响宝宝下肢伸展运动，宝宝很有可能会因此而哭闹；即使合体的连脚裤也有磨破宝宝小脚丫皮肤的可能。所以不建议给宝宝穿连脚裤。

给宝宝穿宽松的棉质小袜子，袜口不要过紧，一定不要勒着宝宝的脚脖子，如果过紧，会影响脚的血液循环。穿袜子前，要翻过来仔细检查一下，看是否有线头，如果有线头要剪掉，线头可能会缠在宝宝的脚趾上，这是十分危险的。不但穿袜子要注意这一点，穿衣服也要注意这一点。

床上用品的选择

宝宝的被褥要选择棉质、透气性能好的。有些父母给宝宝盖颜色鲜艳、花色漂亮的小毛毯。但毛毯上脱落的绒毛，可能会被宝宝吸入咽部，刺激呼吸道黏膜，引起过敏反应。使用纯棉布做的小棉被子，对宝宝健康更有好处。

宝宝出了满月，肢体活动增加，因此不要给宝宝盖得太多，正常情况下，盖上小薄被就可以了；不要包裹宝宝，不要在被子周围压枕头，这样会影响宝宝的肢体运动，阻碍宝宝运动能力的发展。这个时期的宝宝，可能会出现不很严重的踢被子现象，这是宝宝能力发展的表现，是锻炼腿力的一种方式。可以把宝宝的小脚丫露在外面，就不会把被子踢开了。穿上厚一点儿的袜子，宝宝的小脚就不会着凉了。

宝宝睡婴儿床的注意事项

爸爸妈妈可以让宝宝自己睡一张小床，但一定要放在爸爸妈妈旁边，小床和大床之间不要设置屏障，要随时能够抱起宝宝，尤其是夜间，当宝宝发生溢乳或呛奶时要能够立即处理，否则会发生意想不到的危险。这个月的宝宝可能会翻身，一定不要让宝宝单独待着，尤其是觉醒状态时，还要注意避免宝宝的头或肢体卡在小床栏杆内。

注意居室空气质量和湿度

现在父母都很注意空气污染对宝宝健康的影响，实际上，居室小环境质量高低，对宝宝健康的直接影响要远远超过大环境的间接影响。如果老公吸烟，妈妈要劝导丈夫少抽烟，不在居室内吸烟；做饭时，要把厨房门关紧，不要让油烟进入宝宝房内，以免刺激宝宝呼吸道黏膜，埋下婴幼儿哮喘的隐患。

室内要保持适宜的湿度（50%）。湿度太小，宝宝呼吸道黏膜干燥，就会降低黏膜对细菌病毒的抵抗能力。呼吸道细毛功能受损，黏膜防御功能下降，就会引起呼吸道感染。婴幼儿发病率最高的是呼吸道疾病，保证室内湿度适宜，是非常重要的预防措施。

睡眠管理

醒着的时间延长了

这个月的宝宝，睡眠时间比新生儿期有所减少，不再是吃了睡，醒了吃。满月后的宝宝，觉醒的时间越来越长，每天上午八九点钟可能是觉醒时间最长的，不再是每次吃奶后都能入睡。每天可能睡16~18个小时，后半夜可能会停食一次奶。

睡眠长短的个体差异

有的宝宝睡眠时间比较长，属于能睡的宝宝；有的宝宝睡眠时间短，但精力旺盛，情绪也很好，不影响吃喝。宝宝觉少，和父母的遗传、生活习惯、养育方法等因素有关。只要宝宝精神好，生长发育正常，就不要担心宝宝睡眠过少或过多，这是每个宝宝的个体差异。每个年龄段的宝宝到底应该睡多长时间，根据宝宝生长需求和循证，有一个建议范围，但非硬性规定。即使是同一个宝宝，每天睡眠时间也是有变化的。

父母需要的是给宝宝创造良好的睡眠环境，营造睡眠氛围：在入睡前1小时给宝宝洗澡，30分钟前关闭电视、播放器、照明灯，打开夜灯、拉上窗帘，让宝宝躺在婴儿床上，在床前给宝宝讲睡前故事、哼唱摇篮曲。在宝宝快入睡时，轻轻搂抱、亲吻宝宝，道一声晚安，待宝宝进入深睡眠，关闭夜灯。在宝宝睡眠过程中，不要动辄打扰宝宝。

帮助宝宝养成良好的睡眠习惯非常重要。在条件允许的情况下，父母也借此养成良好的睡眠习惯，有助于更快地让宝宝形成规律睡眠。

夜间睡眠问题

父母劳累了一天，到了晚上，感到困倦疲劳，可宝宝却精神得很，就是不睡觉。1~2个月的宝宝，还不会玩耍，对周围的事物缺乏兴趣，看、听能力还比较弱，所以觉醒时哭的时候多。这往往让新手妈妈爸爸不知所措，有些爸爸妈妈情急之下，会认为宝宝不正常，缺钙等，急于为宝宝补钙。但是，这很可能与宝宝白天睡眠时间有关，爸爸妈妈要帮助宝宝逐渐改变过来，白天让宝宝少睡，慢慢把觉推移到晚上。

 **尿便护理**

关于把屎把尿

不建议给宝宝把屎把尿，也不要训练宝宝排尿排便。这个月的宝宝，无论是从生理上，还是心理上，都不具备接受尿便训练的能力，更没有控制尿便的能力。儿科医学家研究认为，提早训练宝宝如厕训练，不但不能让宝宝更早地学会控制尿便，相反，还会延长控制尿便的时间。

给宝宝把屎把尿，除了不利于宝宝控制尿便外，还会影响到宝宝其他方面的健康。比如，定时给宝宝把屎把尿，会削弱尿液对膀胱的刺激，也会降低大便对结肠的刺激，因而推迟宝宝对排尿和排便的感知力。婴儿脊椎的生理弯曲尚未形成，肌肉和关节也不能很好地支撑脊椎，宝宝也还不能很好地树立起头部。给宝宝把屎把尿，很有可能会对宝宝脊椎的发育不利，也会因为头部前倾而导致呼吸不畅。尽管宝宝能够接受尿便训练的年龄存在差异，能够控制尿便的年龄也存在不小差距，但是，大多数宝宝，2岁左右才能够接受尿便训练，在接受尿便训练几个月后，即能够控制尿便，而控制夜尿的时间要晚几个月。

大便性状、次数

母乳喂养的宝宝，大便次数比较多，有时甚至比新生儿时期次数还多，一般一天6次左右，极个别宝宝会一天排大便十余次，大便呈黏稠的金黄色，不成形，偏稀，有时有奶瓣或发绿。配方奶喂养的宝宝，大便次数比较少，呈淡黄色，有时也会发绿，偏稠或成形便。如果宝宝大便性质不好，大便带水，或突然大便次数增加，要看医生，排除是否有其他问题。

乳糖耐受差或乳糖不耐受的宝宝，大便次数多而稀，可有泡沫，宝宝排便前可能会有哭闹。如果是配方奶喂养，可尝试着更换低乳糖或无乳糖配方奶。如果是母乳喂养，可尝试着服用乳糖酶制剂。如果妈妈怀疑宝宝可能存在乳糖不耐受情况，请向医生咨询，不要轻易更换配方奶或服用药物。切不要因为宝宝大便不正常而停止母乳喂养。

一吃就拉：直肠子

人们都说宝宝是直肠子，一吃就拉。这个月的宝宝会出现这种情况：把尿布换得干干净净，抱起来吃奶，还没吃几口，就听到扑嚓嚓排便的声音。妈妈有时会认为宝宝不正常，给宝宝吃药，或者马上给宝宝更换尿布。遇到这种情况，妈妈不要急于换尿布。急着换尿布，一会打断宝宝吃奶，导致宝宝吃奶不成顿；二会引起宝宝把刚刚吃进的奶溢出来，加重溢乳程度；三会增加护理负担，如果宝宝在整个喂奶过程中拉几次，拉一次就马上换一次，恐怕要换几次，这就是在折腾宝宝了。妈妈可以等到宝宝吃完奶再换。

大便稀绿：是肠炎吗

宝宝的大便夹杂着奶瓣或发绿、发稀，这不要紧，不要认为是消化不良或患肠炎了。大便次数增加到每日6~7次，这也是正常的。只要宝宝吃得很好，腹部不胀，大便中没有过多的水分或便水分离的现象，就是正常的。

如果宝宝大便稀少而绿，每次吃奶间隔时间缩短，好像总吃不饱似的，可能是母乳不足了。但不要轻易添加配方奶。每天在同一时间测体重，记录每天体重增加值，如果每日体重增加少于20克，或一周体重增加少于100克，可试着每天添加一次配方奶。观察宝宝是否变得安静，距离下次吃奶时间是否延长。如果是的话，就继续每天添一次配方奶。一周后测体重，如果增加了100 ~150克以上，就可证明是母乳不足导致大便溏稀发绿。

如果大便常规检查有异常，医生诊断患有肠炎，则遵医嘱服用药物，不要自行服药，以免破坏肠道内环境，尤其不能乱用抗生素。

洗澡变轻松了

每天给宝宝洗澡

宝宝已经适应每天给他洗澡了，如果有几天不洗澡，宝宝就会感到不舒服而哭闹。1个月以后的宝宝不再像新生儿那样软，爸爸妈妈没有经验，抱也抱不好。现在好了，已经积累了1个月的经验，洗澡已经很顺利了，再也不是几个人弄得满头大汗，还险些把宝宝掉到水中的情况。

这个月的宝宝可以不必像新生儿那样，一部分一部分地洗，可以把宝宝完全放在浴盆中，但要注意水的深度不要超过宝宝的腹部，水的温度要保持在37.5~38℃。洗澡时间不要太长，一般不要超过15分钟，以5~10分钟为最佳。

如果条件允许，最好每天都洗澡，夏季一天要洗2~3次。上午正式洗1次，下午和晚上大人睡觉前简单冲一下就可以。如果天气炎热，宝宝出汗较多，随时洗洗皮肤皱褶处。

把宝宝从浴盆中抱出来后，要用清水冲洗宝宝的小屁股。女婴要冲洗外阴，如果发现有分泌物，要用消毒棉签擦拭干净，再用清水冲洗。男婴如果包皮过长或有包茎，要把过长或过紧的包皮向上捋起，露出龟头和尿道口，用清水冲洗干净，如果发现有分泌物，可轻轻用消毒棉签擦拭掉，动作一定要轻柔。

保护脐、眼、耳

注意不要把水弄到宝宝耳朵里。一旦不小心把水弄到宝宝耳朵里，妈妈不要慌张，侧着抱起宝宝，进水的耳朵朝下，外耳道的水会自行流出来。进入内耳道的水，即使排不出来，妈妈也不要担心，很快就会自行出来或被吸收。妈妈切莫用棉签或掏耳勺等器具给宝宝掏耳朵。如果非常担心，请向医生咨询。

宝宝肚脐已经长好了，不必担心感染，但如果肚脐凹窝过深，要用消毒棉签蘸干肚脐凹窝内的水。不要把洗发剂弄到宝宝的眼睛里去，给宝宝戴上一顶宝宝专用的浴帽，可避免洗发液流进眼睛里。洗后，用干爽的浴巾包裹，用干爽的毛巾把头包裹上，宝宝丢失的热量最少，等待干后再穿衣服。

10分钟后喂奶

洗澡完毕后，不要马上喂奶，这对消化有好处。洗澡时，外周血管扩张，内脏血液供应相对减少，这时马上喂奶，会使血液马上向胃肠道转移，使皮肤血液减少，皮肤温度下降，宝宝会有冷感，甚至发抖，而消化道又不能马上有充足的血液供应，会因此影响消化功能。洗澡后10分钟再开始喂奶，是比较好的安排。

本月护理常见问题

宝宝用手抓脸

快2个月的宝宝，会用手抓脸。如果宝宝指甲长，会把脸抓破，即使不抓破，也会抓出一道道红印。有些父母给宝宝戴上一双有松紧带束口的小手套。这样做是很不安全的。如果松紧带过紧，会影响宝宝手的血液循环；如果手套内有线头，可能会缠住宝宝的手指。儿童用品商店里出售的宝宝服，也常常带有小手套，最好不要选择这样的衣服。从另一个角度考虑，手在大脑发育中占有重要位置。手的精细运动能力是宝宝发育中非常关键的，手的神经肌肉活动可以向脑提供刺激，这是智力发展的源泉之一。如果整天戴着手套，会极大地妨碍宝宝手的精细运动能力。还有的妈妈怕宝宝抓脸，就给宝宝穿袖子很长的衣服。虽然避免了发生手指缺血的危险，但也同样会影响宝宝手运动能力的正常发展，是不可取的。

宝宝指甲长的问题是可以解决的。把宝宝的指甲剪得稍微短些，然后再轻轻磨一下，让指甲圆钝。3天左右修剪一次比较合适。

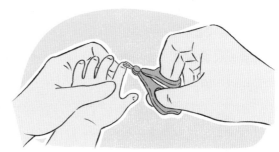

比新生儿还容易患臀红

有的宝宝后半夜可能会睡上五六个小时不吃奶。深睡眠时间也延长了，不再是尿了就哭。妈妈也睡得很香，潮湿的尿布浸着宝宝，很容易患臀红。如果是夏天或盖得多，臀红就更加严重。随着母乳量的增加，宝宝大便次数比新生儿期还多，一天可拉六七次，如果不及时更换有大便的尿布，更容易出现臀红。

发现宝宝臀部发红或有尿布疹，一定要及时处理。每次排大便后用清水洗臀部，涂上鞣酸软膏或其他有隔水作用的护肤霜，也可尝试着涂食用油，如橄榄油、香油等。请注意，不要涂得太厚，太厚就会影响皮肤呼吸。对女婴来说，如果涂得过厚，霜剂会移行到女婴阴部，刺激外阴。

护肤油

护肤霜

睡眠不踏实，是否缺钙

随着日龄的增加，宝宝睡眠时间减少，听、看、嗅等感知能力增强，对外界刺激更加敏感。如果周围环境不好，宝宝睡眠会不踏实。

这个月的宝宝开始做梦，做梦时会出现躁动。宝宝的运动能力也增强了，肢体活动增加，睡觉过程中会出现各种各样的动作。宝宝尽管动作多多，却仍处于睡眠状态，妈妈不要惊动宝宝，即使哭几声，拍几下很快就会入睡的，不要急着抱起宝宝。有时，宝宝会睁眼看看，如果妈妈在身边，会闭上眼睛接着睡；如果发现妈妈不在身边，会大声哭起来。这时，如果妈妈立即跑过来拍拍，宝宝会马上停止哭闹，很快入睡；如果仍然哭，握住宝宝的小手放到他的胸腹部，轻轻地摇一摇进行安抚。如果到了吃奶的时间，只有喂奶才会使宝宝停止哭闹。上述情况下出现的睡眠不踏实，都不是缺钙引起的，切莫以偏概全，盲目补钙。

"夜哭郎"的成因

遇到这种情况，首先要排除宝宝是否患有疾病。如果不属于上述情况，可能是由以下原因引起的：

◎ 宝宝只是向妈妈撒娇

宝宝后半夜吃奶间隔时间不断拉长，但有的宝宝却比新生儿期还短，时常哭哭啼啼要吃奶，这主要是由于随着月龄的增加，宝宝对妈妈的依赖性增强了，把吃奶当作向妈妈撒娇的方式。

◎ 喂养不足

宝宝吮吸力量增加，每次吃奶量增多，次数相应减少，但也有的宝宝夜间吃奶次数不减少，反而增加，这可能是摄乳量不足造成的。

◎ 昼夜睡眠颠倒

这个月龄的宝宝，夜眠昼醒的生物钟还没有建立起来，昼夜睡眠颠倒现象并不少见。如果宝宝一直昼夜睡眠颠倒，新手爸妈，尤其是妈妈，会因为夜间睡眠被剥夺而疲惫和沮丧，可以尝试着做些努力来改善宝宝的睡眠状况。比如，白天让室内明亮些；播放旋律比较快的音乐和歌曲；家人无须蹑手蹑脚和低声细语；白天不要奶睡，或者贴着宝宝睡觉，更不要抱着孩子睡；把宝宝放在婴儿床上独睡。如经过努力无济于事，为了保证睡眠时间，妈妈索性和宝宝同步。随着月龄的增加，宝宝会建立起正常生物钟的。

◎ 受惊吓

有的宝宝白天睡得很好，一到了晚上就开始闹人，睡一会儿就哭，还非常难哄，有的时候是越哄越哭，这可能是由于受到了惊吓。

其实，有的宝宝就是喜欢晚上哭，也找不出什么原因，是个"天生"的"夜哭郎"。有些父母有这样的观点，宝宝哭，就让他尽情地哭，让他自己哭够，哭累，不要去哄他，以免把宝宝惯坏。这样的观点是欠考虑的。宝宝对妈妈有依恋的情感，妈妈如果无情地对待哭夜的宝宝，不但不能纠正哭夜，还可能会改变宝宝的性格，使宝宝变得孤僻、易怒。爸爸妈妈不能撒手不管，也不能或过于急躁，1~2 个月的宝宝已经能够感觉爸爸妈妈的态度和语气。抱怨和责怪会使宝宝变得烦躁，越哭越厉害，程度也会与日俱增。爸爸妈妈要心平气和地用爱来平复宝宝。这样不但可以改变宝宝夜哭的习惯，还能形成宝宝良好的性格。父母对宝宝的呵护与关心，都会转化为宝宝的情商积累，未来宝宝长大成人，也就会呵护关心他人。情商培养就是从这里开始的。

严重溢乳宝宝的护理

◎ 溢乳宝宝的喂养

新生儿溢乳，可能就是从嘴角流出一点儿奶液；满月后的宝宝动作可就大了，溢乳量可能会比较大，甚至溢出一大口，让爸爸妈妈很紧张。男婴溢乳发生率要比女婴高，程度也相对重。如果宝宝发生了严重的溢乳现象，可以让宝宝把一侧乳房吸净后，另一侧乳房只吸一半。配方奶喂养儿，可以尝试着减少奶量。但以宝宝体重正常增长为前提。这个月的宝宝，每天体重增长约40克左右，一周可增长200克左右。如果每周体重增长低于100克，就说明宝宝不但没有吃过量，还可能由于溢乳过多，影响了热量供应。

◎ 溢乳的护理方法

生理性溢乳不需要治疗，每次喂奶后都要拍嗝，把吸入的空气排出来。如果拍不出嗝，也不能持续拍下去，可持续竖立抱10~15分钟，这样也可减少溢乳。无论喂奶后宝宝是否拉尿，都不要换尿布，以减少溢乳的可能。不要等宝宝醒后大声哭闹了再抱起喂奶，那样会增加溢乳的可能。抱宝宝时，动作不要过猛，先抬起头部，再随后抱起上身、下身。就是说当把宝宝抱起时，宝宝略呈直立位。喂奶时，宝宝的头、上身始终要与水平位保持45°角，这样也会减少溢乳。少食多餐也可减少溢乳。

◎ 溢乳的药物治疗

特别严重的溢乳，可以使用万分之一的阿托品滴液，使用这种方法，一定要在医生指导下，切不要自行完成。

😊 第五节　本月宝宝能力发展、早教建议 🍴

不要刻意教宝宝什么"本事"，与宝宝玩耍、交谈、游戏，就能很好提高宝宝的能力。单纯教什么"本事"，或者为了训练而训练，把训练能力当成了任务，这样做，不仅会扼杀宝宝的学习兴趣，也会让父母感到疲劳、压力，甚至会训斥宝宝。要用一颗平常心对待宝宝，给宝宝最大的快乐，爸爸妈妈也从宝宝那里得到快乐，这是最好的亲子互动方式。抱着这样的信念训练宝宝的潜能，是非常重要的。

看的能力：对明暗和色彩有反应

1~2个月的宝宝，视觉能力进一步增强，视觉已相当敏锐，能够很容易地追随移动的物体，两眼的肌肉已能协调运动，能够追随亮光。妈妈会发现，宝宝总是喜欢把头转向有亮光的窗户或灯光，喜欢看鲜艳的窗帘，这就是对明暗和色彩的反应。两个月以内的宝宝最佳注视距离是15~25厘米，太远或太近，虽然也可以看到，但不能看清楚。

宝宝对所见的记忆能力进一步增强，特别表现在，当看到爸爸妈妈的脸时，会表现出欣喜的表情，眼睛放光，显得非常兴奋。当宝宝注视着你时，可以慢慢地移动头的位置，设法吸引宝宝的注意力，让宝宝追随你。如果宝宝的视线不能随你移动，可以向宝宝发出声音："妈妈在这里，看看妈妈。"爸爸妈妈给宝宝爱的眼神，这种对视就是母爱和父爱的体现，宝宝会感到很幸福，这对宝宝身心发育是非常有利的。爸爸妈妈不要以为宝宝小，什么都还不懂。小家伙可是会察言观色，面对妈妈的怨言和不悦，宝宝或皱起眉头，或面露惊恐；面对妈妈的和颜悦色，宝宝或喜笑颜开，或手舞足蹈。

视觉能力训练

◎ 暗室辨色训练

把几张黑白相间的图画卡和几张彩色图画卡贴到墙面上，高低程度略高于宝宝位置，使得宝宝刚好抬头往上看。宝宝距离图画卡约1米的距离。打开手电筒，光线投照在一张卡片上，引导宝宝看，并告诉宝宝卡片上的物体是什么，是什么颜色的。这种训练，是在帮助宝宝辨别黑白与彩色的区别，增强宝宝视觉色彩辨别的敏锐度和准确度。

◎ 日光辨物训练

卡片贴法同上。用彩色小棒（也可用射灯）指着某一张卡片，引导宝宝看，并大声告诉宝宝卡片上的物品是什么。

这个训练一定要在宝宝清醒状态下进行，并在宝宝尚未出现不耐烦表情前结束训练。通常情况下，每次训练5分钟左右，每张卡片重复3次。

请爸爸妈妈记住，训练完毕要亲亲宝宝，并大声表扬宝宝，小家伙能感知到的。

这个训练，目的在于帮助宝宝辨识物品。因此要求画片上的物品，造型必须准确，以便宝宝在生活中看到实物，能有效联想。同时父母或看护人在做这项训练时，发音一定要准确，不要使用儿语，比如小猫就是小猫，不能叫"猫猫"，以免宝宝发生概念混乱。

听的能力：对声音变得敏感起来

新生儿听力已经比较敏锐，这个月的宝宝听觉能力进一步增强，对音乐产生了兴趣。如果妈妈给宝宝放很大的声音，宝宝会烦躁，皱眉头，甚至哭闹。如果播放舒缓悦耳的音乐，宝宝会变得安静，会静静地听，还会把头转向放音的方向。妈妈要充分开发宝宝这种能力，训练听觉。但宝宝毕竟小，对不同分贝的声音辨别能力差，不要播放很复杂、变化较大的音乐。

听觉能力训练

当宝宝觉醒时，和宝宝面对面说话，速度不要太快，发音口型要准确，既轻柔又清晰，不但能锻炼宝宝的听力，也锻炼了宝宝的视力。宝宝还尤其喜欢爸爸妈妈的歌声，爸爸用浑厚的嗓音哼唱几句，宝宝会安静地倾听。妈妈用甜美的嗓音轻轻哼唱，会让哭闹中的宝宝安静下来，脸上露出欣喜的表情。对于宝宝来说，爸爸妈妈的歌声胜过最好的音响。

说的能力：小嘴有说话的动作

1个多月的宝宝还不能用语言来表达，但已经有了表达的意愿。当爸爸妈妈和宝宝说话时，会惊奇地发现，宝宝的小嘴在做说话动作，嘴唇微微向上翘，向前伸，成O形。这就是宝宝想模仿爸爸妈妈。爸爸妈妈要想象着宝宝在和你说话，你就像听懂了宝宝的话一样，和宝宝对话，开发宝宝的语言学习能力。

哭也是宝宝的语言。新手妈妈常常疑惑，宝宝哭要不要抱？要不要哄？是宝宝一哭就立即抱起来，还是等到宝宝大哭了再抱起来呢？一哭就抱是不是会把宝宝惯坏？让宝宝尽情地哭是不是能让宝宝变得坚强和独立？宝宝哭是不是一种很有益的运动方式？等等。可以肯定地说，宝宝一哭要哄。当宝宝哭闹时，爸爸妈妈反应越及时越好。请爸爸妈妈放心，宝宝不会因为你的积极反应而被惯坏。让宝宝尽情地哭，宝宝会因为缺乏安全感而变得越发的爱哭，越发的脆弱。很显然，对宝宝的哭置之不理是对宝宝的一种漠视，甚至是伤害！哭的确是宝宝的一种运动方式，但父母不理会，这种运动方式就走向了反面，会伤害宝宝情商的正常发育。

语言能力训练

新生儿期语言训练中的倾听和对话，仍然是这个月宝宝语言训练的基本内容。有所不同的是，爸爸妈妈对宝宝说的话，宝宝通过自己嗯嗯啊啊的回应，对内容有了更深的理解。宝宝发音所表达的意思更广泛了，不仅在告诉妈妈他很舒服，还会告诉妈妈他饿了、困了、渴了、尿了、拉了，或者要妈妈抱了等。宝宝开始会用愉悦的声调，表达对爸爸妈妈的爱；用歌声般的发音，告诉爸爸妈妈他很幸福；用哼哼唧唧表达他的不耐烦，而不是动不动就大哭。爸爸妈妈要用心解读宝宝的语言，享受这段特有的育儿"默片"，和宝宝一起度过快乐时光。

儿歌、打油诗、押韵的小段子，古今中外朗朗上口的诗、词、散文及各种题材的小短文，都可以作为和宝宝交流的内容。语言训练可以随时随地进行，和宝宝玩耍的时候，给宝宝喂奶的时候，哄宝宝睡觉的时候，都可以进行语言训练。总之，爸爸妈妈和宝宝交谈得越多，宝宝语言发育就会越好。

嗅的能力：喜爱妈妈的奶香味

胎儿在母体中，嗅觉器官即已发育成熟。新生儿正是依靠健全的嗅觉能力，辨别妈妈的奶味，寻找乳头和妈妈。宝宝喜欢面朝妈妈睡觉，这就是嗅觉的作用，宝宝是在闻妈妈的奶香呢。

嗅觉能力训练

可以把不同味道的食物放在宝宝鼻前，让宝宝体验到各种味道。每拿一种食物，都要告诉宝宝，拿的是什么，是什么味道的，以此增强宝宝嗅觉灵敏度，帮助宝宝通过味道，记住食物。

运动能力：俯卧抬头、握拳和吸吮拳

宝宝动作的发展与神经系统发育和心理、智能发展密切相关。这个月的宝宝不能用言语表达，心理发展的水平主要是通过动作反映出来，只有动作发展成熟了，才能为其他方面的发展打下基础。宝宝的体活能力是不断提高的，从最原始的无条件反射到复杂技能的获得，都遵循一定的原则，有严密的内在联系。新手爸爸妈妈要了解宝宝体能的发展规律，相应给予合理的训练。

1~2个月的宝宝，其动作还是全身性的。当爸爸妈妈走近宝宝时，宝宝的反应是全身活动，手脚不停地挥舞，面肌也不时地抽动，嘴一张一合的，这就是泛化反应。随着月龄的增大，逐渐发展到分化反应。从全身的乱动逐渐到局部有目的、有意义的活动。宝宝动作的发展，是从上到下的，即从头到脚顺序发展。

俯卧抬头

1个月以内的宝宝，俯卧位时还不能把头抬起；1个月以后，可能会有短暂的微微抬起，但很快就会落下去；接近2个月的宝宝，可以把头抬起片刻，但前胸还不能离开床面，可以自己把头偏过去，使口鼻不被堵住。

这个阶段，当宝宝醒后或喂奶一个小时后，爸爸妈妈可以帮助宝宝做俯卧位

锻炼，每天做两三次，每次锻炼几分钟。宝宝俯卧时，妈妈要面对宝宝说话，逗宝宝，宝宝为了看到妈妈，会努力抬头。如果不理睬宝宝，宝宝几乎一会儿也不想趴着，还会用哭来抗议。让宝宝俯卧，对宝宝的脑发育和促进肺功能是很有益处的。

握拳和吸吮拳

这个月的宝宝还不能主动把手张开，但会把攥着的小拳头放在嘴边吸吮，甚至放得很深，几乎可以放到嘴里，但不会把指头分开放到嘴里。也就是说，这么大的宝宝不是吸手指，而是吸吮拳头。小宝宝

握拳是把拇指放在四指内，而不是放在四指外，这是小宝宝握拳的特点。

手的能力训练

新生儿期，宝宝已经接受了仰卧拉手和俯卧拉手的训练，这个月还可以继续进行。同时，本阶段还可进行新的训练，如把小摇铃放在宝宝手里，当宝宝握紧摇铃把儿时，妈妈可稍微用力，试图把摇铃从宝宝手中抽出来。

也可以找两个小细木棒（一定要保证木棒上没有木刺），让宝宝两只手同时握住，当宝宝握紧木棒时，可尝试着向前（宝宝俯卧位）、向上（宝宝仰卧位）拉。

这两项活动，不仅锻炼宝宝手的伸握能力，还锻炼宝宝的臂力。当然，活动时动作一定要轻，宝宝骨骼发育还处于初级阶段，避免发生危险。

◎ 摇篮操

爸爸或妈妈盘腿而坐，把宝宝放在腿窝里，宝宝就如同躺着摇篮里。上下轻轻摇摆宝宝，与此同时，爸爸或妈妈要通过语言和眼神和孩子互动。

如果爸爸不会盘腿坐，也可以把两腿伸直并拢，略分开，让宝宝躺在两腿凹陷处，然后移动两腿；还可以两腿屈曲，让宝宝躺在大腿上，爸爸用手拖住宝宝头部，移动两腿和手。

本章专题
1~12个月宝宝四季护理

春季护理要点

◎ 户外活动

春季气候变化无常。北方地区初春时节最好不要把宝宝抱到户外，宝宝对自然界的适应能力还比较弱，待大地回春，春暖花开，是宝宝户外活动的好季节。在没有风沙，天气晴朗的情况下，多带宝宝到户外，让宝宝多接触大自然，多接触其他人，不但对宝宝身体健康有好处，对开发宝宝智力也大有益处。

◎ 注意补水

春季比较干燥，尤其是北方平原地带，因此要注意给宝宝补充水分。带宝宝外出时，时间不要过长，多给宝宝喝水（6个月以上的婴儿）。

◎ 避免紫外线伤害

南方地区，初春气候就比较热了，风也相对小，南方的户外比室内更温暖，所以，南方的宝宝很小就在户外活动，时间也比较长。但是南方雨天多，减少了户外活动。所以，南方的宝宝也需要补充维生素D。高原地区，紫外线照射比较强烈，要注意防护，过强的紫外线对宝宝是有伤害的，如云南、贵州、甘肃、西藏等地区，妈妈就要更加注意。如果太阳光比较强烈，可以给宝宝戴一顶有檐的小布帽，遮挡阳光对眼睛的照射。

◎ 适当增减衣服

春天天气转暖，成人都开始换装。这时最常见的是妈妈不敢给宝宝换装，尤其是从冷的季节到热的季节，妈妈总是不舍得给宝宝减衣服。从热的季节到冷的季节，妈妈就急着给宝宝加衣服，妈妈更喜欢"春捂秋不冻"。所以，在这里不需告诉妈妈不要冻着宝宝，需要的是告诉妈妈们不要热着宝宝，要及时给宝宝换装、换铺盖。如果妈妈感觉热了，宝宝也就感觉热了，宝宝比成人多穿一层单衣就可以了。到了会跑跳阶段的宝宝，衣服要比成人少穿一些。

◎ 减维生素D补钙

宝宝到户外接受更长时间的阳光照射，维生素D的补充量可从每天400IU，减至每天300IU。如果户外活动时间很长，每天在2小时以上，补充量可减至200IU。接受日照时间增多，可能会引起血钙一时降低，出现低血钙症状。所以开春后可以给宝宝补充一两周钙剂。

◎ 病毒细菌感染机会增多

春季万物复苏，微生物开始繁殖增加，病毒细菌感染机会增多，加之气候多变、干燥，呼吸道黏膜功能下降，宝宝容易患呼吸道感染，要注意预防，要注意与患病的儿童隔离。春季开窗时间延长，要避免对流风对宝宝直接吹袭。

夏季护理要点

◎ 预防皮肤糜烂

宝宝在炎热的夏季，颈部、腋窝、大腿根（腹股沟）、臀部、肘窝、耳后、大腿皱褶、胳膊皱褶等处，很容易发生糜烂，也就是人们常说的"淹着了"。夏季护理宝宝，最需要注意痱子问题。宝宝皮肤非常薄嫩，天气热，有汗，身体皮肤褶皱处不透气，而宝宝又好动，出了痱子再摩擦，可能昨天还好好的，今天就糜烂了。所以夏季一定要设法暴露身体褶皱部位，勤洗澡。

◎ 不要用爽身粉或痱子粉

有些爸爸妈妈喜欢在宝宝身体褶皱部位擦爽身粉或痱子粉，一些书上也这样写。我不提倡给宝宝使用爽身粉或痱子粉，原因有以下几点：

· 夏季出汗，爽身粉或痱子粉遇湿后，会贴在宝宝皮肤上，刺激稚嫩的皮肤，皮肤受到刺激后会发生红肿，加速糜烂。

· 干燥的粉才能起到润滑、减小摩擦的作用，湿粉不但不能起到这个作用，反而会增大摩擦，更易磨坏稚嫩的皮肤。

· 有的宝宝本身就对爽身粉中的一些成分过敏，这会加重对皮肤的刺激。

多用清水洗，这是预防皮肤糜烂最有效、副作用最小的方法。

◎ 只盖住胸腹部

宝宝所处环境要通风凉爽，且不要给宝宝穿过多的衣服，盖过厚的被子。如果天气很热，只给宝宝穿一件小肚兜就可以，不要盖被子，睡着了，在胸腹部搭一个小薄布单就可以，宝宝的两头儿要都暴露着。宝宝可以睡凉席，最好是草编的凉席，在凉席上铺一层棉质薄布单。

◎ 少抱

夏季里，爸爸妈妈的身体可能更像火炉，这时要是再抱着宝宝，体温会传给宝宝，宝宝会更热。所以夏天不要老抱着宝宝，让宝宝坐在婴儿车里或在大床上、有铺垫的地板上玩，可以充分散热。宝宝在大床上自己玩，要有人看护，避免宝宝掉床。

◎ 妈妈勤补水

夏季水分丢失比较多，要注意补充水分，母乳喂养，妈妈要多喝水。配方奶喂养，妈妈要观察宝宝尿的颜色和量，倘若尿的颜色较往日深或尿量明显减少，在不影响奶量的前提下，可适量喂水。如果宝宝缺水，不但排尿次数减少，每次尿量也不多，嘴唇还可能发干。

◎ 避免"空调病"

夏季，带着宝宝在树下乘凉，是很惬意的，尽量避免长时间待在空调房里。因为高温季节，宝宝往往衣着单薄，汗腺敞开，当进入低温环境中时，皮肤血管收缩，汗腺孔闭合，交

感神经兴奋，内脏血管收缩，胃肠运动减弱，宝宝容易出现鼻塞、咽喉痛等症状。另外，空调环境往往是门窗紧闭，室内空气不新鲜，氧气稀薄，特别是空间比较狭小的地方。

◎ 防蚊蝇

需要注意的是夏季蚊蝇较多，晚上把宝宝放在蚊帐里，避免蚊虫叮咬。小婴儿皮肤嫩，又有奶香味，即使在白天，仍很容易被叮咬。所以宝宝白天睡觉，最好也挂上蚊帐。户外活动时，不要在树木花草茂密的地方或狭道内，这些地方蚊子比较多。蚊子叮咬会传播乙脑病毒，苍蝇落在宝宝脸上、手上，沾在手上的病菌会通过宝宝吸吮手指进入宝宝消化道，引起肠炎。

◎ 防日晒

夏季阳光和紫外线很强，不要让宝宝直接暴露在阳光下，可以给宝宝戴一顶遮阳帽。不要让烈日直射宝宝，在树荫下，让阳光在树叶的缝隙中照到宝宝身上是最好的。不要在高楼的背阴处，这样的地方一点儿阳光也没有，一点儿阳光没有，也起不到日光浴的作用，而且容易有强风，对宝宝不利。

◎ 餐具清洁

夏季最容易患肠道感染性疾病，一定要格外小心。要注意宝宝奶瓶、餐具的消毒灭菌，放置宝宝餐具和其他用具，一定要避免苍蝇污染。不要给宝宝喝隔夜的白开水。喂宝宝前爸爸妈妈要把手洗干净。宝宝一旦腹泻，要及时化验大便，如果有感染性腹泻，要在医生指导下治疗，注意口服补液盐的使用，严防脱水。

秋季护理要点

◎ 秋季是耐寒锻炼好时机

秋季，对宝宝来说是黄金季节，秋高气爽的日子，宝宝食欲增加，睡眠安稳，不再烦躁。身上的痱子也消失了，尿布皮疹减轻，皮肤皱褶不再淹着了。妈妈可不要忙着关窗关门，给宝宝加衣服被褥，更不能停止户外活动。但秋天早晚天气渐渐凉了，户外活动最好放在午前和午后。如果刚刚见凉，就把宝宝"捂"起来，不敢到户外，宝宝的呼吸道对寒冷的耐受性就会非常差，寒冷来临，即使足不出户，也容易患呼吸道感染。到了半岁，宝宝从妈妈体内获得的免疫球蛋白也大部分消失，自己的免疫球蛋

还没有完全生长出来，对病原菌的抵抗力比较弱，尤其是呼吸道分泌型IGA（免疫球蛋白A）的不足更使得呼吸道免疫能力低下。冬季气压低，空气不流通，湿度小，呼吸道黏膜干燥，很容易患呼吸道感染。

秋季是宝宝最不易患病的季节，要利用这个季节提高宝宝体质。父母要有意锻炼宝宝的耐寒能力，增强其呼吸道抵抗力，使宝宝安全度过肺炎高发的冬季。继续户外活动，使宝宝接受更多的阳光照射，可有效预防佝偻病，这比药物补钙要好得多。

◎ 注意防止宝宝着凉

秋季早晚凉，中午热，要随时给宝宝加减衣服。晨起凉，妈妈会给宝宝穿厚些的衣服，到了中午天气热，要在宝宝出汗前减衣，如果宝宝出汗了脱掉衣服，很可能会感冒。初秋气温还不是很稳定，可能会有一段时间的燥热，不要过早给宝宝添加衣物和被褥。如果过早添加了衣服，会使宝宝难以适应突如其来的冬季。

◎ 爱吃奶也要适量

秋季是个好季节，婴儿不爱患病，食欲也会随着天气的凉爽而增加。但值得注意的是，不要因为宝宝

爱吃饭了，就拼命给宝宝吃，这会使宝宝积食的。尽管宝宝很爱吃奶，也要适当掌握奶量。

◎ 预防呼吸道感染

秋末，冬季就要来临，要注意预防上呼吸道感染。如果这时感冒咳嗽，可能会转成慢性咳嗽，冬季难以护理。

◎ 预防轮状病毒

秋末也是婴幼儿轮状病毒肠炎高发季节，要注意预防。尽量不要带宝宝到人多的地方去，一旦发现宝宝腹泻，不要认为是一般腹泻，擅自给宝宝喂止泻药，要及时看医生，如确诊是轮状病毒感染，请医生对症开具治疗轮状病毒肠炎的处方药，注意补充含有电解质和水的口服补液盐。患病宝宝的大便有污染性，父母处理完患儿大便后要彻底清洗手部、被粪便污染过的物品，以免传播病毒。

在秋季腹泻开始流行之前，就给宝宝接种轮状病毒疫苗，这样可大大降低秋季腹泻的发生率。接种疫苗的宝宝，即使患病，病情也多比较轻。有的宝宝接种疫苗后，可能会出现轻微的秋季腹泻症状，这属于正常反应，多不用治疗，可很快自愈。

◎ 预防咽炎

秋季湿度下降，空气逐渐变得干燥，咽部干燥，在咽部长存的细菌就会繁殖导致咽炎、气管炎等，这是造成咽炎的外在原因。父母要注意室内湿度，可使用加湿器调解室内湿度，并减少孩子之间相互感染的机会。

冬季护理要点

◎ 高发呼吸道感染

冬季和春初是呼吸道感染的多发季节，尤其要预防宝宝肺炎。宝宝患上肺炎，会给父母带来很大的负担。父母预防感冒也是很重要的，宝宝被父母传上感冒是最常见的。父母一旦感冒，要注意隔离，给宝宝喂奶喂饭或抱宝宝时，最好戴上口罩，以免喷嚏、咳嗽飞沫传到宝宝的呼吸道。爸爸妈妈患感冒后，会经常擦鼻涕，病毒会沾在手上，如果没有清洗干净，可能会传到宝宝手上，宝宝吃手时，可能会感染病毒。还有给宝宝用的纸巾、手绢等都要注意，不要被成人手上的病毒污染。

◎ 得病原因是室内温度过高

冬季护理宝宝，问题已经不是受凉，多数爸爸妈妈不会冻着宝宝。护理的误区倒是把宝宝热着了。大冬天，宝宝房门窗紧闭，室内温度比室外温度高几十度，温差很大。室内温度过高，会导致室内湿度过小，加上通风换气不够，宝宝呼吸道黏膜抵抗病毒、细菌的能力就大大下降。冬季室内适宜温度18~22℃，湿度40%~50%。加湿器是保持室内适宜湿度的理想电器，对婴儿没有伤害，但要放在婴儿碰不到的地方。室内放水盆，暖气上放湿毛巾，也会增加室内湿度。

◎ 房间不要存在较大温差

宝宝住的房间和居室其他房间，在温度上差异也往往很大，这又造成宝宝间接受凉的机会增加。父母总要在居室各房间出出进进，其他房间或厅堂温度相对低的空气，就会进入宝宝的暖房。宝宝在暖房里，由于温度高，周身毛孔都处于开放状态，遇到冷一些的空气，毛孔还不会迅速收缩，阻挡冷空气的侵袭。

北方的冬季寒冷，室内外温差可达30℃，如果把宝宝从温暖的室内抱到寒冷的室外，是很难适应的。尽管给宝宝穿得很暖和，但其呼吸道对这种温差的适应能力是有限的，

宝宝难以抵御冷空气对呼吸道黏膜的刺激。

◎ 宝宝房要通气

宝宝房长时间不换空气，空气不新鲜、干燥，会导致宝宝气管黏膜干燥，清理病毒细菌的能力下降，病毒细菌就会乘虚而入。每天定时开窗换气，至少要通风10~15分钟。通风时可把宝宝抱到别的房间，一个房间一个房间地通风换气。隔着玻璃晒太阳对宝宝也有好处，要把宝宝安排在有充足阳光的房间里。

◎ 坚持给宝宝洗澡

冬天也不应该停止洗澡，洗澡有利于宝宝身体抵抗力的提高。如果宝宝皮肤比较干燥或有湿疹，可一周洗一两次。整个冬天都不给宝宝洗澡，开春洗澡很可能会感冒。

◎ 冬季不要过度保暖

冬季宝宝在室内正常穿衣就可以了，给宝宝穿得很多，不利于四肢活动，阻碍运动能力的发展。宝宝活动受限，燥热难忍，容易导致不爱吃奶，夜眠不安，湿疹加重。

◎ 坚持户外活动

北方的冬季的确很冷，父母多不敢再带宝宝到户外，整天闷在家里，

这样做是不对的。在天气晴朗，风不大，阳光比较充足的时候，上午10点到下午3点这一段时间，可带宝宝到户外活动一段时间。让宝宝逐渐适应气候的变化，增强对病毒细菌的抵御能力。如果整个冬天都不到户外，宝宝可能会出现睡眠困难、闹夜现象，甚至成了"夜哭郎"。到了第二年的春天，再出去，很可能会感冒。也可能会因为捂了一冬天，没见阳光，患上佝偻病或婴儿手足搐搦症。

◎ 防冻疮

寒冷季节，带宝宝户外活动时，要预防冻疮，主要是手脚和脸部容易受冻。从户外回来后，可用温水洗洗脸和手，轻轻揉一揉，促进血液循环。宝宝血管末梢血液循环差，即使戴手套，也会发生冻疮。在户外时，妈妈不时地给孩子焐焐手，焐焐小脸蛋，也是很有效的。

◎ 增加维生素D

冬季婴儿户外活动时间短，尤其是北方婴儿，户外活动时间更短，因此冬季要适当增加维生素D的摄入量，每天补充600IU。

第三章

2~3个月的宝宝

第一节 本月宝宝特点

外貌

2~3个月的宝宝，已经完全脱离了新生儿状态，进入婴儿期。宝宝的眼睛变得更有神，能够有目的地看东西了。皮肤细腻，有光泽，弹性好。面部皮肤变得干净，奶痂消退，湿疹减轻。

有的宝宝湿疹反而加重了。遇到这种情况，妈妈不要紧张，如果是母乳喂养，注意饮食对宝宝湿疹的影响。如果妈妈吃了某种食物，宝宝湿疹加重了，妈妈暂时就不要吃这种食物了，过一段时间再吃，并观察宝宝湿疹变化。如果是配方奶喂养，可尝试着更换水解蛋白或氨基酸配方奶，观察宝宝湿疹是否减轻。

能力

宝宝肢体活动频繁，力量增大，学会了踢被子。盖上后，会迅速踢掉，让爸爸妈妈无可奈何。盖被子时，把宝宝小脚露在外面，宝宝就踢不着被子了。不要给宝宝盖厚被子，宝宝因为太热睡不安稳，踢被子会更频繁。

俯卧位时，宝宝几乎可以自己抬头了，能够用上臂支撑前胸。但有的宝宝喜欢把双臂伸到身体两侧，前胸得不到支撑，头部抬得不是很高。妈妈不要着急，这不是异常表现。

把带把儿的小玩具放到宝宝手中，宝宝能够抓住。但有的宝宝还不会主动张开手指接过递给他的玩具。宝宝还不会伸手够东西。

竖立着抱宝宝，宝宝头部也能够竖立起来，但不能坚持太久。有的宝宝还不能很好竖头，竖立着抱时，仍要注意保护头部。快3个月时，多数宝宝都能够很好地把头竖起来了。

情感

宝宝笑得更多，有时会发出啊、哦、喔的声音，见到妈妈会显露急迫的表情，同时两手臂上伸，渴望妈妈抱起。

吃配方奶的宝宝见到奶瓶会表现出很兴奋的样子，但也有宝宝反应并不强烈。这或许就和遗传有关了，如果爸爸或者妈妈属于内向性格，宝宝接受了这样的性格遗传，不喜欢表达或情感反应不强烈，也实属正常。食欲不太好或对吃不太感兴趣的宝宝，见了奶瓶非但不兴奋可能还会拒斥。如果妈妈怀疑宝宝反应不够灵敏，在例行健康检查时，要准确向医生反映情况，咨询处理意见。

有的宝宝对环境的反应更加强烈，喜欢亮亮堂堂的地方，被抱到室外会非常高兴。爸爸妈妈和周围人逗他，会出声地笑，有时会发出一连串的笑声。有的宝宝"笑点"比较高，不轻易露出笑模样，即使笑也是宛然一笑，或张开小嘴无声地笑。认生的宝宝对陌生人的逗笑，或许会表现出一脸的严肃；或许会皱起眉头凝视着对方；或许会露出微微的笑容；或许会撇着小嘴要哭。这时，妈妈可要打破僵局，和客人搭话，使客人暂时停止对宝宝的关注，否则宝宝可能会大哭起来。宝宝对妈妈笑得最多；吃奶时手脚不停地舞动，把脚高高地跷起来，小手会摸着妈妈的乳房；吃奶不再那么认真，可能会东张西望。

第二节　本月宝宝生长发育

身高

本月宝宝，身高可增长约3.5厘米。满2个月，男婴身高均值58.7厘米，女婴身高均值57.4厘米。如果男婴身高低于54.3厘米或高于63.3厘米，女婴身高低于53.2厘米或高于61.8厘米，为身高过低或过高。

测量身高时，应该采取仰卧位。2~3个月宝宝对外界刺激比较敏感，即使是睡着了，当试图测量身高时，宝宝也会醒来，或很快就把腿蜷起来。醒着的时候就更不好测量了。因此，测得的数据往往不是很准确，妈妈就不要为宝宝身高与标准相差一点儿而焦急。当宝宝身高偏低时，父母往往会焦躁不安，以为是喂养不当或营养不良了。与体重相比，身高受种族、遗传和性别的影响较为明显。父母需结合各种因素，如自身和直系亲属身高水平综合分析。只要不低于正常值范围，随着月龄的增加，宝宝身高匀速增长，就是正常的。

如果按照百分数表示身高水平，只有低于第3百分位时，才被视为低于正常；高于第97百分位时，被视为高于正常（见附录）。宝宝身高是矮小或高大，需要医生来鉴别。

体重

本月宝宝，体重平均增加0.97千克。本月男婴体重均值5.68千克，女婴体重均值5.21千克。如果男婴体重低于4.47千克或高于7.14千克，女婴体重低于4.15千克或高于6.6千克，为体重过低或过高，需要看医生。

在体重增长方面，存在着显著的个体差异。增长快的宝宝，1个月可增加1千克以上；增长慢的，仅增加0.5千克。体重与身高相比，受遗传、种族影响比较小，更多的是受营养、身体健康状况、疾病等因素影响，所以，体重是衡量宝宝体格发育和营养状况的重要指标。

头围

月龄越小头围增长速度越快。这个月宝宝头围可增长约1.5厘米。头围的增长也有曲线图，其特点是呈逐渐递增的上升曲线（见附录）。

和身高、体重一样，头围的增长也存在着个体差异。到了多大月龄，头围应该达到什么值，其值是平均的，并不能完全代替所有的宝宝。有一个范围，那就是用百分位数法表示的头围增长曲线图，如果大于第97百分位线，就是头围增长过快；如果小于第3百分位线，就是头围增长过慢。头围增长过快，需排除脑积水；头围增长过慢，要注意宝宝智能发育，是否有狭颅症。如果妈妈有所怀疑，可向医生咨询，请医生测量一下宝宝头围。

前囟

宝宝的前囟和上个月相比没有多大变化，不会明显缩小，也不会增大。前囟是平坦的，张力不高。看到和心跳频率一样的搏动，是正常的，妈妈不要惊慌。父母对囟门的观察只是用眼看，判断往往是不准确的。在咨询中也常常会遇到这样的问题，说宝宝的囟门好像很鼓（饱满、膨隆）或比较塌（凹陷），快速地跳动。父母对囟门有一种神秘感，就使得囟门问题多了起来，而实际上宝宝很少有囟门的问题。不能单凭囟门大小来判断宝宝是否有疾病，如囟门大就是佝偻病，囟门小就影响脑发育。宝宝腹泻脱水时，囟门可凹陷；发热时，囟门可隆起。囟门处没有颅骨，要注意保护。

117

第三节 本月宝宝喂养

母乳 喂养

不要叫醒睡得很香的宝宝

到了这个月，宝宝吃奶间隔时间可能会延长，从两三个小时一次，延长到三四个小时一次。到了晚上，可能延长到五六个小时。妈妈不要因担心宝宝饿坏而叫醒睡得很香的宝宝。睡觉时宝宝对热量的需要量减少，上一顿吃进去的奶量足可以维持宝宝所需的热量。

早产儿觉醒能力差，如果到了喂奶时间，宝宝仍没有醒来吃奶，妈妈可刺激宝宝脸颊部或嘴角边，观察是否有吸吮动作。如果有明显的吸吮反应，可抱起宝宝喂奶。如果超过6小时没有吃奶要求，妈妈可抱起宝宝试着喂奶。如果宝宝不吃，可刺激宝宝足心、手掌或面颊部，争取喂奶。

没有吃奶兴趣的宝宝

有的宝宝吃得少，好像从来不饿，对奶也不亲。给奶就漫不经心地吃一会儿，不给奶吃，宝宝不哭也不闹，没有吃奶的愿望。对于这样的宝宝，妈妈可缩短喂奶时间，一旦宝宝把乳头吐出来，把头转过去，就不要再喂了，过两三个小时再给宝宝吃。这样每天摄入奶的总量并不少，足以提供每天的营养需要。

要妈妈陪着玩的宝宝

到了这个月，宝宝白天睡眠时间缩短，晚上睡觉时间延长。但有的宝宝晚上仍然会频繁醒来，尤其是母乳喂养儿，夜间醒来吃奶的次数并不减少，甚至还增加了。妈妈不要疑惑，更不要轻易认为母乳不足而添加配方奶。随着月龄的增加，宝宝奶量会有所增加，但并不是不断增加。还有的妈妈，宝宝一哭就认为饿了，喂奶频率高。2~3个月的宝宝，白天觉醒时间延长，有了要人陪着玩的要求。妈妈要多和宝宝聊天，做游戏。

配方奶 喂养

宝宝的奶量存在个体差异。奶量大的宝宝，到了这个月，每天奶量可达1000毫升以上。奶量小的宝宝，全天奶量可能还不足600毫升。通常情况下，宝宝奶量在700~900毫升。妈妈不要为宝宝每天的奶量犯愁，更不要急于增加奶量，否则会事与愿违，宝宝出现厌食，甚至拒绝喝奶。衡量宝宝营养状况不仅仅是奶量，只要各项生长发育指标（身高、体重、头围和胸腹等）在正常范围内，沿着正常的生长发育曲线增长着，宝宝没有缺铁性贫血和缺钙等营养问题，喂养就是成功的。

每天、每顿吃的一样多吗

和母乳喂养不同，配方奶喂养时，每一顿、每一天，宝宝喝奶情况，妈妈都清清楚楚。这顿和那顿有差异，今天和昨天不一样，妈妈就着急。尽管医生说宝宝没有问题，老人也说"宝宝就是这样猫一天，狗一天"，但妈妈就是自寻烦恼，希望宝宝每次都能按书本上说的最大量来吃。有的宝宝就是食量小，别说180毫升，就是100毫升也喝不了，喂一次奶需要很长时间。但是，宝宝除了喝奶量少，一天到晚都精力充沛，醒着就不停地运动，生长发育都是正常的。显而易见，宝宝已经摄入了足够的奶量，只不过不是那种食量大的宝宝。如果宝宝不但奶量小，生长发育也缓慢，就要看医生，排除疾病可能了。

源于喂养方式的厌奶

源于喂养方式的厌奶，大多发生在配方奶喂养或混合喂养的宝宝，可能的原因是：配方奶量可人为调节，如果宝宝把奶瓶吃空了，妈妈会认为宝宝没吃够，下次就会增加奶量，导致奶量增加过快，宝宝消化不良，胃肠道罢工，发生了厌奶。纯母乳喂养的宝宝很少会出现此种情况，因为母乳分泌量与宝宝的需求量密切相关，不易发生过量摄入；另一方面，母乳比配方奶更容易消化吸收。

宝宝在某一天，某一段时间，由于某种妈妈不知的原因，突然不愿意吃奶，奶量或多或少地减下来了。妈妈和周围的亲人很是焦急，担心宝宝饿坏了、生病了，担心宝宝体重下降、长不高等。看了医生，也没有查出什么问题，吃了医生开的药，也没见什么效果。于是，妈妈开始在周围人的帮助下，唱歌、跳舞、玩具逗、扮鬼脸，睡得迷迷糊糊时喂、用小勺喂、用吸管喂，更换各种奶瓶和人工奶嘴，调换各种牌子的配方奶，甚至在奶中添加其他食物（错误方法）……使出浑身解数，以让宝宝达到该吃的奶量。结果，宝宝非但没有完成妈妈希望的奶量，而且还越来越少，最后几乎拒绝吃奶。这就是源于喂养方式的厌奶。由于某种我们不知的原因，宝宝奶量减少了，我们能做的就是尊重宝宝，给宝宝时间，细心观察，耐心等待，宝宝很快就会恢复以往的奶量。妈妈明白欲速不达的道理，如果能够多忍耐几天，宝宝就会早几天停止厌奶。

混合喂养

添加配方奶的依据

纯母乳喂养的宝宝，不要轻易添加配方奶。是否真的母乳不足，妈妈不能主观判断，也不能听周围人的猜测劝导。科学的依据是定期监测宝宝体重增长速率，把每次测得的体重、身长标记在《体重百分位曲线图》上，如果宝宝的增长曲线向下偏离，请带宝宝看专业医生，判断宝宝增长曲线下移原因，如果基本确定是母乳不足，再添加配方奶。怎么添加，添加多少，要根据宝宝具体情况而定。但需要注意的是，不要过多添加配方奶，以免母乳越来越少。

添加配方奶的方法

当宝宝要吃奶的时候，妈妈感受一下乳房胀满程度，然后给宝宝喂奶，观察和感受宝宝有力地吸吮乳头和吞咽奶水的时长，并做好记录。经过3天的观察和记录，找出添加配方奶的最佳时间。比如，宝宝下午4点要吃奶时，你的乳房胀满程度最差，或者有力吸吮和吞咽奶水时间

最短，那么，下午4点喂奶后，就给宝宝补喂配方奶，或者根据宝宝吃奶后情况添加。如果喂奶后，宝宝没有表现出满足的样子，甚至哭闹，可尝试着补喂配方奶。要控制配方奶量，比如先给20毫升，喝完仍然不干，就再补20毫升，以免影响下次母乳喂养。

宝宝不喝配方奶怎么办

有的宝宝一开始很爱喝配方奶，但突然有一天就不喜欢了，甚至完全拒绝喝配方奶，妈妈想了很多办法都无济于事。遇到这种情况，妈妈不要着急，更不要强迫宝宝喝奶。等宝宝睡得迷迷糊糊后喂奶，也不是好的选择，那样的话，宝宝醒来就更不喝奶了，结果会更糟。随着月龄增加，宝宝睡眠时间逐渐缩短，等着宝宝睡觉后喂奶会变得越来越困难。为了不给以后喂奶增加困难，从一开始就要避免。在宝宝拒绝喝配方奶的时日里，喂母乳就可以了，不会饿坏宝宝的。如果妈妈着急，宝宝也烦了，宝宝拒绝喝奶的时间会更长。

因为宝宝不喝配方奶，频繁更换奶粉品牌和人工乳头的做法是不可取的。配方奶的口感都差不多，人工乳头的吸吮感觉也没有很大差异。对于拒绝喝配方奶的宝宝来说，并无很大差异。妈妈也不要和宝宝较劲，如果采取不喝配方奶，就不喂母乳的制裁方法，结果会适得其反。宝宝饿极了，却给他不喜欢喝的配方奶，宝宝会因此愤怒，更加"厌恶"奶瓶。应该在宝宝还不是很饿，情绪也比较好的时候让宝宝喝奶，成功的概率更高些。

宝宝对母乳不感兴趣怎么办

这样的宝宝可不多。当妈妈给宝宝加配方奶后，宝宝一下子喜欢上了配方奶，喝起来省力，吃得痛快。配方奶和母乳相比，甜度更大些，也是宝宝喜欢喝的原因。遇到这种情况。妈妈可不要随宝宝的兴趣来，不要忘了母乳是宝宝的最佳食物。

常见的喂养问题

喂养不当造成肥胖儿和瘦小儿

这个月的宝宝每日所需的热量是每千克体重100~120千卡。如果每日摄入热量低于100千卡，可能由于热量摄入不足，体重增长缓慢；如果每日摄入热量高于120千卡，可能由于热量摄入过多使体重超标。妈妈不必在奶量和热量上纠结，对于生长发育正常的宝宝来说，计算每日所摄入多少热量没有什么必要。绝大多数宝宝知道饱饿，按照宝宝所需，供给奶量就可以了。只有极个别的宝宝食欲亢进，摄入过多的热量成为肥胖儿；极个别的宝宝食欲低下，摄入热量不足成为比较瘦小的宝宝。这与家族遗传有关，还有的是喂养不当造成的。

◎ 宝宝体重增长缓慢的原因分析

※ 宝宝天生胃口小，吃奶费劲，总是被妈妈强迫着吃奶。但宝宝精神不错，睡眠好，身高增长速度并不慢。

※ 宝宝胃口非常好，喜欢大口吃奶，很着急的样子，见到妈妈的乳头就会晃着脑袋，小嘴张着快速地寻找乳头，一旦吸到乳头就会用力地吸吮，但吐奶比较严重。

※ 宝宝吃奶很好，精神特别好，睡眠不多，非常好动，体能消耗较大。虽然体重增长不是很快，但个头儿不小，比较结实。

※ 疾病导致的体重增长缓慢。这种情况比较少见，需要看医生。

过度喂养可能会导致的后果

妈妈总是怕宝宝吃不饱，宝宝已经几次把乳头吐出来了，妈妈还是不厌其烦地把乳头硬塞入宝宝嘴里，宝宝无奈只好再吃两口。这样做的时间长了，就可能产生以下三种后果。

· 宝宝胃口被逐渐撑大。奶量摄入逐渐增加，消耗不掉的热量转化成脂肪，宝宝成了小胖墩。

· 宝宝食量下降。由于摄入过多的奶，宝宝消化道负担不了如此大的消化工作，干脆罢工。"好说话"的宝宝，不抗拒妈妈的"超量喂养"，可宝宝的胃肠道并不那么"好说话"。妈妈要适可而止，不要一味地增加奶量。

· 精神性厌食。由于总是强迫宝宝吃过多的奶，宝宝不舒服，形成精神性厌食。这种情况在宝宝期虽然不多见，可一旦形成，会严重影响宝宝的身体健康，一定要避免。

宝宝太胖怎么办

有的宝宝胃口大，吃奶急，也不溢乳，体重增长快，喂养这样的宝宝，爸爸妈妈是最高兴的了。爸爸妈妈感觉宝宝每天都在长，抱着一天比一天压胳膊。

配方奶喂养的宝宝，每次喂奶时，可少冲10~20毫升配方奶。母乳喂养的宝宝，可以这样喂奶：这一次先吃右侧一半就换过来，让宝宝吃左侧的，吃空，下一次就吃左侧的一半，然后换过来吃右侧的，吃空。这样，就减少了后奶的摄入，后奶含脂肪较多，适当减少脂肪的摄入，可以使过胖的宝宝体重增长速度减慢些。

营养素的摄入和补充

宝宝对蛋白质、脂肪、矿物质、维生素的需要，大都可以通过母乳和配方奶摄入，每天补充维生素D 400IU。母乳喂养，妈妈需每天补充钙剂800~1000毫克，维生素D 600IU。如果怀孕晚期有贫血，妈妈要化验血常规和血清铁，如果妈妈有缺铁性贫血，每天额外补充铁剂100毫克，饮食上增加高铁食物的摄入。早产儿，从这个月开始补充铁剂，2毫克/千克/日。早产儿如果体重还没有追长到同龄儿水平，可继续用早产儿配方奶喂养。

第四节 本月宝宝护理

护理的精髓：快乐健康育儿

日本育儿专家内藤寿七郎是这样看待育儿活动的：

· 宝宝也有人格，应该受到尊重；只有尊重宝宝，理解宝宝，才能开启宝宝的心灵。

· 用欢快的笑脸培养宝宝的心灵，母亲安详的笑脸对宝宝是最好的爱抚。

· 全身心地倾注父母的爱。父母能够用最朴实的感情养育宝宝，宝宝长大后肯定会懂得爱别人，有广阔的胸怀。

· 培养有干劲有奋进精神的宝宝。宝宝有了进步，哪怕是一点点，也要给予最热烈的赞赏，宝宝就会萌生喜悦的心情。

· 培养良好的心理素质和稳定的情绪。经常搂抱宝宝，和宝宝进行肌肤接触，对宝宝的心理健康很有益。

· 宝宝是父母的一面镜子，时刻映照父母的形象；父母的表现和培养宝宝的方法对宝宝的成长影响很大，时刻映照在宝宝的内心。

· 培养宝宝具有良好的习惯。这句话说起来容易，做起来就很难了。在实际生活中，遇到很多问题，都与良好习惯的建立有密切的关系，睡觉、吃饭、大小便、洗澡、玩耍等。有些麻烦就是没有从一开始意识到这一点，等形成了不好的习惯，再反过来改正就困难多了。

睡眠管理

觉醒、单次睡眠时间延长

这个月的宝宝，一觉可以睡4个小时左右，整日觉醒时间也有所延长。有时，宝宝吃奶后不再入睡，会满意地对着妈妈笑。妈妈回应一个甜甜的微笑就可以了，可不要在这时逗笑宝宝，以免宝宝兴奋，活动过多导致溢奶。如果宝宝睡醒了，自己在玩耍，妈妈暂时不要打扰宝宝，宝宝也需要有自己的空间。早晨，宝宝醒着的时间相对较长，妈妈可利用这段时间，给宝宝做操，和宝宝交流。妈妈对着宝宝说话，宝宝也会呀呀出声，回应妈妈。

出现的睡眠问题要冷处理

妈妈最好让宝宝自然入睡，养成宝宝自然入睡的好习惯，以免以后出现睡眠问题。即使宝宝出现了一些睡眠问题，父母也不要着急。着急只会使睡眠问题更加严重。宝宝哪一天睡得少了，哪一天晚上不好好睡了，睡醒后哭闹了等，都是正常的。如果父母过于干预、着急、焦虑，会使宝宝产生不良反应，对父母产生依赖。对偶然出现的睡眠问题，父母要冷处理，让宝宝有自己调节的时间和空间。

为宝宝选择枕头

宝宝开始使用枕头，不枕枕头会使宝宝感到不舒适。但有的宝宝不喜欢躺在枕头上，妈妈也不需强求，不会因为不枕枕头而使头形变得不好看。

不要使用太软的枕头，因为这么大的宝宝已经会转头，如果把头侧过来，枕头太软，就会堵塞宝宝口鼻，这是危险的。宝宝也不适合使用马鞍型枕，当宝宝发生溢乳时，吐出去的奶有可能堵塞宝宝的口鼻。

尿便护理

宝宝大便次数可能会减少，也可能会出现腹泻，或出现大便干燥，这个时期大便性质不稳定。出现水样便或每天大便次数超过 4 次，请留取大便去医院化验。如果宝宝有异常表现，需要带宝宝看医生。大便留取一定要放在干净的小瓶子中，盖好盖子，时间不要超过 2 小时，新留取的大便能获得更可靠的化验结果。爸爸妈妈不要轻易给宝宝服用抗生素。

细心的父母能够观察到宝宝排尿和排便前的表情，如果是男婴，用小尿壶去接，准确率很高。这样做尽管可能会节省纸尿裤用量，也或许会降低了尿布性皮炎的发生率，但这样做弊大利小，也会影响到将来的如厕训练。

不建议给宝宝把尿把便，爸爸妈妈一定要坚持不给宝宝把尿把便的原则，如果宝宝的祖父祖母要这么做，爸爸妈妈也要耐心解释，晓之以理动之以情。为了宝宝的健康，他们会摒弃把尿把便旧俗的。宝宝随意排尿排便是再正常不过的事了。早早训练尿便是徒劳的，应把更多精力用在宝宝的喂养和智能、情感、体能训练上。

尿的次数与每次尿泡大小有关

无论是母乳喂养还是配方奶喂养，无论是哪个季节，都不需要给宝宝喂水，因为母乳和配方奶中的水量能够满足宝宝液体需要量。

妈妈不必为小便次数的多寡而担心，每天尿六七次或十余次都是正常的，有的宝宝一整夜都不排尿，妈妈也不要担心。看看白天排尿情况，白天尿泡大，次数也不少，就没有关系了。夏季尿少，水分都通过皮肤蒸发掉了，可通过宝宝尿液颜色判断。如果尿色很黄，就意味着缺水了；如果尿色清亮略黄，就说明宝宝不缺水。

不要轻易给宝宝服用消化药

宝宝肠道正处于各种酶类成熟生长期，如果过多地干预，就会影响自身消化功能的正常建立和完善。父母不要擅自给宝宝吃这样那样的消化药。如果有病症，要在医生指导下用药。父母是最了解宝宝的，在就诊时要给医生提供准确客观的病史，不要夸大其词，以免缺乏经验的医生采取不必要的治疗。

便秘对策

母乳喂养的宝宝，大便次数相对多些，每天可排4次以上，金黄色，比较稀，但应该是均匀黏糊，没有便水分离现象。配方奶喂养的宝宝，大便颜色淡黄色，有些发白，比较稠，甚至成形，大便次数相对少，一天一两次，甚至隔天一次。

但也有例外，有便秘家族史的婴儿，即使是母乳喂养，大便次数也比较少；配方奶喂养，甚至一周大便才两三次。遇到这种情况，妈妈不要急于采取通便措施，避免导致腹泻，妈妈增加水和高纤维食物的摄入量。

这个月的宝宝，还不能添加辅食，因此不能通过食物调整便秘。如果是母乳喂养，妈妈要注意饮食调理，增加缓解便秘的食物，多喝水；如果是配方奶喂养，可尝试更换配方奶，如添加了益生菌和益生元的配方奶。如果大便干硬，宝宝排便困难，要向医生咨询，排除疾病所致。

◎ 宝宝便秘了怎么办？

※ 每天在固定时间进行排便尝试。

※ 按摩腹部。手掌心放在宝宝脐部，顺时针方向按摩腹部20圈，向下稍用力加压，手掌不要离开腹部。

※ 屈胯运动。宝宝膝关节处于屈曲状态，妈妈双手握住宝宝膝部，向腹部

做屈曲髋部运动20下，使大腿挤压腹部，解除挤压时，膝关节和髋关节仍呈屈曲位。

※ 按摩肛门皱褶。双手中指分别置于宝宝肛门皱褶处（即时钟9点和3点的位置），轻轻挤压肛门20下。

※ 热气熏蒸。在口径小于20厘米的容器中，放入75℃左右的热水，使热气刚好熏到宝宝肛门处，持续约3分钟。千万要注意安全，不要烫着宝宝。

※ 刺激肛门。用沾有香油或甘油的棉签，轻轻塞入肛门约1厘米。注意不要用力过猛，宝宝哭闹时不要强行塞入，以免损伤肛门。

户外活动、摔伤、异物吸入

户外活动安全

多做户外活动，宝宝可呼吸到新鲜空气，增强呼吸道的防御能力。让宝宝接触大自然中的景物，刺激视觉、嗅觉等能力的发育。

户外活动时要注意安全，遇到有人带宠物时，要远离宠物。别人家的宠物对你的宝宝不熟悉，可能会有攻击行为。

不要在马路旁散步，以免吸入过多汽车尾气。带宝宝到花园、居民区活动场所等环境好的地方。如果把宝宝放到小推车里，距离地面不到一米，正是废气浓度最高的悬浮带，宝宝成了吸尘器。所以，在马路旁行走时，应该抱着宝宝。

夏季的傍晚，蚊虫已经开始活动，要避免蚊虫叮咬。在树下玩时，要注意树上的虫子，可能会掉到宝宝身上。树上的鸟粪、虫粪也可能会掉到宝宝头或脸上，不要在树下让宝宝仰头看，以免鸟粪掉入宝宝眼睛里。

带宝宝到户外，要时刻在宝宝身边，不要让宝宝离开你的视线。如果和周围的妈妈交换喂养心得，不要忘记身边的宝宝。实际生活中曾出现过这样的过失：妈妈忘情地和其他妈妈

交换育儿心得，宝宝没人管，溢奶了没及时处理，发生了危险。保姆等看护人带宝宝到户外晒太阳，妈妈特别要嘱咐到位，避免发生类似不测。在疫情期间，尤其是呼吸道传染病流行期间，很多父母心存困惑和恐惧，不知道该不该带宝宝进行户外活动。

科学解答是可以，但要做好必要的防护：

（1）少坐封闭式电梯。 能走步梯就不坐电梯，降低被传染概率，乘坐开放式电梯，要与同乘人员保持至少2米距离，理想距离是4米。

（2）路过人多的地方佩戴口罩。 目前，还没有适合3岁以下宝宝佩戴的，并且能够有效阻挡病毒的专用/医用防护口罩。如果带宝宝在空旷场地，相距4米以上的人咳嗽，被飞沫污染概率大幅度下降，宝宝可放心玩耍。在人多的地方，父母可选择普通口罩，尽管不能阻挡病毒，但当恰遇周围有人咳嗽，至少可阻挡飞沫污染。注意，宝宝佩戴口罩时不能运动和剧烈的活动。许多父母为宝宝购买的软塑料面罩是否有阻挡作用？答案是没有。软塑料面罩对宝宝自身起不到防护作用，只是在咳嗽打喷嚏时，可阻挡部分飞沫对他人的污染。但宝宝戴软塑料面罩，尽管不是完全封闭的，仍然会影响到宝宝呼吸；软塑料面罩透光度差，会影响到宝宝视物的清晰度，对宝宝视力发育不利；面罩上会被飘落的尘埃和飞沫污染（尘埃和飞沫中有夹杂病毒的可能），当宝宝用嘴巴和舌舔面罩内侧时，增加了病毒感染的风险。所以，不建议宝宝戴软塑料面罩。

乘车安全

带宝宝乘车时要注意，妈妈要始终保护宝宝的头部，紧急刹车时，会引起很大的冲击力，使宝宝的头部或脊髓受到伤害。乘坐私家车，一定要让宝宝坐在优质的婴儿专用汽车座椅上，并系好安全带，确定安全无误后再行开动。未满12岁以前，绝对不允许宝宝自己或妈

妈抱着宝宝坐在副驾驶的座位上。宝宝出生后多久可以坐安全座椅呢？宝宝从产院回到家里的路上就应该放在安全座椅里。安全座椅按照宝宝年龄和体重划分，在宝宝出生前就需要购买适合0岁宝宝就能用的汽车安全座椅。常有妈妈问，宝宝拒绝坐安全座椅怎么办？如果从宝宝出生后就坚持，只要带宝宝乘汽车，就必须放在安全座椅上并系好安全带，直到到达目的地，汽车停好，才可以解开安全带离开座椅下车。如果父母做到这几点，宝宝几乎不会拒绝坐安全座椅。因为，对于宝宝来说习惯成自然，在宝宝的认知里，坐安全座椅已经是习以为常的事了。倘若有一天宝宝坚决不坐安全座椅，父母一定要坚持到底，不把宝宝放在安全座椅上并系好安全带，就不能开车走。如果有一次妥协，就得有第二次第三次，以后就很难接受安全座椅了。汽车安全座椅关乎宝宝生命，父母有了这样的认知和觉悟，就不会再有这样的问题了。

谨防摔下床

这个月的宝宝，多数还不会翻身，妈妈不担心宝宝会从床上摔下来。当宝宝睡着后，妈妈会抽空干些家务。可是，不知道哪一天，宝宝会翻身了，而且翻得很快，或在睡眠中踢被子，身体会移动到床边，稍微一翻身，就可能会掉下去。如果把宝宝放在没有床挡的床上，有摔下床的危险。所以，即使在宝宝睡眠时，也要注意安全防护措施到位。如果知道了宝宝会翻身或会爬，妈妈会格外小心，反而不容易发生这样的意外。这个月是最容易发生这种意外的，父母一定要加以注意。

防止异物吸入和意外窒息

宝宝吐奶，可能会堵塞呼吸道，如果没有及时发现，有发生窒息的可能，这一点不容忽视。可以蒙住口鼻的东西不要放在宝宝身边，宝宝已经会用手抓东西，如果放在了脸上，有可能堵塞口鼻，引起窒息。

这些琐碎的问题让妈妈看了，也许会不以为然，也许一万个宝宝里也不会有这种事情发生，但是一旦发生了，就是百分之百的灾难。所有不该发生的意外，在医院中都可以看到，这就是为什么医生总是不厌其烦地嘱咐父母要避免意外事故发生的原因。

本月护理常见问题

吐奶、鼻塞

◎ 吐奶，警惕肠套叠的危险

这个月的宝宝，溢乳程度会有所减轻，但有的宝宝，溢乳仍比较严重。如果宝宝从来没有过溢乳，到了这个月的某一天，突然溢乳了，要注意排除肠套叠的可能。肠套叠的危险征兆：近来有腹泻、大便突然减少、呕吐、阵发性哭闹。停止哭闹的时候，很安静，但不像原来那样爱动，爱玩，很难把宝宝逗笑，宝宝好像等待着什么，有恐惧的表情。一旦排果酱样大便，就可以确诊了，但这时往往失去了保守治疗的机会。肠套叠是急症，早期发现非常重要。当宝宝出现上述危险征兆时，要想到这个病，及时带宝宝到医院就诊。

◎ 鼻塞，别让宝宝白白"走过场"

婴儿常出现鼻塞现象，常见原因有两个：疾病性鼻塞和非疾病性鼻塞。如果父/母一方或双方患有过敏性疾病，如过敏性鼻炎、湿疹、荨麻疹、支气管哮喘等，宝宝有可能遗传父/母的过敏体质，而过敏体质的宝宝容易鼻塞。

婴儿鼻腔相对狭小；鼻黏膜血管丰富；对外界刺激敏感，如：粉尘、尘螨、污染物、气味、飞沫、花粉、树粉、冷空气等，鼻腔分泌物多，容易鼻塞。

无论是疾病性鼻塞，还是非疾病性鼻塞，都会影响宝宝呼吸，尤其宝宝吃奶和睡觉时，会因呼吸不畅而烦躁不安，即使是非疾病性鼻塞，也会让宝宝难过。所以，任何原因引起的鼻塞都需要处理。

缓解宝宝鼻塞的有效方法

用洗鼻液清洗鼻腔；用吸鼻器吸出鼻涕，或用布捻子带出鼻涕；用蒸汽缓解鼻黏膜水肿。目的就是把聚集在鼻腔内的鼻涕鼻痂清理干净。

1岁以下宝宝适合滴入洗鼻液；2~3岁宝宝适宜挤入洗鼻液；3岁以上宝宝可以喷入洗鼻液；6岁以上宝宝可直接用吸鼻器冲洗鼻腔，也可通过擤鼻涕，

达到清理鼻腔分泌物的目的。如果鼻腔内无过多分泌物，但宝宝仍有明显的鼻塞，多是由鼻黏膜水肿所致，可尝试用热气熏的方法来缓解鼻塞。

吸吮手指、踢被子

◎ 吸吮手指，了不起的进步

这个月的宝宝会把小手或大拇指伸到嘴里吸吮，妈妈怕宝宝养成吸手指癖好，就加以纠正，这是不对的。这么大的宝宝，吸吮手指是一种运动能力，宝宝能够把手准确地放到嘴里吸吮，是很了不起的进步。宝宝吸手指也不是饿了，因此不必抱过来喂奶。

如果宝宝1岁以后还不断吸吮手指，要稍加引导，一定不要强行把手拿开，不能嘴里叨唠着"不要吃手"，更不能吓唬宝宝。有的宝宝，1岁后就不再吸吮手指了，有的宝宝，3岁后还在吸吮手指。对此，父母千万不要横加干涉，父母管得越紧，宝宝吸得越频。有效的方法是，把玩具放到宝宝手中，或握着宝宝的手和宝宝聊天，转移其注意力。如果有比吸吮手指更有趣的事情，宝宝当然就不会吸吮手指了。

◎ 踢被子，和妈妈比本领

爱活动的宝宝学会了踢被子，而且踢得很有技巧，能够把盖在身上的被子毫不费力一脚蹬开，露出四肢，非常高兴地舞动肢体。妈妈可能认为宝宝是热了，换上一个薄被，照样被踢开，这是宝宝在长力量，就是要和妈妈比试比试，看你盖得快，还是我踢得快。如果怕宝宝受凉，可不把被子盖到宝宝的脚上，让脚露在外面，穿上袜子。当宝宝把脚举起来时，被子在宝宝的身上，就不能把被子踢下去了，又不会影响宝宝肢体运动。如果气温比较低，怕宝宝冻着，可把宝宝放在睡袋中。

不认真吃奶、不饿也哭着要奶吃、耍脾气、认生

◎ 吃奶不认真

这个月的宝宝，视觉、听觉和运动能力进一步提高，对外界的反应能力进一步增强，变得警觉起来。在吃奶时，如果有意外的声响、走动的人影等，都会转移宝宝吃奶的注意力，他会突然停止吃奶，或把乳头吐出来回过头去寻找声源或人影。妈妈不要误认为宝宝食欲有问题。

◎ 不饿也哭着要奶吃

母乳喂养的宝宝，开始对母亲有依恋情绪，喜欢妈妈抱着他吃奶。不要怕把宝宝惯坏了，这是宝宝情感发育中不可缺少的。妈妈至少每天要抱宝宝2个小时，才能满足宝宝对妈妈爱抚的需要。如果仅仅在喂奶时，妈妈才把宝宝抱在怀里，宝宝容易不饿也要奶吃，因为吃奶可以满足他对妈妈爱抚的需要。

◎ 耍脾气

这么大的宝宝开始会耍脾气了，这不奇怪。宝宝会突然无缘无故地哭闹，怎么哄也哄不好，给奶不吃，放下不行，就像有针扎似的，抱着不行，使劲打挺，妈妈几乎抱不住。

我常常在急诊遇到这种情况，尤其是夜间急诊。父母风风火火把宝宝带到医院，说宝宝拼命地哭闹，怎么也哄不好，在车上还哭，可还没下车就不哭了。等到了门诊，医生对宝宝进行检查，宝宝不但不哭，有时还冲医生笑，这常使得心急火燎的父母一头雾水——什么病啊？什么问题也没有，最好的办法就是暂时换一换人哄宝宝，有时让爸爸抱一抱宝宝，宝宝就会变安静了。如果爸爸不在家，就带宝宝到外面去换一换环境，或到亲戚家，换换手。宝宝是腻歪了，发脾气了。新人新环境，宝宝马上就不闹了，脾气没了。

◎ 认生

快到3个月的宝宝，有的开始认生了，尤其是家里人少，一旦有陌生人来到，宝宝会看着生人大声啼哭，不让生人抱。宝宝认生，和见人少有关，也与性格有关。宝宝认生或是不认生都是正常的，不要因为宝宝认生或是不认生，就认为宝宝有什么问题。

闹觉

◎ 宝宝喜欢抱着睡，是宝宝的错吗

刚刚出生3个多月的宝宝，在给全家人带来无尽欢乐的同时，也给爸爸妈妈带来了一些烦恼。

典型案例：来自一位新手妈妈的困惑

我女儿3个多月，白天要抱着才能睡好，只要放到床上，睡得就不安稳，半个小时就会醒来。如果抱着睡能睡好几个小时。晚上七八点睡，能连续睡上四五个小时，吃奶后很快又入睡，直到凌晨三四点钟。一般4点以后就开始一个小时醒来一次，我们夫妇感觉带宝宝好累啊，这是怎么回事？我该怎么办呀？

这或许不是宝宝的错，关于睡眠问题，大多数育儿书上有比较详细的阐述。虽然在说法上各有不同，但大多数学者认为，这在某种程度上可以说不是宝宝的问题，而是父母的问题。宝宝良好的睡眠习惯是需要父母帮助建立的。如果父母不能很好地理解宝宝，就会把正常现象当异常，把宝宝的正常反应当异样。父母对宝宝的回应会直接影响宝宝的行为。

◎ 父母要知道这些

宝宝睡眠不分昼夜	宝宝常常醒来。饿了、尿了、不舒服了、睡够了、天要亮了等，都会醒来。
宝宝极少一夜睡到天明	宝宝的睡眠周期比较短，不可能一觉睡很长时间。浅睡眠时，宝宝很容易醒来。在宝宝没有发出要抱或吃奶的信息时，不要去打扰他，让宝宝熟悉睡眠周期的变换。
宝宝浅睡眠时间长	宝宝不可能长时间很安稳地睡觉。浅睡眠时，会出现面部表情的变化，身体四处扭动，脸憋得通红，还不时发出些声音，小嘴做出吸吮动作，这都不意味着宝宝已经醒来。
宝宝入睡方式与成人不同	出现某些刺激，如噪音，宝宝会很容易重新醒来。
每个宝宝的睡眠习惯和方式不尽相同	你的宝宝不会和其他宝宝一样，要尊重宝宝的睡眠选择。

如果新手父母了解宝宝这些睡眠特点，就能够对宝宝的某些睡眠问题释然

了。宝宝需要睡多长时间，只有宝宝自己知道，父母应该给宝宝睡的自由。不要总是试图控制宝宝，那不是对宝宝的疼爱，有时反而会耽误了宝宝正常的生长发育。

3个多月的宝宝，白天不睡很长时间也是正常的，为什么非要让宝宝一觉睡几个小时呢？如果宝宝困倦了，会自然入睡的。如果宝宝醒了，就和宝宝说说话，做一些小游戏。如果父母坚信宝宝必须抱着才能睡眠，父母就会整日抱着宝宝睡觉。有妈妈抱着睡当然比自己躺在床上睡舒服，宝宝不会拒绝妈妈抱着他睡，慢慢就习惯父母抱着睡了。父母自然会感到很累，唯一的办法就是逐步改变，对难度要有充分的心理准备。

有的宝宝，一开始抱着能哄睡。慢慢地，抱着也不行了，父母就开始一边抱一边摇，方能把宝宝哄睡。过一段时间，这一招又不灵了，开始站起来，在室内来回走动，甚至得悠着宝宝，宝宝还不断打挺哭闹……宝宝闹人吗？不，这可能是爸爸妈妈不断"培养"的结果。

◎ 让闹觉的宝宝哭个够吗

让宝宝哭个够的父母，大多有这样的理由：宝宝一哭就抱，会把宝宝惯坏了，宝宝很难独立。我不赞成让宝宝无休止地哭下去而不管。宝宝需要父母的关怀，没有哪个宝宝不喜欢躺在妈妈温暖的怀抱里。宝宝哭得很厉害，或许遇到自己不能解决的问题，需要父母的帮助，而父母不能积极回应，就会伤害宝宝的情感，使宝宝失去安全感，长大了缺乏对人的信任，时时感到孤独，郁郁寡欢。

◎ 一声也不能让宝宝哭吗

我也不赞成一味迁就宝宝。父母要允许宝宝有自己的情感流露，切莫动辄就去干扰宝宝，不让宝宝哭一声。其实再小的宝宝也需要有自己的空间，尽管这样的需要持续的时间很短，父母还是应该体会到，并给予适当保证。

如果宝宝在睡觉中伸个懒腰，打个哈欠，皱一下眉头，做一个怪相……妈妈就马上去抱、去拍，这就过多地干预

了宝宝。如果妈妈不去马上碰宝宝，宝宝有自己的自由空间，就不会那样烦躁易醒了。

可能宝宝本来就没有醒，妈妈一碰反倒醒了。妈妈恰恰就认为没有及时把宝宝抱起来或拍一拍，宝宝才醒了，这是认识上的误区。

◎ 排除轻微脑功能障碍儿

睡眠不好的宝宝，需要排除疾病性哭闹，有轻微脑功能障碍（如生产过程中有窒息史、难产史，新生儿期缺血缺氧性脑病、严重黄疸）的宝宝，多有睡眠问题。这样的宝宝长大后可能会患多动症，但这种情况并不多见。

应对办法

不要无休止地增加新的哄睡方法。白天，当宝宝睡觉时，妈妈抓紧时间休息一下，备着精力陪晚上的精灵。随着月龄的增长，宝宝会自然好起来的，爸爸妈妈要相信这一点。

宝宝身体的奇怪声响

有父母询问，宝宝身体时而会出现奇怪的声响，很是担心，不知患了什么怪病。宝宝身体为什么会响呢？

◎ 关节弹响声

宝宝韧带较薄弱，关节窝浅。关节周围韧带松弛，骨质软，长骨端部有软骨板，关节做屈伸活动时可出现弹响声。随着月龄增大，韧带变得结实了，肌肉也发达了，这种关节弹响声就消失了。有的成年人，若关节活动不正常仍可出现弹响声，有的挤压指关节时可出现清脆的弹响声，如无特殊症状，属正常现象。若膝关节伸屈有响声，伴有膝部疼痛，应排除先天盘状半月板；若髋关节出现关节弹响声，应排除先天髋关节脱位。

◎ 胃叫声

胃是空腔脏器，当胃内容物排空以后，胃部就开始收缩，这是一种比较剧烈的收缩，起自贲门，向幽门方向蠕动。我们都知道，不论什么时候，胃中总存在一定量的液体和气体。液体一般是胃黏膜分泌出来的消化液，气体是在进食时随着食物吞咽下去的。胃中的这些液体和气体，在胃壁剧烈收缩的情况下，就会被挤捏揉压，东跑西窜，发出唧唧咕咕的叫声，所以宝宝腹中出现叫声可能是饥饿的信号，但在胃胀气、消化不良时也可出现这种声音。

◎ 肠鸣声

肠管和胃一样，都属空腔脏器。肠管在蠕动时，肠管内的气体和液体被挤压，以及肠间隙之间的腹腔液与气体之间揉擦也可出现咕噜声，叫肠鸣音，一般情况下需要听诊器听诊方能听到。声响大时，不用听诊器也可听见。腹胀时或患肠炎、肠功能紊乱时可听到较明显、频繁的响声。

◎ 疝气

人体内的脏器或者组织本来都有固定的位置，如果它离开了原来的位置，通过人体正常或不正常的薄弱点，或缺损、间隙进入另一部位，即形成疝气。常见的有腹股沟斜疝、股疝、脐疝等，多是肠管疝入"疝囊"内，当令其复位时可出现响声。宝宝脐疝，当挤压"疝"时可发出咯叽的响声。还有罕见的横膈疝，食管裂孔疝，即腹腔中的空腔脏器疝入胸腔，在肺部听到肠鸣音或胃蠕动声。疝气是病症，应及时治疗。

第五节　本月宝宝能力发展、早教建议

爸爸妈妈可能会听从某种意见，认为不必刻意去训练宝宝，宝宝到时候就"什么都会了"。是的，宝宝的确拥有"什么都会"的潜能，但如果我们不给宝宝创造发挥潜能的机会和平台，不给宝宝施以适时的帮助和鼓励，不让宝宝体会到拥有某些能力的便利和快乐，宝宝将不会努力去这么做。爸爸妈妈是宝宝潜能得以发展的最佳引导人，宝宝每一步成长都离不开爸爸妈妈的帮助和扶持，宝宝每一个进步都离不开爸爸妈妈的协助和鼓励。

看的能力：会调节视焦距

这个月，宝宝开始按照物体的不同距离来调节视焦距，这是宝宝视觉能力的一次质的飞跃。父母要充分利用这一有利时机，锻炼宝宝的视觉能力。当宝宝醒来时，要通过变化物体的距离，锻炼宝宝调节视焦距的能力。新生儿视觉容易集中在色彩对比鲜明的轮廓部分，宝宝视觉容易注视图形复杂的区域。这个月的宝宝，颜色视觉已经有了很大的发展。满两个月的宝宝，已经能够对某些不同波长

的光线做出区分。到了三个月，颜色视觉基本功能已经和成人很相近了。

视觉能力训练

在宝宝清醒、情绪好的情况下，把室内各种物品指给宝宝看，并说出物品名称。室内光线一定要明亮。

让宝宝找亮光。在没有光亮的地方，用手电筒照射在墙上或手上，问宝宝亮光在哪里。当宝宝看到亮光时，拥抱和亲吻宝宝。

让宝宝看图案。在明亮的地方，让宝宝看卡片上的图案。图案上的光照要足够。图案要简单明了，如一个苹果、一只小猫。每张卡片上只有一个图案。选择一部分黑白图案，选择一部分彩色图案，彩色图案上的色彩要简单明了，如红苹果、黄香蕉、绿青椒。对颜色的偏爱程度依次是：红、黄、绿、橙、蓝。父母要利用不同的颜色，锻炼宝宝的色觉能力。

听的能力：能区分不同语音

听的能力始于五六个月的胎儿，这时的胎儿可以听到透过母体传来的频率在1000赫兹以下的外界声音。宝宝在高频区的听力要比成年人还好。宝宝不仅能够听声音，对声音的频率也很敏感。这个时期的宝宝已经能够区分语言和非语言，还能区分不同的语音，初步区别音乐的音高。

父母不要在宝宝面前吵架。吵架的语气宝宝能够辨别出来，会表现出厌烦的情绪，对宝宝的情感发育是不利的。

听觉能力训练

家用物品，只要能敲的，都可敲出不同的声音。声源距宝宝大约3米左右为好。如果宝宝表现出不耐烦或哭闹，要立即停止敲打，以后也不要再敲出同样的声音。

爸爸妈妈用不同的声调和宝宝说话。对着宝宝耳部喃喃细语；逐渐离开宝宝耳部，并逐步加大音量。宝宝对爸爸妈妈的语音最敏感，和宝宝多说话，给宝宝多唱歌，是对宝宝听觉能力的很好训练。多给宝宝听优美的

音乐，和宝宝交谈时要用不同的语气、语速，提高宝宝听力水平。

说的能力：会简单发音

两三个月的宝宝处于简单发音阶段。妈妈可以听到宝宝舒服、高兴时的发音，如啊、哦、噢等。宝宝越高兴发音越多，所以要给宝宝创造舒适的环境，宝宝情绪好就会不断练习发音，这是语言学习的开始。语言的发育不是孤立的，听、看、说、闻、摸、运动等能力，都是相互联系互为因果的。

语言能力训练

随着宝宝月龄的增加，发出的声音越来越丰富，与爸爸妈妈沟通的欲望越来越强烈。爸爸妈妈要不遗余力地理解宝宝的语言，认真倾听，努力理解。

光是理解还不够，重要的是和宝宝对话，和宝宝建立互动式的交谈，对刺激宝宝神经系统的语言加工能力是很重要的，也有利于宝宝社会化的发展，对日后个性发展、与人交往能力和社会适应能力的形成都有深远的影响。当宝宝知道你在倾听他说话的时候，他就会积极地表达，发

出各种各样的声音。当宝宝听到了你的回应，就会表现出极大的喜悦，甚至是手舞足蹈。宝宝的语言不仅仅表现在发声上，他的全身都在和你说话，与你进行着沟通。

爸爸妈妈可以每天给宝宝朗诵一首小诗，可选择朗朗上口的名

诗名段，也可自己编几首顺口溜。朗诵时，要声情并茂、绘声绘色、抑扬顿挫。这样才能引起宝宝的兴致。重重读最后一个字并拉长声音，慢慢地，朗诵时，到最后一个字，稍事停顿，把最后一个字留给宝宝来读。以后等宝宝会说话了，只要你朗诵诗的第一个字，宝宝就会接下全句。让宝宝参与进来，宝宝会有浓厚的学习兴趣。

味觉能力：天生喜欢甜味

味觉是新生儿时期最发达的感觉，而且在整个宝宝期都是非常发达的。过去认为宝宝好喂药，是因为宝宝不知道苦，这是错误的认识。宝宝比成年人的味觉更敏感，而且宝宝对甜味表现出天生的积极态度，而对咸、苦、辣、酸的味道反应是消极的、不喜欢的。

嗅的能力：回避难闻的气味

这个月的宝宝嗅到有特殊刺激性的气味时，会有轻微的受到惊吓的反应，慢慢地就学会了回避难闻的气味，会转过头去。人类嗅的能力没有动物发达，有一部分原因是出生后没有特意训练嗅的能力，使其逐渐萎缩的缘故。让宝宝嗅到能够嗅到的各种味道，并告知宝宝，这是什么味道，是什么物质释放出来的，可以很好地训练宝宝的嗅觉。

运动能力：每天都有新动作

这个月的宝宝动作能力发育较快，爸爸妈妈几乎每天都能够发现宝宝有新的动作能力。

◎ 用手够东西和看手

宝宝开始有目的地用手够东西，并能把放在他手中的玩具紧紧地握住，尝试着放到嘴里，但还不够准确，时常打在脸上其他部位。一旦放到嘴里，就会像吸吮乳头那样吸吮玩具，而不是啃玩具。宝宝手指可以伸展或握起，会把一只手放在胸前看着自己的小手。慢慢地，宝宝就开始双手互握，在眼前摆弄自己的小手了。

◎ 吸吮大拇指

宝宝开始学着吸吮大拇指，而不是仅仅吸吮他的小拳头了。有的妈妈会认为宝宝吸吮手指是不好的习惯，便加以制止，这是不对的。吸吮手指是这个时期宝宝所具备的运动能力。随着月龄的增长，宝宝会把这个运动转化为手的其他运动能力。

◎ 把头抬得很高

当宝宝俯卧位时，会把头高高抬起，可以离开床面45°以上，还会慢慢向左右转头。虽然转动的幅度很小，但这说明宝宝已经开始学着用站立的眼光看东西，这是不小的进步。这一能力的出现，对宝宝认识周围物品有很大的帮助。妈妈可以向左右两边运动，让宝宝的视线追随着，

以此来锻炼宝宝颈部肌肉。宝宝还会用肘部支撑着上身，试图把胸部抬起。

多让宝宝趴着是对宝宝很好的训练，趴的好处有：

· 锻炼宝宝抬头，从而增强宝宝颈部和腰背部肌力。

· 提高宝宝心肺功能，加大肺活量，这不但对宝宝健康有利，还能促进宝宝语言发育能力。

· 加快宝宝向前爬的速度，不让宝宝趴着，宝宝不可能学会爬，爬行对宝宝发育意义重大。

不能让宝宝自己趴着，那样，宝宝很快就厌烦起来。如果让宝宝趴在床上，妈妈就蹲在地上，面对着宝宝，让宝宝能够平视妈妈的眼睛。如果让宝宝趴在地板上，妈妈也要趴在地板上，和宝宝面对面。如果宝宝趴着，妈妈坐着，宝

宝看到的是妈妈的腿和脚。对于宝宝来说，那什么也不是，相当于没有妈妈陪伴，趴一会儿，宝宝就会感到孤独，拒绝继续趴着。虽说多趴好，但也要看宝宝情绪，如果宝宝就是不喜欢趴着，妈妈切不可强迫。为宝宝做任何事情，都要以宝宝快乐为前提。

◎ 靠上身和上肢的力量翻身

这个月的宝宝，开始有翻身的倾向。当妈妈轻轻地托起宝宝后背时，宝宝会主动向前翻身。本月宝宝翻身，主要靠的是上身和上肢的力量，还不太会使用下肢的力量。所以，宝宝往往会把头和上身翻过去，臀部和下肢仍是原来体位。如果妈妈在宝宝臀部稍稍给些推力，或移动一侧大腿，宝宝会很容易地翻成俯卧位。当妈妈帮宝宝练习翻身时，宝宝会把头向后仰，这是正常现象。慢慢地，宝宝就会把头向前使劲。

宝宝的运动能力存在着个体差异。有的宝宝好动，运动能力比较强，体能发育超前。有的宝宝比较安静，运动能力不是很强，体能发育稍显落后。爸爸妈妈不要着急，多给宝宝运动机会。如果总是抱着宝宝，翻身、爬等运动能力都有可能落后。如果宝宝各项体能发育都落后，要向医生咨询。

体能训练方法

◎ 竖头训练

每天在宝宝觉醒状态下练习，把宝宝立着抱起来，用两手分别支撑住枕后、颈部、腰部、臀部，以免伤及脊椎。

也可把宝宝面朝前抱着，头和背部贴在妈

妈胸部，一手在前托住宝宝胸部，另一只手在下托住臀部。面朝前，可以看到前方的东西，不但练习了抬头，还练习了看的能力，增加新的乐趣。

如果宝宝还不能把头竖立起来，妈妈竖立着抱宝宝时，一定要注意保护颈部，不要让宝宝的头东倒西歪的。

◎ 抬头训练

让宝宝俯卧，练习把头抬起90°，并用上肢把前胸支撑起来。要在喂奶后一个小时或喂奶前训练，以免宝宝吐奶。抬头训练对宝宝颈、背肌肉、肺活量、大脑发育等很有帮助。

有的宝宝不喜欢俯卧，只要趴着就烦躁或哭闹。遇到这种情况，既不能任由宝宝哭，也不能放弃抬头训练。在宝宝情绪好的时候让宝宝趴着，爸爸妈妈面部和宝宝头部保持水平，和宝宝说话，转移宝宝注意力，争取多让宝宝趴着。一旦宝宝不愿意了，立即把宝宝抱起来，夸赞宝宝。

◎ 手足训练

再次强调不要把宝宝的手包起来，手足运动对刺激大脑发育非常重要。当宝宝凝视着自己的小手时，妈妈要告诉宝宝，这是他的小手，可以用来吃饭、写字、玩玩具等。让宝宝握住小摇铃，这时宝宝还不能握住玩具，要提供机会多练习。把宝宝放在踢垫上，鼓励宝宝用脚踢悬挂着的各种小玩具。不要把玩具悬挂在宝宝头部正前方，以免宝宝长时间凝视着玩具形成"对眼"。

第四章

3~4个月的宝宝

第一节 本月宝宝特点

外貌

这个月的宝宝准备过"百天"了。百天以后的宝宝，非常招人喜爱，脖子挺得直直的，因为头相对较大，宝宝的头会微微摇晃，看起来像个会活动的大娃娃。宝宝黑眼球很大，会用惊异的神情望着不认识的人。如果你对他笑，他会回报你一个欢快的笑。当你用手蒙住脸，突然把手拿开，并冲着宝宝笑时，宝宝会发出一连串咯咯的笑声。有的宝宝开始流口水，这是由于唾液分泌开始旺盛了，也有的是因为宝宝要出牙了。

给宝宝拍摄百日照，摄影师会让宝宝摆各种姿势，抓拍精彩瞬间。爸爸妈妈惊奇地发现，宝宝有这么大的能力，靠在沙发背上，竟然能坐了！趴在充气马背上，竟然没有摔下来！两眼盯着摄像头，竟然很有镜头感！爸爸妈妈不由得喜上眉梢，宝宝真的长大了。

能力

宝宝的头已经竖立得很好了，小脖子直直地挺着，颈椎生理弯曲已经形成，胸椎生理弯曲也在逐渐形成中，可以竖立抱宝宝，让宝宝有更广阔的视野，观察周围的事物和景象。

爸爸妈妈喜欢两手托着宝宝腋下，让宝宝两脚蹬在妈妈腿上跳跃。但是，对于这个月龄的宝宝来说，骨骼硬度、肌肉力量、关节运动能力都还不够，还不宜做这样的运动。

俯卧时，宝宝能够用手腕把上身支撑起来，头高高竖起。仰卧时，宝宝能够把身体侧过来，多数宝宝能够从仰卧位翻成俯卧位，但还不会从俯卧位翻到仰卧位。

冬天，宝宝穿得比较厚，运动能力稍显落后。夏天，宝宝光着身子，运动能力发展比较好的宝宝，可能在上个月就会翻身了。比较胖的宝宝翻身多比较晚；体重偏轻的宝宝，运动能力多比较强。运动能力也与父母有关，父母比较好动、体能比较好的，宝宝体能发展多会提前。运动能力还与养育方式关系密切，总是抱着宝宝，很少给宝宝自由活动时间，宝宝运动能力可能会稍显落后，爸爸妈妈要多把宝宝放下来，给宝宝练习翻身和爬的机会。

第二节 本月宝宝生长发育

 身高

本月宝宝身高增长速度与前3个月相比，开始减慢，一个月增长约2.5厘米，但与1岁以后相比还是很快的。男婴身高均值62厘米，女婴身高均值60.6厘米。如果男婴身高低于57.5厘米或高于66.6厘米，女婴身高低于56.3厘米或高于65.1厘米，为身高过低或过高。

常有父母问，自己的身高在同性别中属于高的，为什么宝宝却不高？这也不一定是宝宝生长缓慢，可以问一问奶奶和外婆，父母是不是小的时候也不高，是不是后长起来的。宝宝也有先长后长。

 体重

本月宝宝，男婴体重均值6.7千克，女婴体重均值6.13千克。男婴体重低于5.29千克或高于8.4千克，女婴体重低于4.9千克或高于7.73千克，为体重过低或过高。如果体重偏离同龄正常儿生长发育曲线第3百分位或第97百分位，应该找医生检查。除了疾病所致，大多是喂养或护理不当造成的。爸爸妈妈可以利用增长曲线图监测宝宝的生长发育情况。

头围

这个月的宝宝头围可增长1.4厘米，男婴头围中位值40.5厘米，女婴头围中位值39.5厘米。婴儿期定时测量头围可以及时发现头围过大或过小。可以利用宝宝头围增长曲线图来检测宝宝的头围增长情况。把测量值点画在图上，如果超过第97百分位或低于第3百分位，则要请医生检查，及时发现异常。

前囟

宝宝后囟门闭合，前囟门对边连线在1.0~2.5厘米不等，但如果前囟门对边连线大于3.0厘米，或小于0.5厘米，应该请医生检查是否有异常情况。囟门的检查多要靠医生，有的医生在测量囟门时，没有考虑到囟门假性闭合（膜性闭合），就是说从外观上看囟门像是闭合了，实际上那是因为头皮张力比较大，看起来好像没有了，摸起来似乎闭合了，但实际上囟门并没有闭合。

第三节　本月宝宝喂养

营养需求

从乳类食物中获取生长发育所需营养

这个月的宝宝每天所需热量为每千克体重110千卡。母乳能够满足宝宝营养需求，无须添加其他食物。配方奶喂养的宝宝，这个月可能会出现"厌奶现象"，奶量明显减少。

预防缺铁性贫血

如果妈妈在孕期为胎儿储备了足够的铁，就能够保证宝宝在出生后4~6个月内铁的需求。宝宝4~6个月后，除了母乳（或配方奶）中的铁，还需要从食物中获取，才能够满足生长发育所需铁量。在从纯乳喂养到添加辅食的过渡时期，宝宝发生缺铁性贫血概率增加。所以，从这个月开始，母乳喂养的宝宝，在未添加辅食前，建议妈妈补充铁剂，每天100毫克。也可以选择给宝宝补充含有铁剂的维生素AD。早产宝宝需要继续补充铁剂，2毫克/千克/每日。如果宝宝在健康体检时发现有缺铁性贫血，请在医生指导下给宝宝补充铁剂。妈妈需要继续补充维生素D和钙剂，直至哺乳期结束。

◎ 爸爸妈妈如何发现宝宝可能有缺铁性贫血呢？

· 不如原来有精神，竖立着抱时喜欢把头靠在妈妈肩上。

· 情绪不稳定，不像原来容易逗笑，易哭哭啼啼的。

· 面色不佳，有些黄白，口唇缺乏血色。

· 睡眠差，入睡困难，睡眠中多汗易醒，有脱发现象。

· 食欲差，奶量减少。

· 身长增长不理想，增长曲线有向下偏离趋势。

母乳 喂养

如果宝宝每周体重增长低于120克，吃奶间隔时间明显缩短，体重增长曲线呈下降趋势，提示可能母乳不足，妈妈可尝试着添加配方奶。

不要担心母乳不足

总是担心母乳不足是母乳喂养妈妈的共性。随着宝宝月龄的增加，妈妈越发担心起来，宝宝都长这么大个子了，自己的乳汁还能满足宝宝的需要吗？这种担心迫使妈妈给宝宝添加配方奶。可是宝宝根本就不吃，连奶瓶子都不吸，妈妈就开始着急，其结果是母乳减少，真的不够宝宝吃了。这个月的宝宝就是这样，不再那么认真吃奶，没吃几口就把乳头放开，东瞧西望，有点动静就不吃奶了。要相信自己，宝宝身高体重增长很好，吃奶后不哭也不闹，妈妈就没有什么好担心的了。

如何判断母乳不足

妈妈可根据以下几种情况综合评估是否母乳不足：

· 宝宝吃奶间隔时间缩短，半夜宝宝开始起来哭闹，不给奶吃就不停地哭。

· 妈妈不再有奶胀、"奶惊"了，当宝宝吃奶时，突然把乳头拿出来，奶水只是一滴滴的，不成流。

· 宝宝大便次数或量减少，体重增长缓慢。

吃奶次数、时间

母乳喂养次数仍然没有严格的限制，但如果母乳充足的话，宝宝往往是每三四个小时吃一次，后半夜可能会五六个小时吃一次。如果宝宝夜间不再醒来吃奶，妈妈没有必要把宝宝叫醒。

宝宝拒绝奶瓶和配方奶怎么办

一直母乳喂养的宝宝，添加配方奶时可能会遇到困难，宝宝一口也不喝，拒绝奶瓶和配方奶。遇到这种情况，千万不要逼着宝宝吃，可试着用小杯子或小勺喂。如果宝宝仍然不吃，可采取吸管喂养。准备一根吸管，到母婴用品店购买母乳喂养辅助装置，或到药店购买宝宝胃管或输液管（前端连接针的细管）。把管的一端插入奶瓶嘴的开口处，把奶瓶夹在你的腋下或挂在脖子上（与乳头平行或略低于乳头）。在宝宝吸吮母乳一段时间后（感觉乳汁被吸空了的时候），把吸管的另一端，沿着宝宝嘴角和乳房之间的缝隙，悄悄插入约2厘米，观察乳汁是否被宝宝吸入。使用这种方法既补充了母乳的不足，又解决了宝宝不用奶瓶的问题。

 混合  喂养

食量存在差异

吃奶的次数和量，宝宝之间的差异更加明显。食量小的，一次仅喝100毫升，甚至更少，一天只喝500～600毫升奶；食量大的，一次可以喝200毫升的奶，一天喝1000多毫升奶还不够呢。混合喂养的宝宝，现在可能一点儿配方奶也不吃了，把奶瓶放到宝宝嘴边，宝宝就躲，勉强放到嘴里，宝宝也不吸吮。妈妈不要以奶量衡量宝宝是否吃饱，只要宝宝身高体重增长是正常的，就不要

担心宝宝奶量是否"达标"。

◎ 突然厌奶

这个月护理的重点是避免厌奶。配方奶喂养或混合喂养的宝宝，一直都很喜欢吃奶。可突然某一天，不再喜欢吃奶，甚至一把奶瓶举到面前宝宝就哭闹。妈妈急得不知如何是好，使出浑身解数，换奶瓶，换奶粉，换人喂，换地方喂……什么法子都使了，结果都无济于事。仔细询问，在发生"厌奶"前，宝宝吃奶吃得非常好，体重长得也很快。这恰恰就是宝宝"厌奶"的诱因。

3个月以下的宝宝，不能完全吸收奶中的蛋白质，吃多了就排泄出去。3个月以上的宝宝，情形就不同了，能够相当多地吸收蛋白质，肝肾几乎全部动员起来，帮助消化吸收。而这时的宝宝，吃奶的能力也较以前大了，饥饿感和食欲也较以前强，总喜欢吃奶。结果，肝脏和肾脏的工作力度加大，宝宝胖了。可没过多久，宝宝的肝肾就因疲劳而"停歇"，宝宝"厌奶"开始了。

◎ 如何解决宝宝不喝配方奶的问题

混合喂养和配方奶喂养的宝宝，都有可能出现这个问题，但更易发生于混合喂养的宝宝。倘若宝宝不爱或拒绝喝配方奶，但很喜欢吃母乳，即使有段时间不喝配方奶，宝宝的精神、玩耍、睡眠、尿便、体重增长都正常，就无须担心，妈妈尽可能地稳定情绪，保持好心情，吃好喝好，争取有更多的母乳喂养宝宝。

对于配方奶喂养的宝宝来说，宝宝不喜欢甚至拒绝喝奶，很有可能是前一段时间，宝宝太喜欢喝奶了，喝的奶量超过了宝宝所需，身体负担不了，罢工不干了。宝宝似乎在对爸爸妈妈说："不要再给我喂这么多的奶了，我的肝肾和胃肠负担太大，被累垮了""我可不想成为肥胖儿，在未来的日子里经受不该有的磨难""我是在静养已经疲劳的脏器，在消化身体中多余的脂肪，不要担心会饿坏我，我的体内有足够的能量储备"。如果宝宝生长发育正常，爸爸妈妈不强迫宝宝喝奶是对宝宝最大的尊重和爱护。两三周后，宝宝各系统得到充分休息后，自然会再度喜欢喝奶的。当然了，如果宝宝体重增长速率下降，需要及时带宝宝看医生。

第四节　本月宝宝护理

户外活动

活动时间

3～4个月的宝宝，赶上春光明媚的好时节，多带宝宝到户外接触大自然。一天可以带宝宝出去两次，每天上午9～10点，下午15～16点。一次活动一个小时左右。但什么时候进行户外活动，还要根据宝宝睡眠和吃奶习惯灵活掌握。如果宝宝正好在上午9～10点困了，就不要带宝宝出去了，要在宝宝高兴，精神状态好的时候出去进行户外活动。婴儿在温暖的室内捂了一冬，乍一到户外，可能会不适应，需要挑选天气比较好的时候抱出来，时间从短到长，给宝宝一个逐渐适应的过程。带宝宝外出要做好防晒，比如给宝宝戴遮阳帽，或打遮阳伞，坐在婴儿车上时打开遮阳棚。不建议给6个月以下婴儿涂防晒霜。

地点选择

带宝宝到户外活动，要选择空气新鲜，有花草树木，没有车水马龙和人群聚集的地方。不要在污染源（如加油站、停车场、车库旁、油炸烧烤摊、炉火旁、吸烟处、垃圾点、电梯）等处逗留。

常看到看护人带着宝宝在道路旁玩耍，宝宝玩耍的地方距离道路很近，道路上有川流不息的汽车，汽车奔驰而过，卷起一阵灰尘，宝宝奔跑着，玩耍着，呼吸着汽车尾气和灰尘。宝宝坐在宝宝推车中，距离地面不到1米，是空气中的悬浮物最浓密的地带。

开发宝宝潜能

这么大的宝宝，到户外不再单纯是为了晒太阳。宝宝已经具备了相当的视觉能力。告诉宝宝，这是红花，这是绿叶，让小手触摸一下，使宝宝感知一下，让看到的、摸到的、闻到的，经过大脑进行整合，立体感受自然界中的事物。不要把宝宝就放在宝宝车里或抱在怀里和别人聊天。宝宝嘴里发出声时，要积极和宝宝交流，这会刺激宝宝发音的积极性，使宝宝发更多的声音。慢慢地，宝宝会把听到的声音记忆下来，并和看

到的联系起来，当再看到时，会想起它的发音，这就是语言学习的开始。

穿衣戴帽的注意事项

服装不能限制手、四肢、头

无论多冷的季节，不要用手套或过长的袖口禁锢宝宝的双手活动，也不要用被子把宝宝紧紧包裹起来，以至于宝宝不能活动。

如果把宝宝放在睡袋里，一定要选择宽大的睡袋。睡袋大多带有帽子，睡觉时不要把帽子戴在宝宝头上，更不能把帽子前面的抽带拉紧，这会影响宝宝的头部运动。

带宝宝外出时，也尽量不把与衣服相连的帽子戴在头上，最好单独戴帽子，这样宝宝能自由转动头部，不会影响宝宝视野。

衣服太多不清洁

不要给宝宝准备过多的衣服，衣服过多，轮换周期长。长久不穿的衣服，有可能滋生霉菌。让宝宝穿在阳光下晾晒过，放置一两天的衣服比较好。

给宝宝蒙纱巾不可取

冬季带宝宝到户外，不要给宝宝戴口罩或用纱巾蒙在宝宝的脸上。如果有风沙，就回到室内，蒙着纱巾会影响宝宝的视力。纱巾会被宝宝的口水弄湿，刮在纱巾上的灰尘，会被宝宝吃到嘴里。灰尘中会带有各种病原菌，尤其是结核菌，最容易夹杂在灰尘中。更严重的是，夹杂在灰尘中的结核菌会沾在宝宝的眼睫毛上，当宝宝搓眼睛时，进入眼内，造成结核性角膜炎。

睡眠管理

正常宝宝的一天

睡眠很好的宝宝，父母比较轻松。早晨起来，洗脸，吃奶，洗澡，听听音乐，和妈妈交流，练练发音，再到户外活动。

到了午饭前开始睡觉，等到妈妈把饭吃完了，会醒来吃奶，再和爸爸妈妈玩一会儿，开始睡午觉。一觉可能睡上三四个小时，醒来后吃奶。天气好的话，会非常高兴到户外晒太阳，看看花草树木、人来人往和穿梭的车辆，小猫、小狗、小鸟、小鸡更是宝宝喜欢追着看的小动物。

太阳快落山了，回到室内摇摇手里的玩具，听听音乐，看看新挂上的鲜艳的画，床旁新挂上的玩具。如果哭一会儿，那是要练嗓音，增加一下肺活量；或者是饿了、渴了，给宝宝吃喝就会安静下来。让宝宝看一会儿婴儿绘本，不看了或开始闹人了，就马上把宝宝抱离，即使宝宝喜欢看，也不要超过5分钟。

给宝宝洗个温水澡，或洗洗脸，洗洗小脚，洗洗小屁股，喂足了奶，也到了19~20点，开始睡觉了。一睡可能就到了后半夜，即使半夜起来一两次，也是正常的，换换尿布，喂点儿奶，宝宝会马上入睡的。

睡眠时间存在个体差异

宝宝睡眠时间存在着个体差异，爸爸妈妈无须严格按照书本上建议的睡眠时间要求宝宝。只要宝宝醒来心情好，精神饱满，吃喝拉撒和生长发育正常，就说明宝宝睡的足够。觉少的宝宝相较于觉多的宝宝，每天可少睡一两个小时。

睡眠障碍

有胎儿窘迫综合征、新生儿窒息、新生儿胎粪吸入综合征、新生儿缺血缺氧性脑病、脑发育障碍、因疾病住院接受医疗、与母亲长时间分离、先天疾病等病史的宝宝，可能会有睡眠障碍、哭闹不安、喂养困难等情形。遇到这种情况，需要向医生寻求帮助。

 **尿便护理**

冬、夏季小便的不同

夏季小便次数可能会少一些，冬季可能会多一些。冬季尿到容器里的尿会发白，底部会有白色沉淀物，这是尿酸盐，遇冷结晶，不是疾病。天气转冷，宝宝尿在纸尿裤上的尿液看起来有些发红发黄，同样是尿酸盐遇冷结晶所致。如果很担心，可留取尿液到医院化验一下，把化验单拿给医生看，是否有什么问题。

容易出现大便问题

母乳喂养的宝宝大便可能会一天五六次，也可能一天一两次，甚至两天一次，有时会发绿，发稀，还会有些疙疙瘩瘩的奶瓣，这不要紧，不要为此给宝宝吃药。母乳喂养不像人工喂养那样均衡，乳量某天可能会少一些，某天可能会多一些。妈妈今天可能吃得硬一些，明天可能吃得软一些，可能会吃些生冷食品，这些都会影响宝宝的大便。

配方奶喂养的宝宝，可能会发生便秘，用自来水或纯净水冲调配方奶，不要用矿泉水冲调奶粉。如果宝宝大便干硬或排便困难，建议向医生咨询，是否需要更换配方奶，如把普通配方奶替换成水解蛋白配方奶。因为，有的宝宝大便干硬或排便困难与普通配方奶成分有关。

这个月的宝宝，可能会出现大便不成形、大便偏稀或偏干的情况，不意味着宝宝罹患肠炎或其他胃肠疾病。爸爸妈妈不要自行判断且给宝宝服用药物，包括益生菌。倘若偶尔发现大便里有痰液样物，妈妈不要惊慌，很可能是肠道黏膜代谢脱落，或咽下的痰液，不要误认为是肠炎而服用药物。如果不放心，可留取认为"有问题"大便，带到医院化验，由医生判断是否有问题，是否需要带宝宝去医院。

宝宝出现便秘（变干硬、排便困难、次数少）症状，如果是偶然出现，先回忆一下，有什么可能的原因，比如：近来妈妈有便秘，饮食有改变，喝水过少，给宝宝添加了配方奶等，加以改善。可采取一些家庭护理措施，如妈妈增加饮水量，增加富含纤维素食物摄入量。如果宝宝出现持续的便秘（2周以上），请带宝宝看医生，切莫擅自给宝宝服用缓解便秘的药物，包括益生菌和益生元。

洗澡不是小事

注意洗澡的安全

这个月的宝宝，不再像原来那样，老老实实地等着给他洗澡。宝宝开始用小手拍打水面，用小脚蹬浴盆的边缘，甚至从小浴床上滚下来。所以，妈妈一个人很难完成洗澡任务了。洗澡时，要注意防护宝宝从手中溜出，掉到水里或磕到盆沿上。尤其是给宝宝身上打了宝宝皂或浴液，就更光滑了。如果已经把宝宝放到浴盆里，不要因为水凉，在宝宝旁边加热水，这是危险的。尽管有把握不烫着宝宝，但还是不要这样做，谨防可能发生的意外。

洗澡中的语言启蒙和行为约束

宝宝的语言就是在爸爸妈妈不断的说话中学会的，这要比正正规规教宝宝省事有效得多。妈妈要随时在琐碎的日常生活中教宝宝学习。这样不但让宝宝学会了语言，学会了如何听懂妈妈的话，也知道应该怎么做。

如果宝宝一点儿也不配合你完成洗澡任务，千万不要强制、呵斥宝宝，也不能放弃不做。你需要做的是，找到宝宝喜欢的方式，完成洗澡任务。比如，宝宝很喜欢听你唱歌或朗诵诗歌，你就在给他洗澡的同时唱歌给他听，往往会顺利地完成洗澡任务。

从婴儿期开始，就让宝宝感受到你的坚持，感受到有些事情是必须完成的，感受到行为的约束力。父母可能会说，这么小的宝宝知道什么？实际上，宝宝知道的比我们想象的多得多。父母要给宝宝充分的自由，但自由不是绝对的，约束和禁止总是要有的，父母要学会辩证地看待宝宝的教育问题。

本月护理常见问题

溢乳、腹泻、贫血

◎ 溢乳有所减轻

有溢乳的宝宝，到了这个月，程度可能有所减轻，甚至不再溢乳了。如果宝宝仍然溢乳严重，向医生咨询，寻找缓解溢乳的方法。尽管宝宝溢乳明显，但生长发育一切正常，体重增长很好，妈妈不要着急，随着月龄的增长，终会减轻，直至消失的。

妈妈可采取少食多餐的方法喂养。喂奶后一个小时内，尽量让宝宝处于睡眠和安静的状态中，除了非做不可的事情，不给宝宝做任何锻炼。喂奶后，竖立着抱宝宝，轻轻拍嗝。如果宝宝溢乳突然加重，或体重增长缓慢，要及时带宝宝看医生。

◎ 生理性腹泻鉴别要点与对策

腹泻是婴幼儿最常见的消化道疾病，在整个育儿过程中，宝宝没有发生过腹泻的不多见。生理性腹泻不是疾病，和生理性溢乳、生理性贫血、生理性黄疸、功能性腹痛、生长痛等是一样的概念。

宝宝生理性腹泻次数每天不超过8次，每次大便量不多。虽然不成形，较稀，但含水分并不多，大便与水分不分离。没有特殊臭味、色黄，可有部分绿便，可含有奶瓣，尿量不少。宝宝精神好，吃奶正常，不发热，无腹胀，无腹痛（腹痛的宝宝哭闹，肢体蜷缩，臀部向后拱）。体重正常增长，大便常规正常，或偶见白细胞、少量脂肪颗粒。

如果是生理性腹泻，妈妈千万不要给宝宝乱吃药，尤其是抗生素类药物更不能盲目服用。如果服用了抗生素，就会杀灭肠道内非致病菌，使肠道菌群失调，还可能出现伪膜性肠炎，把本来正常的肠道环境破坏了。肠道内环境被破坏后，就会出现肠功能失调症状，还会使本来不致病的细菌成为致病菌，使能够被正常菌群抑制的致病菌繁殖，达到致病的数量。妈妈要避免由于不当治疗引发的疾病。

生理性腹泻的有效对策

· 如果纯配方奶喂养，换用防腹泻配方奶，观察大便情况。

· 如果纯母乳喂养，妈妈要注意饮食，不要吃生冷、油腻和辛辣的食物。

· 如果是自添加辅食后出现腹泻，立即停止添加。

· 如果是感冒中，或感冒后出现腹泻，待病愈后腹泻会好转。

◎ 贫血

母乳中铁的含量少，配方奶中铁剂不易吸收。母孕期36周以后，胎儿肝脏开始储存铁剂，以备出生后纯乳期使用。所储存的铁，能够满足出生后4~6个月宝宝消耗。

造成宝宝缺铁性贫血的四种原因

（1）母孕期缺铁，没有充足的铁源供胎儿储存。

（2）胎儿在36周前被娩出，胎儿还没来得及储存充足的铁剂。

（3）在分娩过程中，脐带结扎稍有延迟，新生儿位置又恰好高于母亲，会出现胎—母输血（胎儿血经脐带流向母亲）。

（4）胎儿期或新生儿期发生溶血，红细胞破坏过多，造血原料过多消耗。

早产儿生理性贫血出现早而且程度重。宝宝贫血，需要做鉴别诊断，如遗传性红细胞增多症、溶血性贫血、地中海贫血、出血性贫血等。

缺铁性贫血治疗

母乳喂养的妈妈，需要多吃高铁食物，如：动物肝和动物血、黑芝麻、红枣、瘦肉、黑木耳等。母亲也患有缺铁性贫血，需要在医生指导下治疗。铁剂容易刺激胃黏膜，一定要饭后服用。遵医嘱给宝宝服用铁剂。

啃手指、咬乳头、夜啼

◎ 啃手指

这个月的宝宝不但会吸吮小拳头，还会吸吮拇指，啃小手，啃玩具。这是宝宝发育过程中出现的正常表现，不要把这些行为认为是不良习惯而加以限制。不要认为是宝宝没有吃饱，或由于宝宝缺乏爸爸妈妈的关照而感到孤独。

在咨询中，经常会遇到这个问题，说宝宝开始吸吮手指了，妈妈很不安心，怕养成"吮指癖"。这也难怪，有些书上介绍"吮指癖"，却没有说明这么大的宝宝吸吮手指是生长发育中的正常现象。只有到了三四岁后还吸吮手指，才可能是"吮指癖"。

◎ 咬乳头

有的宝宝4个月就开始有牙齿萌出。在牙齿萌出前，宝宝会咬乳头。妈妈的乳头本来让宝宝吸吮得很嫩了，宝宝一咬会很痛。当宝宝咬乳头时，妈妈本能地向后躲闪，结果宝宝还咬吸着乳头，会把妈妈的乳头拽得很长，使妈妈更痛。宝宝还没有吃饱，往外一拽乳头，宝宝会更加死死地咬住乳头，使妈妈出现乳头皲裂。

如何避免这种情况发生呢？简单的方法是：当宝宝咬乳头时，妈妈马上用手按住宝宝的下颌，致使宝宝松开乳头。如果宝宝频繁咬乳头，妈妈感到很痛，为了防止乳头被咬破，发生乳头皲裂，可在喂奶时使用乳头保护罩。第一次使用宝宝可能会不接受，妈妈不要着急，慢慢来，尝试几次后，宝宝就接受了。

如果宝宝就是不接受，甚至因此拒绝吃奶，就不要再试了。可在喂奶前 10 分钟左右，尝试着给宝宝使用牙咬胶，满足宝宝想磨牙槽骨的需求。如果用了牙咬胶，宝宝咬乳头情况更严重了，就停止使用。如果宝宝没有咬乳头情况，不建议给宝宝使用牙咬胶，以免宝宝产生依赖。因为长期使用牙咬胶，不但不利于宝宝乳牙的萌出，还有导致乳牙变形、流涎可能。

◎ 夜啼

如果宝宝从生下来就一直是夜间睡眠不好，时常喜欢夜间哭闹，找不到什么原因，不是饿了也不是渴了，不是拉了也不是尿了，不是热了也不是冷了，不是一哄就好，而是自己不哭够了就不会罢休。妈妈可能会很着急，带宝宝到医院看病，也许会连续几个晚上。结果医生总是说没有什么事，宝宝根本没有病，慢慢地妈妈就不害怕了。

妈妈可以把宝宝的头放在妈妈的肩上，身体伏在妈妈的胸前，轻轻拍或抚摸宝宝的背部，轻轻哼着小曲，打开地灯或带罩的壁灯。对于没有任何疾病而哭闹的宝宝来说，这种方法是容易奏效的。如果宝宝得病了，除了哭闹还会有其他异常，父母要及时带宝宝看医生。

第五节 本月宝宝能力发展、早教建议

看的能力：辨别不同颜色

这个月宝宝的颜色视觉功能已经发育得比较好了，拥有了辨别不同颜色的能力。宝宝不断辨别颜色，准确性就会迅速发展。宝宝对颜色的反应和成人差不多，但对某些颜色却情有独钟，宝宝更喜欢红色，其次是黄色、绿色、橙色和蓝色。

◎ 电视广告的小粉丝

这个月的宝宝，视力已经相当不错了，不再是仅仅能看清近距离的物体，已经具备了较强的远近焦距调节能力，可以看到远处比较鲜艳或移动的物体。变化快的影像会使宝宝感兴趣，宝宝开始会注视电视中的画面，而且对广告特别感兴趣，喜欢看变化快、色彩鲜艳、图像清晰的广告画面是宝宝的共性。

婴儿各器官发育尚未完全成熟，需要父母的呵护。宝宝的视觉发育会受到外界不良刺激的影响，过早让宝宝看视屏，尤其是超时盯着视屏，对宝宝的视觉发育影响颇大。WHO（世界卫生组织）明确指出，2岁以下幼儿不能看视屏，2岁以上儿童也需要严格控制每次连续看视屏的时间，以及每天看视屏的次数。通常情况下，这个月龄段的宝宝，在持续注视物体2~3分钟后，会自动把视线转移到其他物体上。但对于视屏，往往已经造成了视力疲劳。不要让宝宝直视太阳、电灯、手机、手电等光源，以免伤及宝宝眼睛。

◎ 亲近大自然

带宝宝到户外活动，是锻炼宝宝视力的好方法。户外空间广阔，可看物体种类多，花草树木颜色多，有利于宝宝认识自然。不要让阳光直接照射宝宝的眼睛，过强的阳光会伤害宝宝。最好不要使用闪光灯在室内给宝宝拍照。

◎ 眼—手—脑配合的意义

宝宝看到喜欢的玩具会很高兴用手去抓，这是看与肢体运动的有机结合，如果看到了却不能用大脑分析并指导行动，看就没有意义了。妈妈要利用这个特点，训练宝宝认识事物的能力，不断告诉宝宝这是什么，是什么颜色的。

◎ 辨别差异和记忆的能力

3个月以后的宝宝，随着头部运动自控能力的加强，视觉注意力得到更大的发展，能够有目的地看某些物像。宝宝最喜欢看妈妈，也喜欢看玩具和食物。对新鲜物像能够保持更长时间的注视，注视后进行辨别差异的能力不断增强。

宝宝对看到的东西记忆比较清晰了，开始认识爸爸妈妈和周围亲人的脸，能够识别爸爸妈妈的表情好坏，能够认识玩具。如果爸爸从宝宝的视线中消失，宝宝会用眼睛去找，这就说明宝宝已经有了短时的对看到物像的记忆能力。爸爸妈妈要利用这个阶段宝宝看的能力发展过程，对宝宝的视觉潜能进行开发。

视觉能力训练

视觉刺激对于宝宝大脑发育是极其重要的，训练宝宝的视觉能力是这个月的重点。为了让宝宝集中注意力，需要在光线比较暗的环境中训练。把上面画有图案的卡片贴在墙上，宝宝距离卡片2米，一人抱着宝宝，一人用手电筒照亮墙上的卡片。当宝宝凝视卡片时，告诉宝宝卡片上的图案是什么。

每次让宝宝看几张卡片，要根据宝宝表现而定，如果宝宝注意力不再集中，没有兴奋的表情，就立即停止，休息一会儿再进行。即使宝宝一直表现出极大的兴趣，每次最多也不要超过10张卡片，要在宝宝不耐烦前停止训练。

父母可以购买现成的视图卡，最好自己动手给宝宝做卡片，宝宝更喜欢看父母为他亲手画的卡片。

听的能力：区分音色

这个月的宝宝已经能够静静地听音乐了，并且能够区分音色，更喜欢优美抒情的音乐。听、看、说是不可分割的感知能力的总和，是相互影响、相互促进、相互提高的，对视、听、说的训练是综合的、共同的。

听觉能力训练

在任何时候、任何情景下，宝宝能够听到的声音，无论是语言、音乐，还是物体发出的响声，都会没有遗漏地传入宝宝的耳朵里。宝宝对大部分声音和语言没有回应，并非是没有听到，而是不能辨别所听到的是什么，也就无法给予回应。所以，父母的任务就是让宝宝明白，他听到的声音是什么，他听到的语音是什么意思。只让宝宝去听是不够的，必须同时去看、去触摸、去感受、去体验。这样一来，听对宝宝才有真正的意义。

如果你对宝宝说："妈妈爱你！"宝宝不会理解这句话的含义。但是，倘若你每次说这句话的时候，都深情地望着他，紧紧地拥抱他、亲近他，宝宝通过妈妈的行动体会到妈妈对他的爱，并把这种体验和这句话联系在一起，慢慢地理解了爱的含义，这就是语言学习的过程。

听、说、触、闻等能力的训练，是相互联系、相互促进、相互帮助的互补过程，而不是相互孤立、相互排斥的机械任务。对宝宝进行潜能开发和能力训练，重要的不是学会某一种方法，父母要理解其精髓，学以致用，举一反三，融会贯通到日常生活的方方面面。

说的能力：听—分辨—发音

宝宝语言的发展是有一定规律的。最初是语言的感知阶段，宝宝先是靠听、看来感知声音，并逐渐对语音进行分辨，最后发展到自己发出语音。

◎ 能够区分男声和女声

出生两周的宝宝，能够区分人的语声和其他声音。两个月的宝宝，对父母说话时的情绪，能有所反应，当你用怒斥的语气和宝宝说话时，宝宝会哭。到了这个月，宝宝已经能够分辨出是妈妈在说话，还是爸爸在说话，能够区分男声和女声了。

◎ 宝宝情绪越好，发音越多

出生3个月以前，是宝宝的简单发音阶段；3个月以后，宝宝慢慢会发出啊、喔、哦的元音了。宝宝情绪越好，发音越多。爸爸妈妈要在宝宝情绪高涨时，和宝宝交谈，为宝宝传达更多的语音，让宝宝有更多的机会练习发音。让宝宝多到户外，听小鸟叫，听流水声，听风刮树叶声，并不断告诉宝宝这是哪里发出的声音。给宝宝做元音发音口型，让宝宝模仿爸爸妈妈说话。

语言能力训练

语言训练，重要的还是倾听和对话。倾听是语言训练中的重要环节，如果只是单方面地和宝宝说，不给宝宝"说"的机会，不认真倾听宝宝说话并积极应答，就相当于剥夺了宝宝说的权利，削弱了宝宝说话的欲望。

把宝宝发出的所有声音都当作语言来理解，发挥你最大的想象力，认真理解宝宝的语言。当宝宝发出语音，你试图理解并给予回应时，宝宝会体验到被理解的喜悦，说的愿望更加强烈，对话的愿望更加积极。

和宝宝说，也要根据情景，有针对性、有意义、有目的地对话。如果你是不着边际地说，想说什么就说什么，对于宝宝来说，你所说的只是背景音而已。在和宝宝说话的时候，要观察宝宝的视线和表情。宝宝视线停留在某一处，并表现出兴趣，你要立即给予回应。比如宝宝盯着洗衣机看，你首先告诉宝宝这是洗衣机，再告诉宝宝洗衣机是用来洗衣服的，并开动电源，让宝宝看到洗衣机滚筒的转动。哪天洗衣服时，

让宝宝看到用洗衣机洗衣服的全过程。这样不但训练了宝宝的语言能力，还锻炼了宝宝观察事物的能力。

开发潜能不仅仅是让宝宝坐在教室中，由老师按部就班上课。在日常生活中，父母要学会利用随处可见的机会启迪宝宝智慧，以收事半功倍之效。

嗅的能力：灵敏的嗅觉

这个月的宝宝已经能够准确区分不同的气味，会有目的地回避难闻的气味，嗅觉变得更加灵敏。

嗅觉能力训练

把不同气味的物品放在不同的容器中，先把容器拿到宝宝眼前，让宝宝进行辨别，并告诉他，这里装的是什么，然后再让宝宝闻一闻。闻后，让宝宝看这个容器，并告诉他，闻到的是什么。观察宝宝闻到不同气味时的表情。待宝宝熟悉这些气味后，把装有某种气味物品的容器拿到宝宝眼前，还没等到让他闻，宝宝就会出现闻到这种气味时的特定表情。如闻到醋酸味，皱起眉头。

待宝宝熟悉了这个过程，再把不同气味的物品放在相同的容器中，进行上面的训练。你会发现，当你把装有醋的容器拿到宝宝眼前，在没有闻到气味的时候，宝宝没有出现闻到这种气味时的特定表情。因为，他不能通过容器的差异提前知道这个容器中装的是什么。这就是宝宝的记忆和分析能力。可见，闻的能力训练，训练的不仅仅是宝宝的嗅觉，还有记忆和分析能力。

味觉能力：不能过强刺激

味觉在宝宝期是最发达的，以后就逐渐削弱，这与味觉在人类种系演化进程中的趋势是一致的。是否让宝宝越早尝到不同食物的味道，越有利于宝宝味觉的发育呢？是否越早让宝宝吃到味道鲜美的食物，发生挑食、厌食的可能性越小呢？事实恰好相反，越早让宝宝尝到成人饭菜，添加宝宝辅食就越困难，也越多地发生厌食和挑食。其原因可能是宝宝尚未发育完全的味蕾细胞因成人饭菜的过度刺激而受到伤害。不应该让宝宝过早尝到味道浓厚的食物，更不能让宝宝喝糖水。

触觉能力：主动触觉很重要

触觉是宝宝认识世界的主要途径。宝宝出生后就有触觉反应，这就是宝宝抚触的基础。当宝宝啼哭时，抚摸宝宝的腹部、面部，可以使宝宝停止哭闹。3个月以后，宝宝视触觉协调能力开始发展，4个月的宝宝可以有意识地够物体，并学着感受物体的性质、形状，开始了通过触觉认识外界的过程。

给宝宝做抚触和按摩，仅仅是触觉训练的一个方面。宝宝主动的触觉训练是非常重要的。宝宝早在胎儿期就开始吸吮自己的小手，用四肢触摸子宫壁。出生后，吸吮手指成了宝宝最爱。会拿东西后，什么都放在嘴里尝一尝、啃一啃。吃奶的时候，小手摸着妈妈的乳房；喝水的时候，小手抱着瓶子。这些都是宝宝主动的触觉训练。不要干涉宝宝吸吮手指，不要妨碍宝宝拿到什么吃什么，当然危险除外。

知觉能力：防止意外发生

三四个月的宝宝已经出现了对形状的知觉，4个月时，对物体已经有了整体的知觉。当你把宝宝放到床边沿时，虽然这时宝宝还不会爬，但已经能够感知深度了，宝宝似乎屏住呼吸，露出惊恐的神情。丰富的环境刺激对宝宝的认知活动有着极其重要的作用。尽管宝宝早在三四个月时，就已经有了初步的深度知觉，但在整个婴幼儿时期，都缺乏安全意识和自我保护能力。父母要时刻关注宝宝的行动，防止意外事故的发生。

知觉能力训练

可通过"腹爬槽"，训练宝宝的深度知觉。准备一块宽20厘米的"腹爬槽"，训练宝宝对深度的感知能力，是不错的选择。

运动能力：手的精细运动

这个月的宝宝已经能够用上肢支撑头和上身，和床面约成90°角。从这个月开始，多数宝宝学会翻身，先是从仰卧位翻到侧卧位，逐渐发展到从仰卧位翻到俯卧位。

◎ 手发展的意义

手的动作是精细运动的发展，在宝宝智能发育中是很重要的。这个月的宝宝还不会主动用手抓东西，妈妈可以把玩具放到宝宝手中，握住宝宝小手，放到宝宝眼前晃动，再把玩具拿开，放在宝宝能够得着的地方，让宝宝自己去拿。也可以握住宝宝手腕部，帮助宝宝够到玩具，这样可以训练宝宝手眼协调能力。3个月以前的宝宝，手还不能张开，触摸是被动的。到了3个月以后，宝宝的手就开始主动地有意识张开、触摸，开始了主动的活动。开始是大把的、不准确的抓握，以后逐渐发展到用手准确地做精细动作。

◎ 宝宝通过触摸和嘴来认识物品

这一过程是渐进性的。有的父母怕宝宝拿东西放到嘴里吃，不卫生，或有危险，就不敢拿东西让宝宝抓，或仅让宝宝抓一种玩具，这是不对的。宝宝抓东西也是促进眼手协调能力。宝宝通过对东西的触摸认识物品，通过嘴来感受物品，这些对宝宝认识外界，感知外界，都是必不可少的。

应该让宝宝接触到更多的东西，满足宝宝用嘴认识世界的愿望。有安全隐患的物品和玩具要远离宝宝。

运动能力训练

做以下运动时一定要注意安全，下面放上软垫。最好不要在床上给宝宝做运动，在地板上做要安全些。

◎ 上下托起

这个运动需要一定的臂力，所以爸爸来做最好。爸爸坐在地板或床上，和宝宝面对面，两手托住宝宝腋下。轻轻后仰直到躺下，并同时举起双臂，举起宝宝。在整个运动中，爸爸要使宝宝始终与自己面部和胸部平行，爸爸的眼睛始终注视着宝宝的面部。边做边说，躺下了，起来了。这个运动其实就是抱着宝宝做仰卧起坐，宝宝一般很喜欢。

◎ 上下左右移动

妈妈托住宝宝腋下，向不同方向移动宝宝，边做运动边告诉宝宝方位，帮助宝宝了解方位的概念。

◎ 坐在转椅上移动

妈妈坐在转椅上，托住宝宝腋下，让宝宝面对面坐在妈妈腿上，妈妈用身体摇动转椅，"顺时针转喽""逆时针转喽"。妈妈不必担心宝宝听不懂，在玩耍中学习，宝宝学得最快。

◎ 平托移动

这项运动需要腕力和胆量，由爸爸来做最适合。宝宝仰卧在床上，爸爸伸出左手，五指完全张开，轻轻放在宝宝胸腹部，用右手帮助宝宝俯卧过来。这时，爸爸的左手正好托住宝宝胸腹部。抬起左手，右手扶住宝宝双脚以保护宝宝。爸爸向前、向后、向下、向上、向左、向右移动手臂，宝宝张开双臂，像小飞机一样飞翔。爸爸一边做动作，一边根据移动方向大声告诉宝宝。这样不但锻炼了宝宝的平衡能力，还能帮助宝宝将方位感和方位词联系起来。

第五章

4~5个月的宝宝

> ## 本章提要
>
> » 这个月的宝宝容易被逗笑，高兴的时候手舞足蹈；
> » 很容易从仰卧位翻到俯卧位；
> » 能够抓起身边的物体，并放到嘴里；
> » 喜欢鲜艳的色彩；
> » 能不断发出很多语音；
> » 喜欢听节奏感强的音乐和抑扬顿挫的朗读声。

第一节　本月宝宝特点

能力

宝宝的头已经竖立得很好了，活动能力进一步增强，会用手撑起前胸几分钟，头抬得高高的。发育很好的宝宝，还可能会转头，看看两边的东西。

托住宝宝腋下，把宝宝脚放在妈妈的腿上，宝宝的小脚丫会蹬着妈妈的腿来回地跳跃，还能站一会儿。此时爸爸妈妈不要急于锻炼宝宝坐、站、跳等运动潜能，不然会对宝宝骨骼发育和关节稳定造成负面影响。拔苗助长，会适得其反。

情感

这个月的宝宝，已经能和父母对视，眼神能流露出感情交流的喜悦。看到爸爸妈妈，宝宝会高兴得手舞足蹈，给宝宝一个微笑，宝宝会回应一个灿烂的笑脸。宝宝会哦哦哦地说话，表达他的喜悦心情。

宝宝间的个体差异也更加明显。不爱哭的宝宝可能仍然很乖，会玩的宝宝闹人的时候少了。爱哭的可能更爱哭，因为他懂得多了，喜怒哀乐会有所表示，感觉也更灵敏了，不高兴时就会大声哭，高兴时也会大声笑。如果爸爸妈妈总是忽视宝宝的哭，不愿多陪宝宝玩，也不多抱宝宝，怕把宝宝惯坏，这会使宝宝变得焦躁不安。

第二节 本月宝宝生长发育

身高

这个月宝宝身高平均可增长2.0厘米，男婴身高中位值64.6厘米，女婴身高中位值63.1厘米。如果男婴身高低于60.1厘米或高于69.3厘米，女婴身高低于58.8厘米或高于67.7厘米，为身高过低或过高。

宝宝身高受种族、遗传、性别等诸多因素影响，个体间的差异随着年龄的增长逐渐变得明显。身高增长是个连续的动态过程，要定期测量宝宝身高，了解增长速度。宝宝和同月龄儿正常身高增长曲线对比，稍微高些或稍微低些无所谓，只要在正常范围内就好。当宝宝的身高低于第3个百分位或高于第97个百分位时，需要向医生咨询，排除疾病或喂养不当的可能。

体重

百天前，宝宝体重增长迅速，一个月甚至长1千克左右。从这个月开始，宝宝体重增加有所减缓，一个月增加0.7千克左右。男婴体重中位值7.45千克，女婴体重中位值6.83千克。如果男婴体重低于5.91千克或高于9.32千克，女婴体重低于5.48千克或高于8.59千克，为体重过低或过高。

定期给宝宝测量体重，按照儿童体重增长曲线图，分析宝宝体重增长情况，这是监测宝宝生长发育是否正常的重要途径，简便易行。每个宝宝都有自己的体重增长曲线，但不管数字上有多大差异，只要这些差异在生长发育曲线图的正常范围内，且曲线没有明显的偏离就是正常的。如果宝宝体重增长曲线偏离原有曲线，要及时就医。

头围

从这个月开始，宝宝头围的增长速度开始放缓，平均可增长1.0厘米。男婴头围中位值41.70厘米，女婴头围中位值40.70厘米。头围的增长也存在个体差异，宝宝头围增长曲线，呈规律性逐渐上升的趋势。

爸爸妈妈可以把测量的数值点在相应月龄头围增长曲线图中，与正常值和正常变动范围比较，并与上个月测量的数值进行动态比较，比上个月测量的数值变化不是很大，仅仅是1.0厘米左右。如果测量值与上个月相比，增长不理想，父母不要着急，观察宝宝有无异常。如果没有任何异常，可观察到下个月，再进行测量。如果测量值低于第3百分位或高于第97百分位，要看医生。

囟门

这个月宝宝的囟门可能会有所减小了，也可能没有什么变化。如果宝宝头发比较茂密，就不容易发现前囟门的变化。如果宝宝头发比较稀疏，或把头发剃得光光的，前囟门就会看得很清楚。妈妈喂奶时，甚至会看到宝宝囟门一跳一跳的，不用担心，这是正常的。如果宝宝发热，囟门会膨隆，或跳动比较明显，这也很正常。但如果宝宝高热，囟门异常隆起，宝宝精神也不好，或出现呕吐等症状，要及时看医生。有的宝宝天生囟门就比较大，但到该闭合的年龄自然会闭合的，妈妈不必紧张。

第三节 本月宝宝喂养

营养需求

这个月的宝宝对营养的需求仍然没有大的变化，每日需要热量为每千克体重110千卡。乳类食物仍能满足宝宝的营养需求。

母乳喂养，妈妈不要担心自己的乳量不足，更不要担心乳汁营养不足。只要宝宝体重和身高等生长发育指标是正常的，就说明乳汁能够满足宝宝生长发育需要。妈妈要注意含铁食物的摄入，如宝宝血色素或血清铁偏低，妈妈可服用铁剂，每天100毫克，连服2周。没有医生指导，不要擅自给宝宝补充铁剂和其他营养剂。

配方奶喂养的宝宝，妈妈不要一味地增加乳量，以宝宝吃饱为准，宝宝不吃不要强喂。如果宝宝有"厌奶"情况，请耐心等待宝宝恢复以往的食量。但这个月的宝宝，还不能添加乳类以外的食物，WHO及我国婴幼儿喂养指南均指出，宝宝满6个月开始添加辅食。

混合喂养的宝宝，可能出现只吃母乳不喝配方奶的情况，如果宝宝拒绝喝配方奶，妈妈千万不要强喂，更不要趁宝宝睡得迷迷糊糊时喂哺。这样做的结果是延长厌奶期。妈妈也不要用断母乳的方法达到让宝宝喝配方奶的目的。最好的办法是尽可能地放松心情，增加睡眠，争取有更多的乳汁供给宝宝。

母乳 喂养

关于母乳不足的疑虑

随着月龄的增加，宝宝吸吮力增强，吃奶时间缩短，容易受到外界干扰，不再专心地吃奶，吃几口就停下来；妈妈乳胀的感觉会逐渐减轻。这几种情况，都会让妈妈怀疑自己的乳汁不足，从而萌生添加配方奶的想法。但妈妈要有信心，一旦添加了配方奶，必定会减少母乳，乳汁的分泌也会随之减少。

有的妈妈认为，随着宝宝月龄增加，母乳营养价值逐渐下降，已经赶不上配方奶的营养价值，这样的认识是错误的。还有的妈妈认为，到了添加辅食的月龄，必须添加配方奶，这同样是错误的认识。配方奶和母乳都是乳类食物，且母乳优于配方奶，不要把配方奶当作辅食来添加。有的妈妈认为，添加米粉和蛋黄等辅食，必须用母乳或配方奶调和，这样的认识也是片面的。如果是母乳喂养，没有必要把乳汁挤出来调和米粉和蛋黄。除非宝宝不吃用温水调和的，那就试着用母乳调和吧。

咬妈妈的乳头

上个月开始咬妈妈乳头的宝宝，到了这个月可能已经不再咬了，恭喜妈妈，终于熬过来了。有的宝宝从这个月开始咬乳头，当宝宝咬住乳头时，妈妈尽可能忍住不大叫，以免宝宝因受到惊吓而紧张起来，咬得就更紧了。当宝宝咬着乳头时，妈妈可用拇指向下压宝宝下额，宝宝松口后拔出乳头，千万不要在宝宝咬着乳头时往外拔，以免乳头被咬破。

不建议给宝宝常规使用牙咬胶。如果想试一试牙咬胶是否能够减轻宝宝咬乳头的次数和程度，在购买时要注意：选择有信誉的商家；产品包装上有完整的产品标识，包括生产批准字号、卫生许可证、所含材料名称、生产厂家详细信息等。

奶量变化不大

这个月宝宝奶量不会有大的变化。有一种错误认识，说随着宝宝月龄的增加，奶量会越来越大。爸爸妈妈要抛弃这种错误的认识，尊重宝宝的选择。喝多少奶宝宝说了算，父母的任务是为宝宝提供所需的奶量。

宝宝食量差异

父母一方或双方食量比较小，孩子的食量也大多比较小。食量小的宝宝，每天可能只喝几百毫升奶；食量大的，每天可能喝1000毫升以上。胃口小的宝宝，一顿可能只喝几十毫升；胃口大的，一顿可能喝200毫升。妈妈看到书上说这么大的宝宝每顿要喝180毫升，每天要喝1200毫升，而自己的孩子远远达不到这个量，就会很焦急。看了医生，没找出什么原因，也没有增加奶量的办法。妈妈要放下包袱，宝宝的正常生长已经告诉妈妈，他目前喝的奶量就是他需要的量。如果宝宝体重增长速率过快，体重、体重指数已经超过了正常增长曲线最高限（或两个标准差），达到肥胖程度，首先要带宝宝看医生，排除疾病因素。如果是单纯性肥胖，也要在医生指导下，采取科学控制体重方法，不能简单地采取减少奶量或喂奶次数（饿着宝宝）的方法解决宝宝肥胖问题。

第四节 本月宝宝护理

户外活动

这个月的婴儿，可以竖直头部并能灵活转动了，喜欢看周围的花草树木。如果正值春暖花开时节，那就非常好了，带宝宝多做户外活动。

宝宝对看到的、听到的、摸到的、闻到的，已经有相互联系的能力，会用小手握东西，会对着人出声地笑，

会和人"藏猫猫"，会咿呀学语，会看人的表情，听人的语气，认识谁是爸爸妈妈，谁是熟人和陌生人，对经常看到的面孔，会报以笑脸……与外界交往能力明显增强。爸爸妈妈要不断和宝宝交谈，把看到的东西指给宝宝，教宝宝这是什么，那是什么。宝宝就是这样不断认识世界的。把宝宝带出去，就和周围成人聊天，把宝宝搁在一边，这样的户外活动失去了意义。

宝宝在户外经常打嗝，是因为吸入冷气吗？这个月龄段的宝宝，消化和神经系统发育尚未成熟，膈肌调节能力弱，宝宝在户外受到外界某些因素刺激，如冷空气、空气中的悬浮物、花粉/树粉，以及某些味道等，鼻腔分泌物增加，经后鼻道流入咽部，宝宝在吞咽过多分泌物时，因膈肌自身调节能力较弱，出现膈肌运动紊乱，宝宝就打起嗝来了。宝宝打嗝不是病，不需要医学处理。但打嗝会让宝宝感到不适，妈妈可以帮助宝宝尽快停止打嗝。

户外活动会让宝宝的面部皮肤晒得黑一些，显得瘦了，爸爸妈妈不要为此就多给宝宝加奶，更不要吃助消化的药。户外活动增多，造成宝宝呼吸道分泌物增多，而宝宝还不会清理，嗓子总是呼哧呼哧的，好像是有痰。爸爸妈妈不要认为宝宝患了气管炎，更不要擅自使用抗生素。

睡眠管理

这个月的宝宝，睡眠情况与上个月没有什么差别。睡眠好的宝宝，可能一夜不吃奶，不哭不闹。睡在妈妈身边的母乳喂养儿，在浅睡眠期会醒来要奶吃。宝

宝在浅睡眠期，会翻转身体，肢体舞动，还会伸懒腰，发出各种声音。如果妈妈怕宝宝醒来，每到这时都喂奶或抱起宝宝哄，就可能让孩子形成不良的睡眠习惯。

充足睡眠很重要

这个月龄的宝宝，大多数夜间睡眠10~12个小时，白天睡眠2~3个小时。保证充足的睡眠对宝宝生长发育至关重要，尤其对宝宝身高增长和心情愉悦关系密切。但妈妈不要因为宝宝睡眠时间达不到书上写的标准，就忧心忡忡。睡眠长短也存在个体差异。只要宝宝吃得好，精神好，生长发育很正常，就不要硬要求宝宝睡得多了。

良好的睡眠习惯需培养

随着月龄的增加，宝宝睡眠习惯越发与父母相像了。父母晚睡晚起，宝宝很容易也晚睡晚起。如果宝宝早睡早起，父母却晚睡晚起，麻烦就来了：宝宝早晨醒来不会自己玩，妈妈即使很困，也要陪宝宝玩，爸爸妈妈很容易因缺觉而一天精神不振。睡眠习惯是父母帮助养成的，但有的宝宝到了该睡觉的时候就是不睡，不该睡的时候却大睡，而且每天都这样，就说明宝宝自己建立了睡眠习惯，要调整睡眠习惯是个缓慢的过程。如果某一天宝宝该睡不睡、不该睡大睡，就要注意宝宝是否有别的问题了。

尿便护理

无须训练尿便

父母把精力用在训练宝宝大小便上，不是明智之举。如果宝宝排便很有规律，在不费劲的前提下，让宝宝少尿床或少换尿布，是很好的育儿选择。但这个月龄段的宝宝极少会形成规律的尿便习惯，不要尝试培养宝宝的尿便规律，更不要给宝宝进行如厕训练，把尿把便是需要杜绝的旧习俗，爸爸妈妈和看护人都要有这样的认知。

晚上不要勤换尿布

有的宝宝一晚上都不用换尿布，也不吃奶，这对父母和宝宝的休息都是很好的，妈妈没必要把宝宝弄醒换尿布、把尿或喂奶。如果宝宝因为不换尿布而发生臀部糜烂，出现尿布疹，可以在夜里换一次尿布。但如果因为换尿布而引起宝宝哭闹，不能很快入睡，就不要更换尿布，睡前在臀部涂些鞣酸软膏，能有效防止臀部糜烂。

大便改变源于妈妈饮食

母乳喂养的宝宝，大便会有些改变，可能会呈黑绿色或黄褐色，还可能会带些奶瓣，大便次数增多，有些发稀。这都不算病态，与妈妈饮食结构有关。

能控制大小便是假象

宝宝排便时会用力，眼神发呆，脸憋得发红。妈妈观察到这些表现，提前把宝宝抱起来，放在便盆上。请爸爸妈妈和看护人不要给宝宝把尿把便，如果大便很软，宝宝在排便时没有什么表情，妈妈又没有格外注意，就不会发现宝宝已经大便了。

通过辅食调理便秘

无论是配方奶喂养，还是母乳喂养，都有可能出现便秘；父母双方或一方长期便秘，宝宝发生便秘的概率增加，而且多难以缓解。如果是母乳喂养，妈妈可尝试改变饮食结构，增加高纤维素食物的摄入量，多饮水。如果是配方奶喂养或混合喂养，请带宝宝看消化科或变态反应（过敏）科，排除牛奶蛋白过敏的可能。也可尝试更换配方奶，如购买添加益生元和益生菌的配方奶，或者把普通配方奶替换成水解蛋白或氨基酸配方奶。

不能因几天未排便，就认为宝宝便秘。宝宝便秘依据有三点：大便性质干硬；排便困难，比如排便时烦躁哭闹、特别用力、憋得满脸通红等；一周排便少于两次。

有的宝宝三四天，甚至更长时间不排便。但宝宝精神好，体重增长正常，不影响喝奶吃辅食，肚子不胀，没有排便困难，排出的大便不干硬。这就是"攒肚"现象。不需要医学干预，随着宝宝辅食种类的增加，攒肚现象会逐渐消失。

宝宝一旦出现真正且顽固的便秘，要及时看医生，认真对待。

如何给宝宝选择玩具

爸爸妈妈要多拿出一些时间陪伴宝宝，抱抱宝宝，抚摩宝宝，多做亲子游戏，陪着宝宝玩玩具。尤其是爸爸的参与，会对宝宝身心健康发展起到积极的作用。不要把养育孩子视为妈妈的事情，在养育孩子的过程中，爸爸的角色是很重要的。

适宜本月宝宝玩的玩具

带把儿的小摇铃、床上挂玲、带挂铃的爬垫、色彩鲜艳的动物模型、识物挂图、宝宝学习桌、各种彩球、日常生活中的小物件。要给宝宝挑选品质好的玩具，宁少毋滥。掉色、掉零件、劣质的玩具不要拿给宝宝玩。

选择玩具时应注意的几点

这个月的宝宝，手眼配合能力还有限，手里拿着玩具会碰着脸，不宜选用铁质和硬木质的玩具，最好让宝宝拿软塑玩具。

宝宝什么都放在嘴里吃，是这个月宝宝的特点，能够啃坏的玩具不要拿给宝宝玩。如果玩具部分能够啃下来，宝宝可能就会咽下去，堵塞嗓子，这是非常危险的。

让宝宝踢着玩

这么大的宝宝会用手玩玩具了，也会用脚踢床边挂着的玩具。带声响的玩具会引起宝宝更大的兴趣，宝宝也很喜欢容易抓握的玩具。可以把玩具挂在宝宝床上，让宝宝用脚踢，当宝宝踢出响声时，会高兴地大笑，这是很好的运动项目。

慎选音乐玩具

爸爸妈妈购买音乐玩具要谨慎，音质和音调差的，会影响宝宝的乐感。爸爸妈妈要给宝宝听最好的唱片，最优美动听的乐曲。宝宝对音乐很敏感，不要破坏了宝宝先天的音乐鉴赏力。许多能发出音乐声响的玩具，音质很差，最好不要购买。

玩具的清洁

宝宝肠道抵御病原菌的能力弱，而这时的宝宝拿到什么都会放到嘴里，玩具的清洁消毒很重要。每天早晨用清水清洗玩具，留待宝宝玩。每周用消毒液清洁玩具一次。

本月护理常见问题

突然阵发性哭闹

这个月龄的宝宝，尤其是较胖的男婴，可能某一天会突然出现下列情况：

· 剧烈哭闹，无论如何也哄不好。

· 吃奶可能会吐，哭闹时似乎不敢使劲打挺。

· 脸色不是发红，反而可能会发白。

· 屁股可能向后撅着，腿蜷缩着。

· 哭了有10来分钟，哭闹戛然而止，变得比较安静。

· 喂奶能吃，也可能会被逗笑，与平时无大区别，可过不了一会儿突然又哭闹。

·这样的哭闹，一次比一次剧烈，反复发生。

爸爸妈妈应该意识到，宝宝可能患了肠套叠。肠套叠是宝宝期最严重的外科急症，如能早期发现，非手术方法就可治疗。但如果延误诊断，套叠的肠管会发生缺血坏死，需要手术切除坏死的肠管，使宝宝的健康受到很大危害。

肠套叠很容易被误判，关键是要想到这么大的宝宝可能会患这种病，这就会大大减少误诊的可能。如果父母没有想到这种可能，就可能不会半夜带宝宝看医生，可能会认为宝宝在耍脾气。尤其是平时爱哭闹的宝宝，爸爸妈妈更容易这么想当然。

肠套叠的宝宝，并不会持续哭闹，常常是哭一会儿，歇一会儿，如果正在腹泻的宝宝，突然阵发性哭闹，尽管不是胖宝宝或男宝宝，也要想到发生肠套叠的可能。

顽固的宝宝湿疹

如果宝宝是渗出体质，基本上会有这样的体质特点：比较胖，皮肤细、白、薄，爱出汗，头发黄稀，喉咙里好像总是呼哧呼哧有痰，妈妈把耳朵贴在宝宝胸部或背部，甚至能听到呼呼的喘气声，像小猫似的。渗出体质的宝宝湿疹多比较严重，一旦感冒可能会合并喘息性气管炎。

如果是母乳喂养的宝宝，妈妈要少吃辛辣和鱼虾等容易过敏的食物，多吃水果蔬菜。如果是配方奶喂养，可选择适度水解、深度水解或氨基酸配方奶，补充维生素AD、维生素B和维生素C。钙、锌、铁缺乏，会加重湿疹，要注意补充。

防意外事故

这个月的宝宝开始长本事了，父母高兴之余，也要小心意外事故的发生。虽然这个月还不是意外高发期，但预防意识还是早早建立为好。常见的意外是从床上掉下来。不要把宝宝放在没有栏杆的床上，即使用被子、枕头等床上用品将宝宝身体挡住，宝宝也有可能翻越障碍，从床边掉下。在宝宝能触及的范围内，不要放置可能引发危险的物品，如剪刀、暖水瓶、水果刀等坚硬的东西，也不要把能吞到嘴里的小东西放在宝宝身边。

第五节　本月宝宝能力发展、早教建议

看的能力：能认颜色了

视焦距调节能力增强

　　这个月的宝宝，已经能够对远的和近的目标聚焦，眼睛视焦距的调节能力大大增强。但调节能力仍不够完善，仍会出现"对眼"现象。不要让宝宝很近距离看某一物体，每天让宝宝向远处眺望几次，把物体转向不同的方向，锻炼眼球运动能力，扩大视野。

　　宝宝已经能够辨别物体的远近了。爸爸可以拿着一个布娃娃，从远处走过来，逐渐靠近，当布娃娃快碰到宝宝时，观察宝宝是否有躲闪的反应。

　　带宝宝到户外时，看到什么就告诉宝宝这是什么，并指出是什么颜色的。比如这花是红的，这花是黄的，树叶是绿的。同时让宝宝看漂亮的大画报，这个月的宝宝，对复杂图形的觉察和辨认能力还比较弱，但宝宝却喜欢注视图形复杂的区域，这可能就是一种认知欲望，或是学习的兴趣吧。

视觉反射逐渐形成

　　因为目光已经能够集中于较远的物体，宝宝的视觉反射也就逐渐形成了。当看到奶瓶时，宝宝会用手去够，并显出很高兴的样子，知道妈妈又要喂奶了。

　　妈妈要利用宝宝建立起来的视觉反射，教宝宝认识物品，教宝宝说这是奶瓶。慢慢地，宝宝看到奶瓶时，不但会联想到吃奶，还会联想到它叫什么，这就是语言与视觉的联系。以后宝宝看到奶瓶，就能够说出"奶瓶"这个词来了。而当妈妈说"奶瓶"这个词时，宝宝就会用眼睛到处找奶瓶，这就是听力与视力之间的联系。所以说，听、看、说、闻、嗅、运动、思维等这些活动都是相互联系的，训练也应是全方位的，不是孤立的。在训练听力的时候，也同时训练了看、说等能力。

会注意镜子中的人了

这个月的宝宝，开始会注意镜子中的自己。妈妈可以指着镜子说"这就是宝宝"（可说宝宝的名字），再说"抱着宝宝的是妈妈，身后站着的是爸爸"。

视觉能力训练

随着月龄的增加，宝宝辨别颜色的能力不断进步。每天都要让宝宝看不同色彩的物体，训练宝宝的辨色能力。在训练宝宝视觉能力的初期，要选择单一纯色板给宝宝看。

色板1：连续给宝宝看5天。

色板2：连续给宝宝看5天，从第3天开始，给宝宝看色板1。

色板3：连续给宝宝看5天，从第3天开始，给宝宝看色板2，从第4天开始，给宝宝看色板1。

色板4：连续给宝宝看5天，从第3天开始，给宝宝看色板3，从第4天开始，给宝宝看色板1、2。

色板5：连续给宝宝看5天，从第3天开始，给宝宝看色板4，从第4天开始，给宝宝看色板1、2、3。

以此类推，直到给宝宝看完你准备的所有色板。再从头开始，重复这样的过程2次，再让宝宝同时看2种色板，练习颜色的辨别和对比。慢慢地，宝宝就能够辨别颜色了。如果不进行这样的训练，宝宝最终也能辨别颜色，只是进度要慢些，对色彩的敏感度不是很强。训练宝宝的辨色能力，不仅仅是让宝宝认识颜色，更重要的是开发宝宝的潜能。

听的能力：主动听音

这个月的宝宝，会积极地倾听音乐，并会随着音乐的旋律摇晃身体，虽然还不能与旋律完全吻合，但已经有节律感了。听觉的灵敏，带动颈部运动的灵活。当宝宝听到声音时，会转头寻找声音的来源。听觉、视觉和语言能力是不可分割的，当训练宝宝听觉的时候，也同时在训练宝宝的视觉和语言。

听觉能力训练

（1）听声寻找游戏

可以做这样的训练游戏：爸爸躲着宝宝，并叫宝宝的名字，妈妈告诉宝宝这是爸爸在叫他，让宝宝辨别这声音是爸爸发出来的。这时爸爸突然出现，告诉宝宝"爸爸在这里"，宝宝会因自己判断正确而高兴地笑起来。以后一听到爸爸的说话声，宝宝就会到处寻找爸爸。

（2）模仿动物叫声

爸爸妈妈惟妙惟肖地模仿动物的叫声，也可以播放各种动物叫的视频，告诉宝宝这是什么动物在叫，宝宝很喜欢听小动物的叫声。当宝宝会说话时，会津津有味地不断学动物的叫声，这样不但锻炼了听力，还锻炼了发音。

说的能力：会咿呀学语

4 个月以后，宝宝进入了连续音节阶段。妈妈可以明显地感觉到，宝宝发音增多，尤其在高兴时更明显，可发出如"ma—ma""ba—ba""da—da"等声音，但还没有具体的指向，属于自言自语，咿呀不停。

宝宝语言的开发，应该从生下来就开始。爸爸妈妈首先要学会倾听，而且要认真地听，努力去理解，把宝宝发的每一个声音，都当作有意义的表达，在理解和思索的基础上，给予积极的回应。用日常生活中的东西教宝宝，会增加宝宝学习的兴趣，这样教，妈妈轻松，宝宝也轻松。

语言能力训练

（1）及时回应宝宝

爸爸妈妈对宝宝及时进行语言回应，同时付诸行动，就是宝宝学习语言的过程。比如，妈妈认为宝宝是因为躺腻烦了而哭，就马上对宝宝说："哦，宝宝要妈妈抱了，妈妈来了。"在说话的同时抱起宝宝。妈妈认为宝宝是因为尿了而哭，就马上对宝宝说："哦，宝宝尿了，妈妈给宝宝换尿布了。"妈妈认为宝宝是因为饿了而哭，就马上对宝宝说："哦，宝宝饿了，妈妈给宝宝喂奶了。"

（2）随时随地交流

随时随地都可以让宝宝学习语言，一个眼神、一个手势都是语言的交流和沟通，语言学习无处不在。爸爸妈妈和看护人，一定要时刻以饱满的热情和积极的心态，帮助宝宝学习语言。爸爸回家了，就和宝宝说"爸爸回来了"；妈妈给宝宝吃奶时，就说"妈妈给宝宝喂奶了"；当使用奶瓶时，拿着奶瓶告诉宝宝"这是奶瓶，是用玻璃做的"，并把奶瓶放在宝宝手里，让宝宝感受一下，奶瓶是什么样的，玻璃是什么样的。

如果宝宝不经意发出"妈妈"的音节，就要马上亲吻宝宝，并称赞"宝宝会叫妈妈了，妈妈可真高兴"。尽管宝宝还没有意识到他发出的声音就是在呼唤妈妈，但随着妈妈不断强化"妈妈"，不断和宝宝说"妈妈要给你吃奶了""妈妈要给你洗澡了"等，宝宝就会把"妈妈"这个音和妈妈这

个人结合起来，就会有意识地喊妈妈了。这需要一段很长的时间，可宝宝就是这样学习语言的。

运动能力：手的动作更多

会主动触摸

宝宝4个月以后，视觉和触觉的协调能力发展起来了，看到什么东西，都会

主动有意识地去摸，通过触觉来探索外在世界。妈妈不要错过这个机会，宝宝看到的东西，能够让宝宝摸的，都尽量让宝宝摸一摸，建立视觉和触觉的联系和协调。用嘴来触摸是宝宝的一大特点，当宝宝很容易把手放到嘴边时，吸吮手指的频率相当之高。当宝宝能够自己拿物品时，会不加选择地把拿到的物品放到嘴里吸吮。宝宝极其聪明，用自己有限的运动能力，尽可能地认识事物。

开始抓东西

这个月的宝宝，会从父母手中接过玩具，会把自己的手放到胸前注视，并相互握在一起。宝宝眼手协调能力还有待提升，有时抓不到想抓的东西，全身都用力，甚至急得满脸通红。这时，妈妈要适当帮助宝宝一下，让宝宝获得拿到东西的喜悦。不断进行这样的练习，眼手协调能力就提高了。能够准确抓到想要的东西，是一个不断训练、不断进步的过程。如果宝宝还不会抓眼前的东西，也不要着急，每天都给宝宝用手抓东西的机会。慢慢地，宝宝就能够很准确地把眼前的东西抓到手中了。

宝宝运用手的能力进一步增强，可以锻炼着让宝宝自己拿小摇铃摇动。宝宝拿不住也不用担心，要给宝宝锻炼的机会。如果宝宝一点儿也拿不住，也不要紧，爸爸妈妈和看护人要不厌其烦地一遍一遍把小摇铃递给宝宝。如果宝宝没有握住摇铃，爸爸妈妈要给宝宝鼓劲加油；如果宝宝握住了摇铃，爸爸妈妈要竖起大拇指，给宝宝一个大大的赞许；如果宝宝把摇铃摇响了，爸爸妈妈要拥抱亲吻宝宝，让宝宝感受到胜利的喜悦。

伸出手让妈妈抱

当妈妈伸出手，同时说"妈妈抱抱"时，宝宝身体会向前倾，甚至伸出小手让妈妈抱。这是让妈妈非常开心的事情！爸爸也不妨试一试。在语言和动作的配合下，宝宝会让爸爸妈妈抱。慢慢地，当宝宝看到爸爸妈妈时，不等爸爸妈妈说，宝宝就会伸出小手表示要抱了。

会翻身了

绝大多数宝宝会翻身了，但只能从仰卧翻到俯卧，极少能从俯卧翻到仰卧。俯卧时，能用前臂支撑起上身的前胸部，头抬得高高的。如果支撑累了，宝宝会把头偏过去，保持口鼻呼吸顺畅。值得注意的是，父母仍然时刻不要离开宝宝，不要把危险物品放在宝宝周围，安全第一。

还不会独坐

这个月的宝宝，还不会坐，即使会坐一会儿，也不能坐得很稳。这个月练习坐为时过早。宝宝脊椎的生理曲度还没有完全建立，长时间让宝宝坐着是不合适的。

头颈运动灵活

宝宝头颈运动越来越灵活。在仰卧、俯卧和直立位时，距离宝宝2米左右，用宝宝感兴趣的物体，向不同方向移动，宝宝会快速跟随物体转动头部。抓住宝宝手腕部，轻轻向上拉起，宝宝头会用力向上抬起。有的宝宝仰卧位时，自己就会把头向上抬起，小脚也同时上抬，宝宝开始锻炼腹肌了。

宝宝的运动能力与自身性格有关，好动的宝宝很活泼，运动能力发展就快；有的宝宝很安静，不淘气，肢体运动也少，运动能力发展就慢。宝宝运动能力的发展，也与带宝宝的方式有关。有些看护者照看宝宝，可能不怎么和宝宝交流，也不给宝宝更多锻炼运动能力的机会，宝宝的运动能力可能会一时落后。但有运动潜质的宝宝，长大后会奋起直追，赶上甚至超过同龄儿的运动能力。宝宝运动能力的发展，也与环境和季节有关。如果在学习翻身的阶段，正好赶上冬季，宝宝穿得比较多，对运动能力的发展是不利的。

本章专题
预防接种疫苗

　　预防接种是一项重要的工作，父母对其重要性已经有了深刻的认识。几乎没有哪位父母会拒绝给宝宝进行预防接种。接种疫苗分为免费疫苗和自费疫苗。免费疫苗是指由政府免费提供、没有特殊情况必须给宝宝接种的疫苗。在宝宝到了对应的月龄时要尽早安排接种。此类疫苗如果不接种，可能会影响宝宝入托、入园、入学甚至出国。自费疫苗是家长自愿选择、自己付费给宝宝接种的疫苗，是对免费疫苗的有力补充，可以给宝宝提供更加广泛的保护。只要有条件，应该尽量给宝宝接种。

　　但是在疫苗接种中，父母也会遇到许多实际问题。

◎ 免费疫苗 / 自费疫苗怎么选？

　　如果同一疫苗既有自费又有免费，一般选择免费的即可足够保护。少数疫苗因优势明显，可以考虑自费接种，如流脑疫苗。如果一种疫苗仅有自费或仅有免费，为了给宝宝提供更广泛的保护，都应尽快接种。

◎ 减活疫苗 / 灭活疫苗怎么选？

　　二者的保护效果和安全性没有本质差异。因工艺、储存、运输等特点不同而价格不同。如果宝宝因疾病或者用药的缘故，只能接种某种工艺的疫苗，不论免费自费，都应当选择接种。

◎ 联合疫苗 / 单独疫苗怎么选？

　　尽可能选择接种联合疫苗，可减少宝宝接种的总剂次。如接种联合疫苗缺货，不必一直等待，应当及时完成单独疫苗接种。

◎ 单价疫苗 / N 价疫苗怎么选？

N 代表疫苗包含的菌株种类的数量，一般来说价越多越好，但具体要看制备工艺、覆盖的血清型人群感染率和接种年龄来综合考虑。如肺炎球菌疫苗，对于 2 周岁以下的儿童，更推荐接种 13 价而不是 23 价。

◎ 正好到了预防接种时间，宝宝患病了怎么办？

如果宝宝仅仅是轻微的感冒，体温正常，不需要服用药物，可以按时接种。接种前后一周不吃抗生素类药物。如果必须服用，要向预防接种的医生说明，是否需要补种。如果宝宝发热或感冒病情较重，必须使用药物，可暂缓接种，向后推迟，直到病情稳定。

◎ 如果向后推迟了某种疫苗接种，以后的接种是否推迟？

其他疫苗可继续按照接种时间进行接种。如果被推迟的疫苗和某种疫苗碰到一起了，预防接种医生会根据相碰的疫苗种类，判断是否可以同时接种，或是要间隔一段时间。间隔多长时间，先接种哪一种，也由预防接种医生根据具体情况决定。

◎ 吃药对预防接种效果有影响吗？哪种药有影响，哪种药没有影响？

原则上讲，药物对预防接种效果是有影响的，所有的药物都不应该使用，都可能会有不同程度的影响。但抗生素对预防接种疫苗影响最大。如果是口服疫苗，益生菌对疫苗影响也不小。在接种疫苗前后1周，不使用任何药物。

◎ 刚接种完疫苗就生病了，是否影响免疫效果，需要补种吗？

可能会降低免疫效果，但不会因此而丧失了免疫效果，不需要补种。

◎ 刚接种完疫苗就吃药了，是否需要补种？

会有影响，但不需要补种。

◎ 接种疫苗后发热，如何鉴别是疫苗所致，还是疾病所致？

首先要排除疾病所致的发热。疾病可以是接种前就感染的，也可以是接种后感染的。如果是疾病所致，检查可见阳性体征，如咽部充血、扁桃体增大充血化脓、咳嗽、流涕等症状。疫苗所致发热没有任何症状和体征。如果既有疫苗反应，也有感冒发热，那症状就会比较重，体温也比较高。接种多长时间发热，与接种的疫苗种类有关，疫苗接种后的发热一般不需要治疗，会自行消退。

◎ 为了避免疫苗反应，就不接种疫苗，对吗？

这个决定是错误的。接种疫苗造成的反应是比较轻的，对宝宝没有什么伤害。严重的疫苗反应，是罕见的。比起对传染病的预防作用，几乎可以忽略不计。

第六章

5~6个月的宝宝

本章提要

» 这个月的宝宝已经有了自己的性格；

» 能快速从仰卧位翻到俯卧位，部分宝宝能从俯卧位
翻到仰卧；

» 会主动伸手够物，并把物体从一只手倒到另一只手；

» 什么都放在嘴里啃咬，可能会流更多口水；

» 咿呀学语；

» 尝试添加辅食。

第一节 本月宝宝特点

能力

主动伸手够物

宝宝会伸手够东西或从别人手里接过东西。这时的宝宝仍然不知道什么能放到嘴里，什么不能放到嘴里，所以总是把手里的东西放到嘴里吸吮或啃咬。

脚尖蹬地蹦跳

宝宝肢体活动能力增强，脚和腿的力量更大了，让宝宝站在你的腿上，会感到小脚丫蹬得你有些痛。宝宝会用脚尖蹬地，身体不停地蹦来蹦去，但比较安静和内向的宝宝，可能会较少蹦跳。这个月龄的宝宝下肢骨骼、关节和肌肉力量还不足以支撑整个身体，不建议常托着宝宝腋下，让宝宝做被动的蹦跳运动。

用手抱着脚丫啃

宝宝喜欢热闹了，人越多越好哄，不再喜欢躺着了。多数宝宝还不会独坐，独坐时整个上身向前倾，头扎到脚丫上。躺着时，有的宝宝能用手把脚丫抱到嘴边啃。妈妈喂奶时，宝宝也常抱着自己的小脚丫。

对外界反应能力增强

宝宝不再像原来那样认真吃奶了，吃奶时，会因为外界声响而停止，把头转过去看个究竟。妈妈不要认为宝宝不好好吃奶，其实这正是宝宝对外界反应能力增强的表现。妈妈要尽量在比较安静的环境中喂奶，养成宝宝认真吃奶的习惯，以免以后吃饭不认真。宝宝眼睛运用能力进一步发展，如把玩具弄掉了，会转着头到处寻找。

 情感

有了最初的生疏感

宝宝对外界事物越发感兴趣了，看到爸爸妈妈，会高兴地笑，手舞足蹈的。陌生人不再容易把宝宝从妈妈怀中抱走。看到陌生人，宝宝会瞪大惊异的眼睛，如果这时试图抱他，宝宝可能会大哭；如果用吃的、玩具、到户外玩等方法引逗宝宝，他还是会高兴地让人抱。这时宝宝已经有性格了，有的宝宝就是不让陌生人抱，有的见到陌生人照样笑，很快就会和陌生人玩起来。认生与否，与宝宝的聪明程度没有关系。

因害怕而梦中啼哭

这么大的宝宝，学会了害怕某些现象，睡眠时会突然哭闹（父母往往称为"受惊吓"）。这主要是因为，宝宝开始把白天遇到的不愉快或让他害怕的事情做到梦里了，梦见"可怕"场景，就突然尖叫或大声哭喊起来。如果宝宝在白天连续经历"害怕"的刺激，就可能成为"夜哭郎"。因此，爸爸妈妈或看护人在护理宝宝时，要尽量避免宝宝受到不良刺激。如果一直由妈妈看管宝宝，现在妈妈要上班，白天由看护人照看，宝宝夜间可能会哭闹。另外，宝宝听到怪声，看到吓人的电视画面，看到爸爸妈妈吵架，户外活动时小狗对着宝宝吠叫，打针等刺激，都有可能变成宝宝晚上的梦魇。

与上个月相比，这个月宝宝在各个方面都有不同程度的进步。需要提醒爸爸妈妈的是，每个宝宝的发育进展程度不尽相同，如果您的宝宝比周围宝宝发育稍慢，并不说明宝宝发育落后。书中所写的一般是平均指标，许多个别情况并未涉及。爸爸妈妈无论读哪本育儿书籍，都要有所分析和取舍。遇到不解的问题，可以向医务人员询问。

情绪更加丰富

宝宝开始喜欢和人交流，尽管不会用语言表达，但已经开始用身体的不同动作、哭、哼哼、闹等方法，向爸爸妈妈诉说他要干什么。会伸出胳膊让爸爸妈妈抱，会看着爸爸妈妈不抱他而显出着急的样子，这在以前是看不到的。

躺够了，宝宝会吭哧吭哧的发出不愿意的声音，如果不理会他，会哭；再不理，会大声哭，最后几乎是喊叫地哭了。如果不想吃奶，妈妈非要喂，宝宝就会在妈妈怀里打挺。如果用奶瓶喂，会用小手推开奶瓶，或把塞到嘴里的奶嘴很快吐出来，把头转到一边去。

如果不爱吃辅食，宝宝会用小手把勺里的饭打掉，甚至会把端到他眼前的饭碗打翻。如果喂白开水，他不爱喝，会嘟嘟地吹泡玩，一点儿也不见水下去，他根本就没有吸也没有咽，以前哪会玩这个小把戏！

站在镜子前，宝宝不再不知所措了，会啪啪地拍着镜子，乐得不得了。高兴时，仰卧躺着，宝宝四肢会像跳舞似的，有节奏地踢来踢去。如果不高兴，腿蹬得就没有节奏了，一会儿可能会大声哭起来，两腿挺直，甚至气得肢体抖动，其实这是耍脾气，妈妈抱起来哄一哄会好的。如果让宝宝哭的时间长了，哭得伤心了，哄也不管事，就是哭，"谁让爸爸妈妈这么长时间不理我呢！"那就抱着宝宝好好出去玩一圈吧。爸爸妈妈要更多地观察宝宝，理解宝宝。宝宝是本难懂的书，但只要用心去读，都会读懂的。

第二节 本月宝宝生长发育

身高

本月宝宝，男婴身高中位值66.7厘米，女婴身高中位值65.2厘米。如果男婴身高低于62.1厘米或高于71.5厘米，女婴身高低于60.8厘米或高于69.8厘米，为身高过低或过高。这个月的宝宝，身高可增长2.0厘米左右。

运动对宝宝身高的增长有很大促进作用。户外活动不但促进宝宝的智能发育，还能让宝宝沐浴阳光，促进钙质吸收，使骨骼强壮，长骨增长。

托住宝宝腋下，宝宝两腿会不断跳跃；宝宝躺在床上，踢挂在床栏上的玩具；俯卧位时，宝宝用手够前方的物体，小脚会蹬来蹬去。这些运动对身高的增长都是有好处的。多给宝宝活动机会，不要总是抱着宝宝或把宝宝放在车里。

体重

本月宝宝，男婴体重中位值8千克，女婴体重中位值7.36千克。如果男婴体重低于6.36千克或高于9.99千克，女婴体重低于5.92千克或高于9.23千克，为体重过低或过高。这个月宝宝体重可增长700克左右，增长快的，一个月可增长1000克，长得慢的，一个月只增长500克。增长过快和过慢都不好，妈妈要尊重宝宝的食量，不需要刻意控制奶量，也不要强迫宝宝多吃。

头围

本月宝宝，头围约增长1.0厘米，男婴头围中位值42.70厘米，女婴头围中位值41.60厘米。

囟门

囟门小，并不等于闭合，也不意味着就要闭合，妈妈不必过于担心。有的宝宝生下来囟门就比较小，有的就比较大，是否异常，还需要结合头围增长情况综合考虑。囟门无论是小还是大，只要头围增长正常，就极少有病症。

第三节　本月宝宝喂养

母乳　　喂养

辅食添加与喂奶次数

对于0~6个月的宝宝来说，母乳是最佳食品，不要急于用辅食把母乳替换下来。如果因为宝宝不吃辅食，就不给宝宝喂奶，以为宝宝会饥不择食，那就错了。宝宝在饥饿时吃不到他想吃的食物，会非常伤心，甚至气愤，当宝宝大哭起来的时候，连他喜欢吃的奶都开始拒绝了。妈妈疼爱宝宝，希望宝宝多吃多喝没有错，但如果方式方法错了，疼爱也会变成伤害。

如果添加辅食，要在两次喂奶间隔时间添加，不需要减少喂奶次数。有的宝宝食量比较小，食欲也不是很强，在两次奶之间加辅食比较困难，可适当向后推延半小时或1小时，但最好不要因此而减少喂奶次数，这个月每天最好能喂奶4次以上。

妈妈尽管不像月子里那样在意饮食了，但在整个哺乳期，都不能忽视食物的多样性和营养的均衡性。着重吃含钙铁锌高的食物，如动物肝、动物血或牡蛎等海产品和坚果等。水量是一定要保证的，每天喝1600毫升不算多，如果实在不想喝水，吃饭时要多喝些汤。每天继续补钙和维生素D，如果妈妈或宝宝有贫血，妈妈可继续服用铁剂，这对妈妈和宝宝都有好处。

乳腺炎还有可能发生

宝宝长了白白的小乳牙，这让妈妈高兴不已，但很快，宝宝就开始咬乳头了，如果乳头被咬破，细菌就有可能经破损的乳头侵入乳房，引发乳腺炎。如果宝宝咬破了妈妈的乳头，妈妈最好戴上乳头罩保护，喂奶后涂少许防乳头皲裂的乳膏。

随着辅食量的逐渐增加，宝宝对奶的需求量渐渐减少，乳房自我调控机制启动，泌乳回馈性抑制物增高，乳汁减产，以免妈妈乳房胀痛，乳汁淤积。

如果宝宝吃奶量突然锐减，妈妈感到乳房胀痛时（乳房自我调控机制还没来得及发挥作用），要及时把奶吸出，以免罹患乳腺炎。

漏奶的处理方法

在工作中或其他重要场合，奶水流溢会让妈妈很尴尬，妈妈会为此萌生放弃母乳喂养的想法。其实，溢乳是母性的自然反应。妈妈可在外出前放上防溢乳垫，以防奶液流出湿透衣物。也可以暂时用手臂稍微压住乳头1~2分钟。有条件时，挤些奶出来，就会避免尴尬。挤奶的次数，要视妈妈离开宝宝的时间长短来定，通常最好3小时挤一次。慢慢地乳量会自然调节了，漏奶现象也就会自然消失。

上班妈妈如何继续母乳喂养

因为要上班而断了母乳是很可惜的。有的妈妈在距离上班一个月就开始准备，减少母乳喂养次数，开始加配方奶，以免上班后，宝宝不喝配方奶，饿坏了或哭坏了。妈妈不应该这样做，而应该抓紧在家的时间，好好喂奶，多陪孩子。当妈妈上班不在家了，宝宝会很快熟悉这样的生活：白天妈妈不在家，用奶瓶喝奶，用小勺子吃辅食；晚上妈妈回来，再美美地吃妈妈的奶。在妈妈上班的最初一段时间，宝宝或许会有些闹人，不用奶瓶喝奶，不吃辅食，那都是暂时的，妈妈和看护人不要着急，一两个星期就没事了。

◎ 储奶的方法

妈妈上班后要坚持挤奶，用密闭的小杯子或储奶袋盛母乳，如果有条件，就把挤出的奶放在冰箱中或便携式冷藏包里，留待第二天不在家时喂给宝宝。这样就不用喂配方奶了。

◎ 妈妈要注意的问题

乳房的温度

妈妈尽量早起些，留出给宝宝喂奶的时间。一天的职场打拼后回到家里，妈妈一定想马上给宝宝喂奶了。妈妈没有意识到，这时的乳房温度还是室外的，宝宝马上吃母乳，等于吃了凉奶，有可能发生腹泻。妈妈进了家门，先喝一杯热水，等上10分钟，用温水洗一下乳房、乳头，轻轻揉搓几下，再抱宝宝美美地吃奶。不要挤掉前奶，因为前奶的营养价值较高。

前奶和后奶并没有清晰界线，每次喂奶，尽量两侧乳房轮流喂，争取让宝宝先吃空一侧乳房，再换另一侧乳房，也尽可能地让宝宝把乳房吃空。这样的话，就能最大程度达到前后奶都吃的目的。当然，如果宝宝只吃空一侧乳房，另一侧乳房只吃一会儿（只吃了前奶）；或者干脆就不吃另一侧乳房。妈妈也不要着急难过，不要强求宝宝。只要宝宝体重、身长等生长发育都正常，就说明你喂养的很好，宝宝已经获得了所需营养。

和宝宝一起睡

哺乳期走入职场的妈妈，由于白天喂奶次数少，乳汁分泌量可能会有所减少，所以妈妈晚上和宝宝同睡一室是最好的，可增加喂奶次数，刺激乳汁分泌。晚上，宝宝睡觉，妈妈最好也睡觉，抓紧时间休息。因为宝宝可能夜醒要奶吃，妈妈的睡眠就会被打扰。

咖啡因

妈妈多吃有营养的食物，每天多喝水、果汁或牛奶，少喝最好不喝含有咖啡因的饮料。妈妈体内咖啡因过多，会引起宝宝不良反应。

丈夫的体贴

上班后还坚持喂母乳的妈妈，面临的最大考验就是疲倦：工作人员、家庭主妇和哺乳妈妈这三种角色集于一身，操劳可想而知。丈夫一定要体谅妻子的操劳，担负起家庭生活的责任，尽量让妻子休息、睡眠，保证妻子有足够的体力和稳定的心情哺育宝宝。妻子也要知道自己操劳的极限，和丈夫讲明白，争取丈夫的理解和帮助。

◎ 看护人要注意的问题

在宝宝还没太饿时就用奶瓶喂

看护人也要明白，宝宝接受奶瓶需要一段时间。比较有效的办法是，在宝宝还没饿的时候，就用奶瓶喂食。如果宝宝已经很饿了，吃到的不是妈妈的乳头，而是陌生的奶瓶，他会感到很委屈，哭闹甚至大哭，很难安抚。宝宝对奶瓶产生了反感，以后再把奶瓶拿出来，他会非常抵触。而在宝宝还没有饿的时候就用奶瓶喂，让宝宝熟悉奶瓶，即使他不爱吸，也不会因为饥饿而哭闹、耍脾气。

充分利用妈妈的气味

用奶瓶喂奶时，不要将奶嘴直接放入宝宝口中，而是放在嘴边，让宝宝自己找寻，主动含入嘴里。把奶嘴用温水冲一下，使其变软些，和妈妈乳头的温度相近。给宝宝试用不同形状、大小、材质的奶嘴，并调整奶嘴孔隙的大小。试着用不同的姿势给宝宝喂食。喂奶前抱抱、摇摇、亲亲宝宝，在地上抱着宝宝走一走，使宝宝很愉悦，这时再喂奶可能会更好些。特别值得一提的是，用奶瓶喂奶时，用妈妈的衣服裹着宝宝，让宝宝闻到妈妈的气味，会极大降低宝宝对奶瓶的陌生感。如果宝宝不接受奶瓶，可改用杯子、汤匙喂。

配方奶 喂养

关于小胖子的临床感悟

胖宝宝招人喜爱，周围的人看到胖宝宝，会露出非常欣喜的样子，妈妈心里美滋滋的，很有满足感和成就感；相反，如果宝宝比较瘦，妈妈常常会心生内疚，觉得没喂养好宝宝，很是失败。其实，我们在自觉不自觉中进入了一个误区，孩子胖嘟嘟的一定非常健康，孩子不胖好像有什么问题，消化不好吧？营养吸收不好吧？奶量不足吧？喂的不合理吧？事实是，宝宝体重在正常范围是最好的，过胖和过瘦都是不正常的。

原来食量就小的宝宝，辅食同样也吃得少。这种情况，纵使宝宝生长发育并不落后，长得也不瘦，爸爸妈妈仍会很着急。事实上，真正患有厌食症的宝宝是极少的。在大量育儿咨询中，我明显感到，妈妈总是希望宝宝吃得越多越好，体重长得越快越好。肥胖会影响孩子一生的健康和幸福，父母却意识不到，这是真正令人焦虑的。

被忽视的过度喂养

有一位妈妈带宝宝来看医生，咨询的主要问题是宝宝吃奶少，体重增长慢。宝宝3个半月，体重8千克，身长67厘米，看起来胖嘟嘟的，两眼炯炯有神，情绪也很好。宝宝生长非常好啊！可是妈妈认为这个月没怎么长体重呀！原来，宝宝出生体重为3.5千克，月子里长了将近2千克，第二个月长了1.2千克，第三个月长了0.9千克，这大半个月过去了，才长了0.4千克，现在几乎不喝配方奶。宝宝是混合喂养，从两个半月开始厌食配方奶，每天只能喂进去100多毫升的配方奶。妈妈说她的奶水少，根本不够孩子吃。

体重增长计算方法是：出生体重+月龄×0.7。按4个月计算，宝宝体重应达到6.3千克。可见，宝宝厌奶的原因就是前一段的过度喂养造成的，宝宝胃肠难堪重负啊。

🍼 添加辅食

本月龄宝宝所需热量及各种营养成分，和上月龄相比无大的变化。国际卫生组织和我国婴幼儿喂养指南建议在婴儿满6个月时添加辅食。早产儿，按照预产期计算满6个月开始添加辅食。

从这个月开始，大部分宝宝可以接受辅食了。如果您的宝宝出现以下几种情况，可尝试着给宝宝添加辅食，原则是不影响原有母乳或配方奶的喂养量。

· 厌奶、奶量明显减少；

· 体重增长不理想；

· 宝宝见到饭菜有强烈吃的愿望；

· 妈妈上班后添加了配方奶，但宝宝拒绝。

妈妈要谨记，在刚开始添加辅食时，一定要记住先尝试，不要强行添加。母乳仍是这个月宝宝最主要的食物来源，如果添加辅食后，影响母乳喂养，或出现其他不适情况，如腹泻、呕吐等，就暂时停止辅食添加，等到下个月再添。

辅食添加"六不"原则

◎ 不操之过急

添加辅食是帮助宝宝进行食物品种转换的过程，使以单纯乳类为食的乳儿，逐渐过渡到摄入多种食物的幼儿。宝宝的咀嚼吞咽功能和消化吸收功能是随着月龄的增加，一步步逐渐成熟的，倘若操之过急，会给辅食添加带来很多麻烦。这个月，乳类仍可以作为宝宝唯一的食物来源，妈妈不要急于添加辅食。如果宝宝出现厌奶，可尝试着添加辅食，但不能因为添加辅食，使原有的奶量进一步下降。宝宝天生喜欢甜食，所以第一次添加辅食，不要选择果汁或果泥，否则添加没有甜味的菜汁，宝宝就不吃了，这会给妈妈带来不小的麻烦。

◎ 不强求宝宝

和父母饮食习惯有关，有的孩子就是不喜欢吃某种食物，遇到此种情况，不能强求宝宝，没有非吃不可的辅食。宝宝不吃某种食品，只是暂时的，不必在此时此刻非让宝宝吃不可。父母应该尊重宝宝的个性，培养宝宝不偏食的良好饮食习惯。

◎ 不盲目添加

要从最容易被宝宝吸收、接受的辅食开始，一个种类一个种类地添加。添加一种辅食后，要观察几天，如果不适应，就暂时停止，过几天再试。如果宝宝拒绝吃，也不要勉强，等几天再吃，但不要失去信心。添加辅食要让宝宝慢慢适应，不要一开始就把宝宝弄烦了。

◎ 不照本宣科

添加辅食不要完全照搬书本，要根据具体情况灵活掌握，及时调整辅食的数量和品种，这是添加辅食中最值得父母注意的一点。

◎ 不在夏季和患病期添加

在炎热的夏季，宝宝消化功能减弱，食量减少。如果恰好此时宝宝到了添加辅食的月龄，可适当向后推延。添加辅食要在宝宝身体健康，心情愉悦的时候进行。当宝宝患有疾病时，不要添加从来没有吃过的辅食。

◎ 不违背生理发育

辅食添加要从少到多、从稀到稠、从细到粗、从软到硬，循序渐进，逐步适应宝宝咀嚼、吞咽、消化能力的发育。

辅食添加顺序及种类

先添加什么辅食比较好呢？建议首先添加纯米粉糊，然后依次是蔬菜泥、果泥、蛋黄泥和肉泥。如果没有特殊情况，这样按步骤添加就可以了。喂养中会有一些特殊情况，有的宝宝吃米粉后出现了腹泻或便秘，或者拒绝吃，而是喜欢吃成人饭菜。宝宝为什么会出现这种情况呢？其主要原因是我们成人让宝宝尝到了"甜头"。成人饭菜在咸淡、油量、生熟、粗细和品种上与宝宝辅食相差甚远。宝宝的味觉和嗅觉是很敏感的，一旦让宝宝尝到成人饭菜的"浓重口味"，他就不再喜欢"清淡口味"的饭菜。所以，在辅食添加期，千万不要给宝宝喂食成人饭菜，哪怕一点点。如果宝宝是配方奶喂养，奶吃得也很好，只是大便有些干燥或便秘，在不影响乳量的前提下，可尝试添加少许果蔬泥。

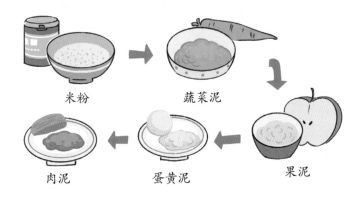

米粉　　　　　　　蔬菜泥

肉泥　　　　　蛋黄泥　　　　　果泥

辅食添加过程

◎ 喂谷类的过程

从米粉糊开始，到米粥、软米饭，最后到正常米饭。面食是从面糊开始，到面条、面片、面疙瘩、馄饨、包子、饺子、面包、馒头、烙饼。

◎ 喂菜的过程

从菜泥开始，到菜碎、菜块。给宝宝做菜，一定要碎软，以免宝宝拒绝吃菜。

温水　　　米粉

◎ 喂水果的过程

从果泥开始，逐渐过渡到水果片和水果块，再到整个水果让宝宝自己拿着吃。

◎ 喂肉蛋类的过程

先从牛肉泥开始，逐渐添加鸡肉泥、猪肉泥，再逐渐尝试添加蛋黄泥、鱼泥、虾泥、肝泥。如果宝宝是过敏体质，要到8个月后尝试添加蛋黄泥，1岁以后尝试添加蛋清，一旦发现导致宝宝过敏的食物，要立即停止添加，停止时间不少于6个月。

牛肉 → 鸡肉 / 猪肉 → 蛋黄 / 虾 → 鱼 / 肝

尊重宝宝对食物的选择

对于没有吃过的新食物，每个宝宝的反应不甚相同。有的喜欢尝鲜，没吃过的特别喜欢吃，过一段时间就腻烦不吃了。有的宝宝喜欢吃熟悉的食物，对新的食物比较排斥。对于拒绝吃新食物的宝宝，妈妈一定要有耐心，每天都尝试着喂一点儿，几次过后，可能就接受了。但妈妈要掌握一个原则，绝不能强迫宝宝，一定要在愉快的气氛中喂食。宝宝把嘴里的辅食吐出来，或用舌尖把嘴里的辅食顶出来，用小手把饭勺打翻，把头扭到一旁等，都表明他拒绝吃。妈妈要及时罢手，如此发生厌食的可能性就小得多了。

辅食添加注意事项

· 辅食要一种一种地添加。每添加一种新的辅食，都要观察3~5天，如出现呕吐、腹胀、腹泻、消化不良、拒食等，要暂时停止添加这种辅食，也不要添加另一种新的辅食，但可继续添加已经适应的辅食。一周后，再重新添加新的辅食，但量要减少。

· 即使宝宝特别爱吃辅食，也不要影响奶的摄入，这个月宝宝仍应以奶类为主要食物。

· 不要因为宝宝不爱吃辅食就不给奶吃，惩罚宝宝是错误的。

· 不要因为宝宝不爱吃辅食就认为宝宝厌食，给宝宝吃药。

· 不要因为给宝宝做辅食，就减少和宝宝玩，带宝宝户外活动的时间。

· 不要只给宝宝购买成品辅助，像菜泥、果泥和蛋黄泥等可以亲自做给宝宝吃。

· 不要因为宝宝不吃辅食，就填鸭式地喂食。当宝宝张嘴大哭时，乘机把一勺米粉塞到宝宝口中的做法是极端错误的。

常见问题

如何给过敏体质的宝宝添加辅食？

◎ 什么是过敏体质

过敏体质指的是宝宝的基因特征，过敏体质宝宝，很有可能对过敏原过敏，但并非所有过敏体质的宝宝遇到过敏原后都会过敏。所以，如果被告知宝宝是过敏体质，但宝宝没有任何异常表现，切莫什么都不敢让宝宝吃，但对已经确定的过敏食物，要完全避免。

◎ 过敏体质宝宝如何添加辅食？

婴儿的免疫和消化系统尚不成熟，发生食物过敏的风险高于年长儿。调查显示，婴儿食物过敏发生率约为 2%~5%。如果宝宝有湿疹或家庭中有食物过敏史，为安全起见，给宝宝添加辅食时，一次只添加一种，并记录添加的时间和量，当宝宝出现过敏现象时，能明确知道是什么食物，及时停止添加，根据宝宝当前月龄生长发育所需要的营养，找到可替换的食物。切莫几种新的食物同时添加。

◎ 有必要推迟易过敏食物的摄入时间吗？

有研究证明，推迟引入禽蛋、小麦、鱼、海鲜、树生坚果、大豆、牛奶、花生等易过敏食物，并不能降低过敏风险。当宝宝能够耐受大部分不同种类食物后，可尝试引入这 8 种易过敏食物。一旦发现宝宝对这些食物过敏，就立即停止摄入，而且多需要停食 6 个月左右，不要一次次的尝试，以免促发宝宝更严重的过敏反应。

◎ 宝宝对某种食物过敏，终身都不能吃吗？

食物过敏极少是终身的。易引发婴儿过敏的食物，随着婴儿月龄的增长，其过敏程度逐渐减轻，直至完全不再过敏。易引发幼儿食物过敏的食物，随着幼儿年龄的增长，其过敏程度可能会有所减轻，或者完全不再过敏，但有部分幼儿会持续过敏到学龄前，极少数会到青少年，甚至到成人。

◎ 如何发现宝宝是否过敏了?

婴儿期食物过敏多出现在添加固体食物以后。大多数的婴儿食物过敏有不同的皮肤症状,例如:荨麻疹、肿胀、刺痒或皮肤发红。这些症状会在吃下过敏性食物后的数分钟内出现,有的也可能数小时后才会发生。

◎ 添加辅食需要考虑食物色泽吗

食物有不同的色泽,宝宝代谢食物中色素的能力差,如果连续喂色泽较重的食物,会出现皮肤着色现象,如颜面和手足心发黄。在选择食物种类时,要考虑到这一点。一天中所添加的食物,要选择不同色泽的,如胡萝卜、南瓜、西红柿、橘子、芒果等不要放在同一天添加,也不要每天都给宝宝喂色泽相近的食物。

◎ 出现不良反应怎么办

在添加辅食过程中,如果宝宝出现了腹泻、呕吐、皮疹、厌食等不良反应时,应暂停添加引起不良反应的那种辅食,继续添加其他辅食。如果一两天后不良反应没有好转,要及时带宝宝看医生。

第四节 本月宝宝护理

生活护理

穿衣随月龄变化

本月龄宝宝穿的衣服,要舒适、宽大、柔软、安全、容易穿脱、吸水性强、透气性好、色彩鲜艳、款式漂亮。5~6个月龄的宝宝感觉更灵敏了,如果穿着不舒适,就会哭;衣服瘦小,会影响宝宝生长发育;衣服不柔软,会伤及宝宝稚嫩的皮肤。这个月的宝宝很可能会拿起比较小的东西,而一旦拿到手里,就会马上放到嘴里。如果小纽扣或饰物被宝宝揪下来,放到嘴里,那是很危险的。所以,不要给宝宝购买有纽扣、绳带或带有小饰物的衣服袜帽。给宝宝选择衣服,安全第一。

宝宝活动能力增强,给宝宝穿脱衣服时,宝宝会手脚舞动。一般来说,宝宝喜欢脱衣服,不喜欢穿衣服,给宝宝买衣服,要买那种容易穿脱的衣服。

宝宝容易出汗,最好选择吸水性强、透气性好的衣服。宝宝对色彩已经有认识了，穿在身上的衣服，可通过镜子映照出来，对宝宝色彩感觉的正常发育有很好的刺激作用。妈妈最好能告诉宝宝这是什么颜色，那是什么颜色，宝宝通过自己的衣服就开始了解彩色世界了。宝宝穿着色彩鲜艳、款式漂亮的衣服，会得到周围人的赞赏。宝宝已经能够感受陌生人说话的语气，周围人在夸奖宝宝时，宝宝会很愉快，这对宝宝未来社交能力的健康发展有很大益处。

日常物品也是玩具

这么大的宝宝，对玩具的兴趣增强了，但他真正感兴趣的还不是玩具，而是爸爸妈妈日常用的东西。妈妈会发现，再高级的玩具，宝宝玩熟了，就会把它扔到一边，淘汰玩具的速度越来越快。但对日常生活中的东西，却表现出极大的兴趣，比如一把吃饭的小勺，宝宝会不厌其烦地玩好长时间，还很开心。妈妈不必买太多的玩具，把日常用的东西拿给宝宝玩，边玩边认，这是提升宝宝认知能力的好方法。

户外活动

这么大的宝宝，尽管已经会翻身了，但无论仰卧、侧卧，还是俯卧，宝宝的视野都没有坐着或站着的时候开阔。看到的东西少，宝宝会感到寂寞。如果长时间躺在床上，会大声哭叫以示抗议。妈妈可以在地板上铺上爬行垫，这样不但安全，宝宝活动空间也大。天气好的时候，多抱着宝宝到户外走走也是不错的选择。

带宝宝到户外活动，不要只把宝宝放在婴儿车里，或者只是坐在婴儿车旁看着宝宝。这样的户外活动，安全系数很高，但利用外界景观开发宝宝潜能是不够的，建议准备一个户外地垫，找一处适宜的地方，把地垫铺好，让宝宝在上面活动，和宝宝进行互动，这样既安

全又有利于宝宝运动能力的发展。

如果是老人带宝宝出去，抱宝宝不累的方法是：让宝宝背靠老人前胸，坐在老人腿上，老人用一只胳膊揽住宝宝胸部（从宝宝两腋下绕过），另一只胳膊揽住宝宝的下腹部。这样抱着宝宝，宝宝的视野会增大，对外界景物的观察也比较容易，老人也不会感觉很累。

◎ 户外活动常出现的意外

※ 摔伤。看护人坐着，托住宝宝腋下，让宝宝站立在自己腿上。这时宝宝两脚不断在看护人腿上跳跃，如果看护人没有揽住宝宝上身，只注意跳跃的小脚，宝宝很可能会摔下去，头脸部被擦伤。

※ 呛奶。看护人在户外喂奶时，忙着和别人说话，把奶瓶就放在宝宝旁边，让宝宝自己吸吮，极有可能发生呛奶。

※ 意外烫伤。在户外给宝宝冲奶，暖水瓶有可能随手放在了宝宝能碰到的地方，发生意外烫伤。

※ 意外窒息。能引发呼吸道堵塞的东西，一定不要让宝宝抓到，在室内，看护人是清楚的，但到了室外，警惕性常常会放松。

※ 宠物抓伤。带宝宝到户外，不要让宝宝触摸别人养的小宠物，更不能让宠物舔到宝宝。

※ 抛物砸伤。带宝宝到户外，恰好有儿童在玩耍，如踢球、抛沙包、扔小石子等，有砸到婴儿头部的风险，要远离儿童玩耍区域。

睡眠管理

睡眠时间

宝宝晚上应该睡多少，白天应该睡多少，应该睡几觉等，并没有统一标准。通常情况下，这个月的宝宝每天可睡12~14个小时，晚上19~21点睡，早上6~8点起，夜间会醒一两次，有时会喝奶，有时只是哭几声又接着睡了。母乳喂养的宝宝，夜醒次数会比较多。

有的宝宝睡三四个小时就醒来，但很快再次进入睡眠状态；有的宝宝一觉睡十几个小时；有的宝宝白天能睡两三觉，一觉睡一两个小时；有的宝宝，白天睡觉比较少，一觉不到1小时，夜间睡眠比较长。只要宝宝精神好，吃得也不错，体重、身高增长正常，妈妈就不要为宝宝睡眠多寡着急了。

所有宝宝，夜间睡眠都要经历三四个，甚至是五六个睡眠周期，即从非快速眼动睡眠期（安静睡眠期）到快速眼动睡眠期（积极睡眠期）。对于这个月龄的宝宝来说，安静睡眠期和积极睡眠期的时间大致相等。

处于安静睡眠期的宝宝，绝大多数时间处于深睡或沉睡状态，不易被外界环境干扰，睡得比较安稳。很短的时间处于昏昏欲睡和浅睡状态，容易受外界环境干扰，如果在这个阶段被声光或其他干扰，无法进入深睡或沉睡，睡眠周期被扰乱，宝宝很容易烦躁哭闹、耍脾气。

处于积极睡眠期的宝宝，绝大多数时间处于梦境，宝宝似乎在隔着眼皮看电影，这部宝宝自导自演的电影，可能有欢乐，也有悲伤；有妈妈的拥抱，也有小狗的追赶；有喜欢的儿童乐园，也有充满荆棘的险境；有成为救火小英雄的自己，也有被大水冲走的自己。梦到快乐、安全、幸福的情景，宝宝会在睡梦中微笑，甚至笑出声；梦到悲伤、险境、不幸的情景，宝宝会在睡梦中哭泣，甚至被噩梦惊醒，吓出一身冷汗。

所以说，如果宝宝一觉睡十多个小时，那是爸爸妈妈的幸运。宝宝没有在睡眠周期变换中醒来哭闹，而是很快从一个睡眠周期转到下一个睡眠周期。即使做梦，也没有被梦境打扰。抑或是爸爸妈妈的深睡期恰巧和宝宝的浅睡期交错进行，爸爸妈妈"睡觉沉"，全然不知梦中的宝宝干了什么，也不知道宝宝浅睡时的翻身打滚。

如果宝宝夜里很晚了还不睡，那多是因为宝宝在傍晚睡了一觉。所以，到了傍晚，最好不要再让宝宝睡觉了。可以和宝宝做些游戏，把觉移到晚上去睡，逐步养成规律的睡眠习惯。但有的宝宝就是不同寻常，睡眠时间让父母迷惑不解，做了很多努力都无济于事，父母也不要自责，更不要责备宝宝，不要按书本上说的睡眠时间强迫宝宝就范。如父母有晚睡晚起的习惯，宝宝也多如此。改变晚睡晚起的睡眠习惯是比较困难的，需要慢慢来，不可"急转弯"。

觉少和睡眠不安的宝宝

有的宝宝觉少，晚上睡得晚，早晨起得早，白天也不怎么睡，却特别精神，妈妈常常不解地问，宝宝哪来那么大的精神啊？妈妈心中着急，担心影响宝宝生长发育。不必急，可以先思考这四个问题：第一，父母双方或其中一方有觉少的吗？第二，宝宝出生开始睡眠就少吗？第三，宝宝精神状态和身高、体重等各项发育指标都正常吗？第四，除睡眠少外，是否无其他异常表现？如果这四个问题的回答都为"是"，妈妈就不必着急了，宝宝就是觉少的孩子。

有的宝宝近来睡眠不安，尤其是夜间频繁醒来，妈妈很是焦虑。可从以下几点寻找宝宝睡眠不安的原因：

- 宝宝白天活动少，几乎没有消耗什么精力，到了晚上，精力还很旺盛。每天坚持带宝宝到户外活动；减少抱宝宝的时间；把宝宝放在地板上，增加宝宝自由活动时间；和宝宝做亲子游戏；给宝宝做操，加强宝宝肢体运动。
- 宝宝白天睡得太多，到了晚上不困了。逐渐培养宝宝良好的睡眠习惯，白天多陪宝宝玩耍，做亲子游戏；晚上尽可能早地营造睡眠气氛，争取宝宝早睡。
- 是否正在试图改变宝宝的睡眠习惯，比如，宝宝一直晚睡晚起，现在想改成早睡早起。如果爸爸妈妈想这么做，就要坚持，不要时而坚持，时而退缩。
- 是否与季节有关。如：正处在炎热的夏季；春季接受较多日光照射，宝宝血钙暂时降低，睡眠不踏实；冬季室内温湿度不适宜，室内闷热，空气流通较差，气压低，氧浓度低，宝宝睡眠环境不舒服。给宝宝创造良好的睡眠环境，不要因为担心宝宝受凉而拒绝开空调，宝宝在闷热的环境中难以安睡。
- 添加辅食后，宝宝出现了睡眠不安。如果宝宝有腹胀、大便异常、皮疹等异常情况，带宝宝看医生，排除食物不良反应的可能。
- 是否因生病抽血或静脉注射等疼痛刺激，在睡梦中惊醒；或者小狗对着宝宝汪汪叫并做出扑向宝宝动作，宝宝把害怕情景带入梦中，被噩梦惊醒。宝宝很快就会回到原来好的睡眠状态，爸爸妈妈不要焦虑。

- 是否妈妈结束了产假进入职场，宝宝看不到妈妈，产生分离焦虑，缺乏安全感。妈妈回到家中后尽可能地多陪伴宝宝，慢慢就会好起来的。
- 是否换了看护人，宝宝心情焦虑不安。更换看护人第一周，不要让看护人独自看护宝宝，而是由爸爸或妈妈和看护人一起陪伴着宝宝，等待宝宝接受新的看护人。
- 宝宝乳牙萌出，感觉不舒服。多出现在乳牙刚刚露头的时候，待乳牙完全萌出后，宝宝就没有不适感觉了。
- 宝宝铁缺乏、缺铁性贫血。要定期带宝宝到儿保科看医生，在例行健康体检和保健时，医生会给出判断和干预方法。
- 宝宝感冒鼻塞，呼吸不畅。宝宝鼻塞需要帮助清理鼻腔。

 **尿便护理**

大便的变化

在排便方面，困扰妈妈的问题主要是：宝宝稀便、绿便、便次多、有奶瓣、大便干硬、次数少、排便费劲。当宝宝排便出现异常情况时，首先要从护理方面着手，不要擅自给宝宝用药。如果是母乳喂养，妈妈要问一问，自己是否吃了生冷或过于油腻的食物，自己排便是否发生异常等。从饮食中找原因，往往就解决了宝宝的问题。如果添加了辅食，观察哪种辅食使宝宝大便异常，如果确定与某种辅食有关，可暂时停止添加这种辅食，观察一两天，看宝宝大便是否好转。如果是新添加的辅食导致宝宝腹泻，就暂停新添加的辅食，待宝宝大便转正常了，再重新尝试添加。

如果宝宝大便次数突然增多，大便性质也发生了改变，排稀水便或便水分离，妈妈就要用干净的小瓶留取宝宝大便样本，到医院进行化验，并将结果提供给医生，咨询详情，如果医生需要看宝宝，再带宝宝去医院。为了避免交叉感染，尽量减少带宝宝去医院的次数。

如果确诊是轮状或诺如病毒性肠炎，要遵医嘱治疗，及时补充丢失的水和电解质。要注意肠道隔离，避免传染给家人和周围的小朋友，也要阻止自我再感染。如果宝宝一周以上才大便一次，每次大便前腹部都很胀，一次拉得很多，要带宝宝看医生，排除肠功能紊乱或巨结肠的可能。

不要动辄就带宝宝去医院

医院是患儿聚集的场所，即使有很好的隔离措施，在候诊过程中，也难免会发生交叉感染，不要动辄带宝宝去医院。宝宝流一点儿清鼻涕、咳嗽一两声、有些发热、大便有点儿稀、皮肤起几个小疙瘩等，都不需要马上去医院，而是要细心观察，及时发现异常表现。如果很担心，先向医生咨询。如果医生认为需要带宝宝看看，再带宝宝就医也不迟。

不添加辅食引起的腹泻

随着宝宝月龄的增加，乳类食品已经不能满足宝宝的需要，有的宝宝还会从6个月开始，对乳糖或牛奶蛋白质不耐受，而乳量不足和乳糖不耐受都会使宝宝肠蠕动增强，排出又稀又绿的大便，大便次数也增多了。所以，如果宝宝大便一直不好，妈妈就不敢添加辅食，那就错了，或许添加辅食后，大便就好转了。

尿便前的反应

宝宝神经系统发育尚未完善，不能自主控制尿便，大小便是无条件反射，靠的是生理机能自动排便。宝宝不会主动地通过小腹肌运动来挤压排便，也意识不到尿意和便意，更不能有意憋尿憋便。

当宝宝的直肠或膀胱充满以后，会产生一系列连锁反应，排出尿便。通过声音和姿势建立的排泄反射与宝宝尿便控制，是完全不同的两个概念。5~6个月龄宝宝对尿便排泄没有什么意识，不会主观控制。不要过早训练宝宝尿便，也不要让宝宝坐便盆，更不要给宝宝把尿把便。

夜里换尿布

夜里大便的宝宝不多，但夜里小便的宝宝不少。有的宝宝即使排尿，也不醒，妈妈换纸尿裤，也不影响宝宝睡眠。有的宝宝排尿前就醒，甚至还哭，排尿后不能马上入睡，可能会玩一会儿，也可能会哭一会儿。有的宝宝尿在了纸尿裤上，妈妈怕宝宝淹屁股，就换纸尿裤，结果宝宝醒了，还大声哭。如果宝宝并没有尿布疹，尿湿了也并不哭闹，就不必急着换纸尿裤。宝宝睡眠不受打扰是最重要的，换不换纸尿裤，要看宝宝睡眠的需要。

冬天或宝宝缺水分，便盆中的尿会有白色沉淀，这是尿酸盐析出，不是宝宝病变的反映。如果尿黄，恐怕也与缺水无关，因为多喝了橘子汁，就会排出很黄的尿。男婴排尿时哭闹，要看是否包皮过长或尿道口发炎。女婴排尿时哭闹，要看是否患有尿道炎和外阴炎。

本月护理常见问题

夜哭

夜哭与宝宝气质有关。有的宝宝无论白天还是黑夜，都很容易入睡，睡眠也比较安稳，很少哭闹，属于"易养型"气质。有的宝宝特别爱哭，睡前哭，睡的过程中也常哭醒，这样的宝宝多属于"难养型"气质。妈妈不要从字面上理解"难养"与"易养"，这只是心理学的叫法，没有好坏之分，也不意味着疾病。如果你的宝宝总是闹夜，其他方面一切正常，妈妈不必焦虑，随着月龄的增加，宝宝夜哭现象会逐渐好转，直至消失。

如果某一天，宝宝突然闹夜，或闹法与往常完全不同，就有可能是疾病所致，要引起父母注意。如果宝宝正在腹泻，突然闹夜，阵发性哭闹，拒绝吃奶，干呕或呕吐，最有可能的病因是肠套叠，要立即带宝宝看医生，不要耽搁。

爸爸妈妈如果能冷静对待宝宝闹夜，宝宝夜哭的持续时间就会缩短，乖宝宝的日子就会早日到来。如果新手爸爸妈妈面对宝宝夜哭焦躁不安，并把烦恼、生气、无可奈何、抱怨等不良情绪传递给宝宝，宝宝会越闹越凶，夜哭也会持续更长的时间。

不会翻身

有的宝宝3~4个月就总试图翻身，满5个月后就能翻身自如了，从仰卧位翻到侧卧位，再从侧卧位翻到俯卧位，但还不能从俯卧位翻到侧卧位或仰卧位。

所以这时不要离开宝宝，避免发生窒息。

5~6个月的宝宝如果仍然不会翻身，应首先考虑护理方面的问题。

· 是不是冬季宝宝穿得比较多，影响自由活动；

· 是不是用了"蜡烛包"，盖被时用沙袋或枕头压在宝宝两边，限制了宝宝的活动；

· 是不是总抱着宝宝，宝宝没有翻身的机会。

训练宝宝翻身的办法很简单。首先要给宝宝穿少些，盖少些。可以先教宝宝向右翻身，方法是：把宝宝头偏向右侧，托住宝宝左肩和臀部，使宝宝向右侧卧。从右侧卧转向俯卧的方法是：妈妈一手托住宝宝前胸，另一手轻轻推宝宝背部，使其俯卧；如果右侧上肢压在了身下，就轻轻帮助宝宝抽出来。宝宝的头会自动抬起来，这时再让宝宝用双手或用前臂撑起前胸。经过这样的锻炼，宝宝就学会翻身了。

如果练习多次宝宝仍然不会翻身，应该带宝宝看医生，排除运动功能障碍的可能。一般来说，运动功能障碍会出现一系列运动能力的落后，不会单单翻身落后。

什么都放在嘴里啃

宝宝出生后不久，就会把小手放到嘴边吸吮。开始是把紧握的拳头放到嘴边吸吮，随着月龄的增长，就开始吸吮拇指和其他手指了。宝宝吸吮手指是发育过程中的正常表现，科学研究证实，大约50%的宝宝会吸吮手指。

如果宝宝在婴儿期没能满足吸吮愿望，吃手可能会延续到幼儿，甚至到了学龄期还啃手。所以，不要干预宝宝吸吮手指。如果宝宝几乎一刻也不停地吸吮手指，以至于影响吃奶和玩耍，也不能强行干预，而是采取转移注意力的方法，如握着宝宝小手玩耍、做操，把宝宝喜欢的玩具放到宝宝手里。这个月的宝宝把什么都放在嘴里啃是正常的。如果妈妈怕玩具不卫生，可让宝宝咬"牙咬胶"或吃"磨牙棒"，也可给宝宝使用"安抚奶嘴"。能啃下来的玩具（如软塑料玩具）不要给宝宝玩，能放到宝宝嘴里的东西不要给宝宝玩，如小球、糖块等，以免出现气管异物危险。

流口水

这个月宝宝唾液腺分泌增加了，添加辅食后唾液分泌更多，再加上出乳牙，宝宝流口水就更多了。在宝宝胸前戴一个小围嘴，同时多备几个，只要湿了就换下来。口水会把宝宝下巴淹红，不要用手绢或毛巾擦，而应用干爽的毛巾蘸干，以免擦伤皮肤。如果喂了有可能刺激皮肤的辅食，就要先用清水洗一下嘴周，不能只是用毛巾蘸，那样刺激物的成分仍会留在宝宝的下巴上。

蚊虫叮咬

蚊虫叮咬可传播痢疾、乙脑、肝炎等多种疾病。夏季防止蚊虫叮咬，可采用纱门纱窗和挂蚊帐等物理方法，这也是最有效且无副作用的好办法。

蚊香的主要成分是杀虫剂，通常是除虫菊酯类，毒性较小。但也有一些蚊香选用了有机氯农药、有机磷农药、氨基甲酸酯类农药等，这类蚊香虽然加大了驱蚊作用，但它的毒性相对就大得多。一般情况下，宝宝的房间不宜用蚊香。

电蚊香毒性较小，但由于宝宝新陈代谢旺盛，皮肤吸收能力也强，最好也不要常用电蚊香，如果一定要用，尽量放在通风好的地方，切忌长时间使用。

宝宝房间绝对禁止喷洒杀虫剂，宝宝如吸入过量杀虫剂，会发生急性溶血反应，器官缺氧，严重者导致心力衰竭，脏器受损，或转为再生障碍性贫血。

用手抓伤自己

随着月龄增加，宝宝肢体的粗大运动、手的精细运动能力有所提高，身体的协调和平衡能力也有了很大进步。与此同时，宝宝"抓伤自己"的情况也屡屡发生，特别是宝宝的小脸，常常被自己的指甲抓伤，爸爸妈妈看了心疼无比。

那么，如何防止宝宝抓伤自己呢？正确的方法是勤给宝宝修剪指甲。宝宝指甲长得很快，两三天不修剪就可能把小脸抓伤。给宝宝修剪指甲，剪掉的是超过甲床部分的指甲，不能因为怕宝宝抓伤自己，就把宝宝的手指甲修剪的很短，以至于露出甲床；也不能因为担心宝宝抓伤自己，而给宝宝戴手套、穿长袖衣；更不能怕宝宝抓伤自己而限制宝宝肢体活动。

宝宝抓伤了自己，不需要带宝宝去医院。如果只是一条红色抓痕，表皮也没有破损，不需要做什么处理，抓痕很快就会消失；如果表皮被抓破了，但并没有可见的口子，用蘸碘伏的无菌棉签轻轻涂抹一下即可，过几天会自行愈合；如果抓出血了，有一道可见的伤口，先用蘸碘伏的无菌棉签轻轻擦拭，然后贴上创可贴，24小时后更换，直到伤口愈合。抓伤处未愈合前，不要让伤处沾水，如果不小心沾水了，就用蘸有碘伏无菌棉签擦拭一下，伤口处不要涂抹任何东西，包括药膏、保湿乳或其他护肤品。

第五节　本月宝宝能力发展、早教建议

看的能力：单纯的看已不是目的

随着月龄的增加，宝宝白天睡眠时间逐渐缩短，头能够向任何方向转动，视野扩大，视觉灵敏度提高，手眼协调能力增强。这些都有利于宝宝积极探索身边世界，获取信息。爸爸妈妈要把握每一时机，帮助宝宝观察认识周围的环境。室内物品都要让宝宝看看，并告诉宝宝这些物品的名称、作用、形状、颜色等，帮助宝宝视、听、触觉的相互结合与协调。

户外活动对宝宝发展非常有益，爸爸妈妈和看护人要引导宝宝看外面的事物，如路上跑的车、小动物、楼房、花草树木和行走中的人。能够让宝宝触摸的就让宝宝摸一摸。单纯的看已经不是目的，要在看的过程中引导宝宝分析看到的事物，获得认识事物的能力。

视觉能力训练

制作或购买图卡。图卡单边长度不要小于20厘米，内容明确、形象准确、图画清晰、一目了然。比如画动物，就只画一只动物，并在画旁注上动

物的名称（字框单边不要小于2厘米）。每天给宝宝看和讲解至少5张人物、动物和各种实物卡片，每周至少换上1张从未看过的卡片。

带宝宝玩耍和游戏时，要随时观察其反应：宝宝是否对目前的玩耍有兴趣？宝宝情绪是否饱满？宝宝在注视着什么？宝宝看到某物或某人时的表情是怎样的？这样能够帮助你和宝宝积极互动和进行有效的沟通，这一点是非常重要的。

比如妈妈教宝宝认识墙上挂的钟表，常用的方法是向宝宝发问"钟表在哪里呢"，然后指着墙上的钟表给宝宝看。如果碰巧宝宝情绪不错，按照你的指引，宝宝看到了，妈妈就会认为教学成功了。其实这只是在培养宝宝被动接受知识的习惯，没有满足宝宝主动探索知识的需求。

当妈妈观察到宝宝正盯着钟表看时，就马上告诉宝宝，宝宝正在看钟表，钟表是记录时间的，再过10分钟（用手指示表盘），妈妈就该给宝宝喂奶了等。这样就满足了宝宝主动探索时对生活常识的需求，有利于培养宝宝主动学习的精神。

爸爸妈妈们要特别注意，培养宝宝主动学习的精神，比教宝宝具体知识重要百倍。当宝宝注视某一物体，或关注某一事物时，爸爸妈妈及时给予回应，积极互动，这就是在培养宝宝积极探索的精神，满足宝宝主动学习的欲望。当宝宝对一个目标失去了兴趣，妈妈也要停止讲授，注意发现宝宝新的兴奋点。在宝宝兴趣盎然的时候引导宝宝，是最好的潜能开发。

听的能力：能记住声音了

宝宝有着敏锐的听觉，对听到的声音开始有短暂的记忆能力。能听出爸爸妈妈和其他看护人的声音，听到声音时会转头寻找声源。晚上关了灯，宝宝哭闹时，妈妈和宝宝说话，或者是哼唱摇篮曲，即使宝宝看不到妈妈，妈妈也没有用身体接触宝宝，哭声也会停止。此时如果是陌生人说话，不仅不会让宝宝停止哭声，宝宝可能会哭得更厉害。

宝宝对音乐旋律有特殊的感受，当播放音乐时，宝宝会随着音乐的旋律摇晃身体，能随着音乐的节拍晃动。婴儿期多听音乐是很有益的。

听觉能力训练

每天在宝宝情绪好的时候（最好选择一个固定的时间）给宝宝朗诵诗、词和儿歌。宝宝非常喜欢节奏感，给宝宝朗诵时，节奏感要强，要富有情感，抑扬顿挫。妈妈可能会认为用电视或手机播放语音更准确，让宝宝听岂不是更好。不是这样的，宝宝不能

从电视或手机中学习语言。宝宝是通过与爸爸妈妈全方位的沟通与交流学习语言的，宝宝更愿意，也更能接受来自爸爸妈妈的语言。

说的能力：咿呀学语

随着月龄的增加，宝宝对语音的感知逐渐丰富，发音变得主动，会不自觉地发出一些不很清晰的语音，会无意识地发出"ma—ma""ba—ba""da—da"等声音。

语言能力训练

这个阶段，训练宝宝学习语言的最佳途径仍然是倾听并解读宝宝在说什么，并给予积极回应。妈妈所说的都是围绕着宝宝所做、所看、所想，而不是自顾自地说，更不是喃喃自语。要让宝宝多看、多听、多摸、多做，不断感受语言，认识事物。

当宝宝发出语音时，爸爸妈妈要积极地做出反应。宝宝发出"ma—ma"的语音时，妈妈要马上说"妈妈在这里"。可以给宝宝起个固定的乳名，经常用名字称呼宝宝，使宝宝把名字和自己联系起来。

妈妈做任何事情之前，都应该说"妈妈要做……"。让宝宝熟悉妈妈这个称谓。把语言和实际结合起来，宝宝会快速学会发音，并能运用它。

🐒 运动能力：全方位发展

这个月的宝宝，能够很容易地从仰卧位翻到俯卧位。有的宝宝已经能够从俯卧位翻到仰卧位了。宝宝翻身时会把压在下面的手或胳膊拿出来，但不是每次都能够这样。当宝宝翻身时，要注意宝宝的手是否被压在下面了。

尽管大多数宝宝还不会在床上翻滚，但宝宝会通过很多种方法移动自己的身体，因此还是有掉到地上的可能。爸爸妈妈不要让宝宝单独玩耍，床上要有栏杆。

俯卧位时，宝宝会用胳膊把前胸支撑起来，累了，会把前臂放平，用肘关节和上臂支撑着。头抬得比较高，能够自由活动颈部，环顾四周，宝宝的视野扩大了。

把前胸放在叠起的被子上，让宝宝趴着。宝宝会伸开下肢，向前一挺一挺的。这样锻炼宝宝的腿力，对以后锻炼爬行有帮助。

宝宝背靠东西能坐，身体会向前倾斜，前胸几乎和下肢贴上，嘴能啃到小脚丫。快满6个月时，有的宝宝能够坐直一会儿了，但不要急于让宝宝独自坐着。竖头使宝宝脊椎出现第一个生理弯曲；坐使宝宝脊椎出现第二个生理弯曲。宝宝的脊椎和骨盆肌肉、韧带、神经发育是有一定顺序的，过早让宝宝坐着，会影响宝宝各部位的正常发育。因此，不必在这个阶段经常训练宝宝坐，偶尔为之就可以了。

在训练宝宝运动能力时，不能拔苗助长。让宝宝俯卧时，用手抵住宝宝的足底，宝宝会向前爬跃，但不会有四肢前后协调运动的爬行动作。这样的训练，对以后宝宝爬行是有益的，但动作要轻柔，不要让宝宝的脸栽到床上。

仰卧时，宝宝会蹬腿，还会两手同时掰着两只小脚丫往嘴里放。宝宝会认真地摆弄自己的两只小手，喜欢吸吮手指。有时会把手和脚统统塞到嘴里，出现干呕。一般还是最喜欢把拇指放到嘴里吸吮。

拿着玩具会来回摇晃，会把摇铃摇得很响，会用手拍打眼前的玩具。如果把不倒翁玩具放在宝宝面前，他会推着玩。会抱着奶瓶吃奶了。

爸爸妈妈托住宝宝腋下，让宝宝站立时，宝宝会欢快地跳跃。这既锻炼了宝宝的腿部肌肉，为学习走路打基础，还使宝宝心情愉快。

宝宝已经能够准确抓握眼前的物品了，还会把东西比较准确地放到嘴里。要进一步练习抓握能力，锻炼宝宝的手眼协调能力。这时宝宝可以吃磨牙棒了，这对乳牙生长有益。

宝宝的运动能力和其他能力都是按一定的次序发展的，有一定规律性。但并不是每个宝宝都完全按照这样的模式发展，有的落后些，有的发展快些。有一些差别是正常的，只要宝宝在不断进步，就不要在乎某一项发育暂时落后。

运动能力训练

随着月龄增加，宝宝主动运动能力增强，要尽可能地给宝宝创造独自玩耍的机会。在宝宝吃饱喝足情绪好的时候，把宝宝放在安全的活动场地，让宝宝尽情地玩耍。这么大的宝宝还不能独处，爸爸妈妈或看护人要时刻守在宝宝身边。

本月运动能力的训练重点是爬。在地板上铺上爬行垫，让宝宝俯卧在爬行垫上，爸爸妈妈趴在宝宝前面，伸出手迎接宝宝，宝宝就会努力爬过去，也可以在宝宝前方放一些玩具，鼓励宝宝向前爬，够到玩具。玩具不要离宝宝太远，太远了，宝宝就索性放弃不够了。如果宝宝努力了一会儿，仍然没有向前移动够到玩具或妈妈的手，妈妈要适时递给宝宝，以增加宝宝信心。

潜能开发的经典游戏

玩是宝宝的天性，是宝宝必不可少的活动项目。爸爸妈妈不仅要把宝宝喂饱穿暖，别磕了、碰了、伤了，还要抽出时间和宝宝玩，这是育儿最重要的一项内容。在玩中开发宝宝的智力，在玩中教宝宝说话，认识世界，在玩中让宝宝快乐成长。

宝宝需要的是兴趣、乐趣和高涨的情绪，如果爸爸妈妈像孩子一样和宝宝玩耍，那是对宝宝健康发育的最大奉献。教练技能和传授知识对宝宝来说不是首要的，让宝宝在玩中体验快乐才是育儿的目的。

在和宝宝玩耍时，爸爸妈妈要舍得花时间，要理解宝宝的心理，这样才能提高宝宝的主动能力。如果怕耽误时间，爸爸妈妈什么游戏都要主动帮助宝宝完成，就会打击宝宝的积极性，挫伤宝宝的自尊心（不要认为宝宝这么小，什么都不懂）。当宝宝要够一件玩具时，由于动作不协调，怎么也够不到，如果妈妈能不动声色地悄悄把玩具推到宝宝能抓到的地方，最好还差那么一点儿，宝宝稍加努力就能抓到，那么宝宝抓到玩具后，就会非常高兴，会增强宝宝探索世界的勇气。当爸爸抱着宝宝时，宝宝可能会用小手触碰你的鼻子、眼睛、嘴。爸爸要把握住这个机会，告诉宝宝这是爸爸的鼻子，这是爸爸的嘴。这样就自然而然地教会了宝宝认识人的五官。

每个宝宝都有自己的性格和喜好。有的宝宝喜欢比较剧烈的活动和比较有刺激性的游戏，有的宝宝喜欢相对安静、刺激小的游戏。爸爸妈妈要了解自己宝宝的个性，寻找适合宝宝的游戏，并和宝宝一起玩。在陪宝宝玩耍时，也要针对宝宝的某些弱项，加以训练。如胆子小的宝宝，就不要再和宝宝玩蹑手蹑脚的游戏，那会夸大宝宝的弱点。

◎ 抓东西游戏

这个月的宝宝，已经能够比较准确地抓东西了，但仍然是大把抓，不能分开拇指和四指，更不会用拇指和食指捏东西，手、眼的协调能力还不是很好，手的运动能力刚刚开始。要锻炼宝宝练习抓东西，尤其是抓小东西的能力。

妈妈可以坐在桌子前，让宝宝坐在妈妈腿上，在桌子上放些玩具，让宝宝去抓。爸爸妈妈不断改变宝宝与玩具的距离，当把宝宝抱离玩具时，就说"抓不到了"；当把宝宝抱到玩具跟前时，就说"宝宝可以抓到了""宝宝真是有本事"。宝宝把抓玩具当作一种游戏，会玩得很开心。

如果宝宝把较大的玩具拿起来，就告诉宝宝这个玩具的名字，并说这是个大玩具。如果宝宝拿一个比较小的玩具，就告诉宝宝这个玩具是个小玩具，让宝宝认识小和大，重和轻，不同颜色，在游戏中认知世界。

◎ 藏猫猫

这个传统的游戏是宝宝非常喜欢的。5个月以前的宝宝，外界物体在他的脑海里还不能形成具体的印象。5个月以后的宝宝就有了这种能力。我们可以利用宝宝的这种能力和宝宝玩"藏猫猫"。把手或手绢蒙在爸爸或妈妈的脸上，让宝宝找妈妈哪去了，爸爸哪去了。当宝宝两眼盯着手绢时，妈妈把手绢拿开，露出脸，并对宝宝笑着说"妈妈在这里"。宝宝会因为找到妈妈，重新看到妈妈的脸而手舞足蹈，还会发出会心的笑声。

这个游戏会让宝宝意识到，虽然妈妈的脸用手绢挡住了，但妈妈并没消失，就在手绢后面，拿开手绢，妈妈就会出现。从不同的方向露出妈妈的脸，会使宝宝知道物体从一方消失后会从另一方出现，但妈妈的脸总是存在的。如果妈妈用手绢蒙上脸，宝宝会用手去掀妈妈脸上的手绢，这可是不小的进步，这说明宝宝对事物已经能够判断，并能付诸行动，这是手、眼、脑共同完成的，体现了宝宝大脑的思维活动。

◎ 找东西

把会响的东西掉到地上，让宝宝去寻找，如果找不到，妈妈就指给宝宝，并抱着宝宝，让宝宝自己把掉下去的东西拿上来，再让宝宝自己把东西掉到地上，再捡起来。反复锻炼，让宝宝知道东西掉下去了，是暂时的消失，会被找到的。这个游戏主要培养宝宝的观察能力。

◎ 绳拴玩具

把玩具用线绳拴上，通过拽线绳，让玩具从远的地方移动到近的地方。让宝宝自己反复操作，使宝宝认识线绳与被拴物体的关系。

◎ 两手拿东西

教宝宝用两只手同时拿东西。把一个球递到宝宝的一只手里，再把另一个球递到宝宝的另一只手里，最后把两个球同时递给宝宝，观察宝宝是否会伸出两只手来接这两个球，如果还不会，就反复游戏，锻炼这个能力。

◎ 随音乐摇摆

放节奏感较强的音乐，抱着宝宝旋转摇摆。可以让宝宝靠在被子上，让他自己随着音乐节奏摇摆，每次两三分钟。

◎ 照镜子

抱着宝宝照镜子，告诉宝宝，镜子里的人就是宝宝，同时，指着宝宝的鼻子、眼睛、嘴等部位告诉他这是什么，那是什么，有什么功能。宝宝会用小手拍打镜子里的影像。通过看镜子里的爸爸妈妈，宝宝逐渐认识镜子是用来照人的，照出来的人，是镜子前面的人。

本章专题
辅食示范

蛋黄泥

过敏体质的宝宝，建议满8个月时开始尝试添加蛋黄。把洗干净的鸡蛋放在冷水里小火煮熟，剥出蛋黄，根据需要取量放入小碗中，用温开水或母乳调成泥状，用小勺喂。即使是配方奶喂养，也不要将蛋黄等辅食放入奶瓶中喂，一定要用小碗小勺等婴儿餐具喂辅食。

菜泥

将洗净的蔬菜放入开水中焯一下，把焯过的蔬菜捞出来，用辅食机或料理机打成泥状，就可喂宝宝了。为了口感，可以把水果泥和菜泥混合在一起喂，也可以把菜泥放入米粉糊或面糊中喂。

番茄泥

把番茄洗净，在番茄底部用刀划开十字口，放入碗中，用蒸锅锅蒸五六分钟，不烫手后剥去皮，用辅食机或辅食研磨器制成泥，即可与米粉糊一起喂宝宝了。

胡萝卜泥

把胡萝卜洗净，放在蒸锅中蒸熟，去皮，用料理机或辅食研磨器制成泥状，可与其他辅食混合在一起喂，也可单独喂。

果泥

把水果（苹果、橘子、桃、葡萄、梨、草莓、西瓜、猕猴桃、火龙果等）洗净削皮去核，切成小块，放入辅食料理机或辅食研磨器/碗，制成泥状，直接喂给宝宝。

第七章

6~7个月的宝宝

> » 这个月的宝宝会用独特的方式和爸爸妈妈及周围人交流了;
> » 显现出不同的气质,有的见谁都笑,有的拒绝生人;
> » 多数宝宝会独坐了,部分宝宝能往前爬或向后爬;
> » 主动移动身体,拿周围的玩具;
> » 开始发出有意义的语音,如爸、妈、奶等;
> » 开始正式添加辅食。

第一节　本月宝宝特点

能力

独坐

有的宝宝到了6个月开始会独坐了。有了独坐能力,宝宝就能够自由地活动双手和胳膊了,会把跟前的玩具拿起来,这对手眼协调有很大帮助。但父母也不要忘了,每个宝宝身心发育速度、水平都不一样,存在着一定的差异。如果宝宝还没有达到某种能力状态,也不要着急,只要不是病态,宝宝都会在父母的呵护下不断进步。

有了更丰富的表情

宝宝的表情越来越丰富,高兴时欢愉的笑容让爸爸妈妈感到极大的欣慰;不高兴时,五官皱在一起,哼哼唧唧的,妈妈能很快判断这是宝宝不耐烦了。有经验的妈妈还能通过表情判断宝宝是要吃还是要拉尿,通过眼神判断宝宝是否要睡觉了。妈妈要注意,宝宝是否喜欢和你对视,当你和宝宝说话时,宝宝是否常常凝视着你,好像看懂了你的心思,听懂了你的话语。如果你感觉到宝宝从来不和你对视,就要向医生咨询了。

情感

和爸爸妈妈的情感互动

本月宝宝虽然还不能用语言和爸爸妈妈交流，但是已经能用各种独特的方式表达自己的感情了。宝宝更依恋妈妈，看不到妈妈就会不安，甚至哭闹；看到妈妈会手舞足蹈，欢天喜地，有时会做出类似鼓掌欢迎的动作。妈妈会被宝宝的表现所感染，急不可待地奔向宝宝，抱起宝宝。母子之间、父子之间这种情感的互动，对宝宝身体、心理健康发育有着极其重要的作用。

开始有自己的主张

宝宝开始有自己的主张，如果宝宝不想喝奶、吃辅食，任凭妈妈想什么办法，宝宝都不妥协。比如：把小嘴闭得紧紧的；把吃进嘴里的食物吐出来；含着奶嘴不吸吮；把头歪向一边表示拒绝；用小手打翻饭勺；用哭闹抗议喂食。总之，爸爸妈妈会感觉到，宝宝不再任由父母"摆布"了。

第二节 本月宝宝生长发育

在宝宝的生长发育过程中，需要定期给宝宝测量身高、体重、头围，并把测得的数值记录在增长发育曲线图上，画出属于宝宝自己的增长曲线，和附录中的参考曲线进行比对，帮助父母和医生用科学的方法评估宝宝的生长发育情况。

宝宝间的生长速率不尽相同，每个宝宝都有自己独特的增长曲线，有时长得快，有时长得慢。单次测量的数值不如整体生长速率意义大，不要只看单次测量的数值，要动态观察宝宝的生长情况，监测宝宝的生长速率。

身高

本月宝宝，男婴身高中位值68.4厘米，女婴身高中位值66.8厘米。如果男婴身高低于63.7厘米或高于73.3厘米，女婴身高低于62.3厘米或高于71.5厘米，为身高过低或过高。这个月宝宝身高平均增长2.0厘米。宝宝身高增长也像芝麻开花一样，一节一节的。这个月长得慢些，下个月长得快些，属于正常现象。

头围

这个月的宝宝头围平均增长1.0厘米。男婴头围中位值43.6厘米，女婴头围中位值42.4厘米。1厘米的增长，测量起来可能比较不出太大的差别，需要比较精确的测量才能发现。

体重

这个月的宝宝，男婴体重中位值8.41千克，女婴体重中位值7.77千克。如果男婴体重低于6.7千克或高于10.5千克，女婴体重低于6.26千克或高于9.73千克，为体重过低或过高。这个月宝宝体重平均增长0.35千克。

体重与身高相比，有更大的波动性，受喂养因素影响比较大。对于体重问题，父母要学会分析，不要盲目认为宝宝有病了，更不要随便给宝宝吃各种各样的消化药，那样会破坏宝宝肠道内环境。宝宝不是越胖越好，胖可爱，但不能为了儿时的可爱，埋下疾病的祸根。有一些儿童成人病的形成，肥胖就是元凶。

囟门

凭囟门大小判断宝宝是否缺钙没有科学依据。妈妈切不可因为宝宝囟门大就擅自增加维生素D和钙量，也不要因为宝宝囟门小就完全停服维生素D。一个健康的宝宝，正确护理，科学喂养，有效预防，是不会无缘由缺钙或多钙的。妈妈切莫在这个问题上疑虑重重。

第三节 本月宝宝喂养

营养需求

这个月的宝宝，营养需求与上个月差别不大，热量仍然是每天每千克体重100~110千卡。母乳喂养的宝宝，母乳仍然是本月宝宝生长发育所需营养的主要食物来源。添加辅食不是因为母乳质量降低。配方奶喂养的宝宝，可继续维持原有奶量。如果因为添加辅食，明显影响乳量，要适当减少辅食量，但不能完全停止添加。配方奶不是辅食的一部分，不要把配方奶当作辅食添加。

从这个月开始，需要正规添加辅食。宝宝4~6个月后，胎儿期储存的铁逐渐消耗殆尽，需要从乳类以外的食物中获取生长发育所需要的铁。需要选择富含铁的辅食，如：强化铁米粉、动物肝或动物血、肉类食物、绿色蔬菜和蛋黄等。

宝宝对维生素AD的需求没有变化，不需要增加维生素AD的补充量。如果没有缺乏，不需要额外补充钙、铁、锌等矿物质，也不需要补充多种维生素等营养补充剂。如果妈妈正在给宝宝补充DHA，可继续补充，但并非必须。益生菌不需常规服用。

母乳　　喂养

不要照本宣科

这个月的宝宝，到底应该吃几次母乳，添几顿辅食，要根据宝宝的具体情况而定，以宝宝爱吃，进食快乐为原则。不要因为添加辅食而减少哺乳次数，只要宝宝想吃，就给宝宝吃，如果妈妈觉得宝宝一次不能把两侧乳房吃空，常常有乳房胀的感觉，就用吸奶器把奶吸出来，存放在储奶袋中冷冻，等到不在家的时候由看护人喂给宝宝。

几点喂养建议

白天喂两次辅食、三次母乳，辅食在两次母乳之间喂食。晚上喂两次母乳（大多是在睡前和醒后）。

· 如果喂两次辅食，宝宝吃母乳的次数减少了，要适当减少辅食量。

· 如果宝宝是母乳和配方奶混合喂养，添加辅食后，不要减少母乳喂养。

· 如果宝宝特别喜欢吃辅食，不爱吃母乳，也不能无限制增加辅食量。

配方奶　　喂养

不要减少奶量

配方奶喂养的宝宝，可能比母乳喂养的宝宝更喜欢吃辅食。但这个月宝宝仍应以配方奶为主要食物来源。常常会有这样的情况，上一顿宝宝把妈妈做的辅食全吃光了，妈妈会非常高兴，下顿会多做些。这样一来二去的，可能会使宝宝积食，或使宝宝吃奶量大减。这样做是不对的，妈妈需要掌握好配方奶和辅食的量，即使宝宝很喜欢吃辅食，也要尽量保证每天800毫升的配方奶。

宝宝确实不爱喝奶怎么办

如果宝宝确实不爱喝奶，为了保证必要的奶量，可以用奶调制米粉糊，也可以用奶调制面粉团，做成面糊、面片汤、饺子馄饨皮。如果宝宝是混合喂养，添加辅食后拒绝喝配方奶，或配方奶摄入量明显减少，可尝试用配方奶制作酸奶，也可在辅食中加些奶酪，来补充奶量的欠缺。有一点需要爸爸妈妈明白，随着辅食种类和量的增加，宝宝奶的摄入量会自然减少。混合喂养的宝宝，很有可能就不再需要喝配方奶了。如果宝宝因拒绝奶瓶而不喝配方奶，可改用小勺或小杯子喂。

🍼 辅食添加

这个月是添加辅食的初期阶段，添加辅食的目的是让宝宝逐渐适应吃奶以外的食品，补充奶类中不足的营养成分。如果辅食添加过多而减少了宝宝的奶量，对宝宝生长发育会造成一定影响，因此这个月的宝宝，仍以乳类食物为主要营养来源。

注重辅食搭配

本月宝宝一般会比较喜欢吃辅食，父母可以按辅食添加顺序和宝宝适应程度，逐渐增加种类和剂量。如果宝宝有缺铁性贫血，可以提前添加动物肝和牛肉泥。添加后要密切观察宝宝情况，如出现皮疹、奶量锐减、拒绝辅食、恶心、哭闹、腹泻等异常情况，就暂时停止添加，宝宝8个月左右再尝试添加。

请妈妈注意，给宝宝添加辅食，不要只追求量，也要注重品种和搭配。有的妈妈给宝宝喂米粉，宝宝很爱吃，就快速加量，这样不但会影响奶量，还会影响其他辅食的添加。

举例说明：开始添加米粉，第1天，宝宝吃了2克，宝宝很喜欢吃，妈妈非常高兴，又给宝宝调了3克。第2天，妈妈直接给宝宝调了5克米粉，结果，宝宝又全部吃完了，妈妈非常兴奋，立刻又给宝宝调了5克。第3天，妈妈直接给宝宝调了10克米粉。结果，或许宝宝不好好吃奶了，或许宝宝吃腻了，或许宝宝积食了，其他辅食再也加不上去了。

建议这样添加

第1天：添加米粉2克，不管宝宝多爱吃，都不要再给了。如果添加2克，没有影响奶的摄入，也没有发现任何异常，就这样添加5天。

从第6天开始：（米粉继续按原来的量添加）尝试着添加另一种辅食，如果没有发生什么问题，继续添加5天。

从第11天开始：再尝试添加另一种新的辅食，菜泥或果泥，如胡萝卜泥，从2克开始添加，如果没有异常表现，继续添加5天。

从第16天开始：（米粉、蛋黄和菜泥继续按原来的量添加）尝试添加果泥，如苹果泥，从1/4开始添加，如果没有腹泻等异常，继续添加5天。

从第21天开始：（米粉、蛋黄、菜泥和果泥继续按原来的量添加）尝试添加肉泥，如肝泥，从2克开始添加，如果没有过敏及腹泻等异常，继续添加5天。

经过25天，谷物、蔬菜、水果、蛋/肉四大类食物都添加齐全了。

从第26天开始：合理搭配这四大类食物，每天添加2次辅食。观察宝宝喝奶和吃辅食情况，在保证每天奶量不少于800毫升的基础上（母乳继续按需哺乳，不要刻意减少喂奶次数），逐渐增加辅食量。

谷物添加顺序：米粉、米粥、面糊、面片、面条、面疙瘩、软米饭、馄饨、饺子、包子、烙饼的饼心儿。

蔬菜和水果：从时令蔬菜和水果开始添加。

蛋/肉：如果宝宝患有过敏症或者是过敏体质，建议先添加肉泥，如牛肉泥、鸡肉泥、羊肉泥、猪肉泥和肝泥，然后再添加蛋黄泥、鱼肉泥、虾泥。

添加辅食方法要灵活

这个月，辅食添加的方法要根据添加辅食的时间、量、宝宝对辅食的喜欢程度、母乳的多少、宝宝的睡眠类型等情况灵活掌握。

◎ 习惯吃辅食的宝宝

经过一段时间的辅食添加，宝宝对辅食已经很熟悉了，妈妈和看护人也基本掌握了宝宝吃辅食的规律，可继续按照自己的习惯喂养宝宝，只要宝宝生长发育正常就行。

◎ 吞咽辅食有困难的宝宝

有的宝宝吃辅食很顺利，吞咽和咀嚼能力好，配合也很协调，喂辅食很顺利。有的宝宝吃辅食比较困难，常出现干呕、呛噎。遇到这种情况，妈妈要有耐心，随着宝宝月龄的增加，就能顺利添加辅食了。

◎ 吃辅食慢的宝宝

有的宝宝，一顿辅食十几分钟就吃完了，可有的宝宝，喂一次辅食，要花掉妈妈一个小时的时间。妈妈不要为了让宝宝多吃辅食，无限制地延长喂食时间，最好不要超过30分钟。

◎ 因吃辅食而减少奶量的宝宝

添加辅食后，宝宝奶量明显减少了，就要适当减少辅食量。不要因为添加辅食而叫醒熟睡的宝宝。如果宝宝爱吃辅食，不爱喝奶，可延长辅食与奶的间隔时间，缩短奶与辅食的间隔时间。在宝宝刚刚喝奶后不久就喂辅食，宝宝即使很爱吃辅食，也吃不进去很多。适当减少辅食量，喝奶量就有可能增加了。

◎ 半夜还要吃奶的宝宝

母乳喂养的宝宝，晚上仍需要喂奶的情况还很多见。尽量在妈妈还没有睡觉的前半夜多喂几次，减少后半夜喂奶次数。有的宝宝晚上睡得早，或睡前不能吃足够的奶，半夜会醒了要奶吃，不给就会哭，那就给宝宝吃。随着月龄增加，宝宝自然就不再半夜起来吃奶了。

◎ 吞咽能力好的宝宝

有的宝宝吞咽和咀嚼能力很好，到了这个月又特别喜欢吸吮自己的小手或啃咬拿在手里的玩具，可鼓励宝宝自己动手，如自己拿着磨牙棒吃，既可增加宝宝进食兴趣，也可锻炼宝宝用手能力。

◎ 避免不愉快的进食经历

宝宝对不愉快的经历有着深刻的印记，喜欢重复做让他愉快的事情，拒绝接受痛苦经历。但宝宝尽管有了对痛苦经历的记忆和拒绝能力，却缺乏对事物本质的认识和分析能力。带宝宝看病打针是典型的例子，如果宝宝有过打针的经历，再次见到穿白大褂的医生、护士，尽管不给宝宝打针，宝宝也会哭闹。成人如果害怕打针，则会在针对准臀部时才开始紧张。如果用奶瓶给宝宝喝过苦涩的药水，下次再用奶瓶喂甜水，也会遭到宝宝拒绝。因此，在喂养宝宝过程中，一次不愉快的经历，足以让宝宝拒绝进食。这一点要引起妈妈高度重视，不要给宝宝造成不愉快的喂食经历。

◎ 每个宝宝食量大小存在差异

妈妈不要以食量大小衡量宝宝是否健康。食量偏小的宝宝，并不意味着不健康；食量很大的宝宝，也并非是很健康的标志。每个宝宝食量都不尽相同，妈妈不要追求标准量。只要宝宝各项生长发育指标都正常，吃多吃少是个体差异，不必计较。

◎ 正确断夜奶

这个月龄段，夜间仍然要吃奶的宝宝不在少数。所以，如果爸爸妈妈能欣然接受宝宝吃夜奶，并没有因为宝宝夜间吃奶而身心疲惫，就不必非断奶不可。即使不采取什么措施，宝宝也会一夜睡到大天亮的。如果因夜间起来喂奶，严重影响了妈妈身心健康，就需要采取一些措施了。

◎ 正确断夜奶的方法

· 白天努力让宝宝吃好吃饱；

· 白天保证宝宝有充分的时间活动；

· 白天多陪伴宝宝玩耍，减少睡觉时间；

· 尽可能地让宝宝早睡；

· 到了该睡觉时间，营造气氛，做好睡前准备；

· 不用乳头、人工奶嘴、安抚奶嘴哄宝宝入睡；

· 让宝宝独立睡在婴儿床上；

· 宝宝夜间醒来尽量不喂奶；

· 不通过喂奶哄夜间哭闹的宝宝。

第四节　本月宝宝护理

生活护理

宝宝需要快乐地玩耍

父母往往为宝宝忙前忙后，为了宝宝健康，给宝宝吃各种营养品；为了宝宝快快长，使劲哄宝宝睡觉；为了宝宝长得胖、长得高，采取填鸭式的喂养方式。父母对宝宝可谓关心备至。可大多数父母在忙碌的同时往往忽视了，除了吃喝拉撒睡，宝宝还需要快乐地玩耍。爸爸妈妈要给宝宝多些自由的时间，多些自然的养育，多些宝宝自己的选择，尊重宝宝玩的天性，多和宝宝一起玩耍。

把宝宝放在地板上玩耍

这个月宝宝开始会在床上翻滚，也开始学习爬，坐得也比较稳了。当宝宝醒着时，切不可把宝宝放到父母的大床上，也不建议放在婴儿床里。这是因为，

把宝宝放在大床上，有发生坠落的危险；放在婴儿床上，床栏杆会阻挡宝宝视线，宝宝翻滚时也容易撞在栏杆上，甚至把头磕个大包，脚也可能被卡在栏杆缝隙中。最好把宝宝放在铺着爬行垫、地毯或木地板的地上，让宝宝有足够的空间锻炼翻滚、爬和坐。

开始喜欢电动玩具

这个月的宝宝，对电动玩具会非常感兴趣，当宝宝趴着时，会努力向前爬（尽管这时还不会爬，但爬的愿望促使宝宝学习爬行）。当宝宝坐着时，把电动玩具放在距离宝宝一米远的地方时，宝宝会非常高兴地看着玩具，还可能会由坐位向前倾斜变成俯卧位，企图去够玩具，这是个比较复杂的体位变换，即使不能成功，对宝宝运动能力的提高也是有好处的。带响的玩具仍是宝宝喜欢的，宝宝会更加熟练地摇晃拨浪鼓、花铃棒。

户外活动

过了6个月，宝宝从母体中获得的抗体慢慢消失，自身抗体尚未产生，所以对病毒细菌的抵抗能力下降。纯配方奶喂养儿，因为缺乏母乳中抗体的摄入，尤其是分泌型IgA抗体，较之母乳喂养儿更容易患呼吸道和消化道感染。

春季气候不稳定，冷热不均。如果整个冬天都没带宝宝到户外活动，到了开春把宝宝带到户外，呼吸道对冷空气的抵御能力低下，容易患呼吸道感染。

随着天气转凉，有的宝宝会逐渐开始咳嗽，喉咙有呼噜呼噜的声音，好像有很多的痰，爱长湿疹的宝宝更是如此。妈妈就以为是患了气管炎，开始吃药打针。其实，是因为宝宝对冷空气敏感，气道分泌物增多。如果宝宝咳嗽了，就不敢带到户外，一直到第二年开春，才敢带宝宝出去，那么气道分泌物会更多。户外锻炼很重要，尽管喉咙里呼噜呼噜的，也不妨碍带宝宝进行耐寒锻炼，这会改善气道健康状态。

这个月的宝宝，容易发生出疹性疾病。如：幼儿急疹、疱疹性咽峡炎、无名病毒疹等。

睡眠管理

白天睡眠减少

从这个月起，宝宝的睡眠时间可能会有明显的变化，白天睡眠减少了，玩的时间延长，还可以有足够的时间吃辅食。有的宝宝晚上睡觉时间可能会向后推迟，爸爸妈妈要注意啦，尽可能地争取让宝宝早睡，以免逐渐养成晚睡晚起的习惯。

晚上睡得晚

父母都上班，宝宝由长辈或育儿嫂看护。如果家里只有一个人，忙不过来，就没有时间做亲子游戏和户外活动。宝宝又天生亲妈妈，妈妈回来后，就不舍得睡觉，妈妈也会和宝宝做游戏，逗宝宝玩。母乳喂养的宝宝还会吃母乳，这就使得宝宝睡眠时间向后逐渐推延。有的宝宝，到了傍晚还补上一觉，要等到妈妈晚上七八点回来后再醒来，宝宝就不可能早睡了。

还有些宝宝到了23点以后还不睡觉，父母就会很担心。宝宝会不会睡眠太少影响长个？爸爸妈妈知道，晚上是生长激素分泌的高峰，错过了这个时期，就会导致生长激素分泌减少，宝宝可能会长不高。爸爸妈妈不必焦虑，生长激素全天都在分泌，只是在不同的阶段分泌的量有所波动，通常情况下，在深睡眠阶段生长激素的分泌量会达到较高峰值。所以，无论宝宝是早睡早起还是晚睡晚起，只要保证总的睡眠时间，尤其是深睡眠时间，就不会影响生长激素的分泌。培养宝宝良好的睡眠习惯对宝宝的总体健康还是大有补益的。要改变宝宝晚睡晚起的习惯，可采取如下措施：

白天带宝宝到户外活动，早晨尽量早些叫醒宝宝，让宝宝午觉提前到12点左右，纠正宝宝傍晚睡觉的习惯。如果宝宝已经养成了晚睡晚起的习惯，一时难以调整，要做长期规划，循序渐进地培养宝宝早睡早起的习惯。

到底应该睡多长时间

父母会问，这么大的宝宝一天应该睡多长时间，答案并不是统一的。有的宝宝要睡14个小时，可有的宝宝睡12个小时就够了。这要看宝宝的生长发育是否正常，醒后是否有精神。

如果一切正常，即使睡得不如别的宝宝长，妈妈也不必担心。宝宝可能就是睡眠少的宝宝，也许父母睡眠就少，宝宝遗传了父母的特点。有的宝宝睡的时间比较长，妈妈会觉得宝宝总是睡着，不机灵，这是因为有些宝宝天生就喜欢睡觉，妈妈也不要干预。如果宝宝一夜都不醒，能睡十几个小时，白天睡得少，父母也没有必要非要延长宝宝白天睡眠时间。

冬季夜眠不安

冬季夜长昼短，宝宝户外活动时间减少，活动量降低。北方冬季室内温度多比较高，晚上关窗关门，室内空气流通差，如果室温高，湿度低，会感到闷热。因此，宝宝可能会出现夜眠不安现象。妈妈不要急躁，要尽可能改善室内环境，在天气晴朗，太阳充足，不是寒风凛凛的时段，带宝宝到户外活动，增加运动量，这对宝宝夜眠安稳很有帮助。

半夜频繁醒来

有的宝宝一个小时醒来一次，一晚上醒来三四次，甚至六七次，妈妈感到疲惫不堪，几近崩溃。这的确是令父母烦恼的事情。遇到这种情况，父母首先要保持冷静，切不可表现出急躁情绪，更不能任宝宝哭闹而置之不理。要心情平静、思绪稳定地分析宝宝频繁醒来的原因。如果找不到任何原因，医生也排除了疾病所致，父母就要耐心对待，柔声安抚宝宝，相信宝宝会在不久的将来，就能一夜睡到天明。

尿便护理

辅食带来的大便变化

这个月是正式添加辅食的月龄，宝宝大便可能会发生一些变化。

第一种情况是：添加辅食前大便次数多的宝宝，添加辅食后可能会减少，但有的宝宝却不然，添加辅食后，大便次数非但没有减少，还比添加辅食前增加了。

第二种情况是：添加辅食前大便性状偏稀，添加辅食后变稠或排成形便。

第三种情况是：添加辅食前大便成形或偏干，添加辅食后大便反而稀了。

添加辅食期间出现上述情况，父母不要自行给宝宝喂药。如果确定大便改变是异常的并且与添加辅食有关，可尝试着调整辅食。

几天一次大便如何应对

如果宝宝几天大便一次，但大便并不干硬，甚至是不成形的软便，很容易排出来，宝宝没有任何异常表现，妈妈就不要着急，给宝宝按摩腹部，用沾有香油的棉签刺激一下肛门，帮助宝宝尽量缩短排便天数。

如果大便干硬，宝宝排便困难或哭闹，那就是发生了便秘。干硬的大便可能会把肛门撑破，肛门的疼痛会让宝宝不敢大便，结果大便就更干硬。一旦宝宝出现大便干硬，要及时看医生，同时妈妈也要分析：

· 有便秘家族史吗？

· 液量摄入不足或因病进食量过少？

· 辅食添加不合适？

有的宝宝尽管每天一次大便，但大便却干硬，甚至呈球状，也属于便秘。长时间便秘会引起肛裂、痔疮、腹胀等一系列问题。由于排便困难、肛门疼痛，宝宝会拒绝排便，进一步加重便秘。要及时就医，积极处理，尽早缓解宝宝便秘症状。可适当增加果蔬泥，尝试添加少量红薯、南瓜和燕麦。

这样的变化不应停止添加辅食

添加蔬菜和水果可使大便变软。以母乳为主的宝宝，大便次数可达3～4次，增加辅食种类时，可能使大便变稀、色绿，只要不是水样便，没有消化不良、肠炎，就不要停止添加辅食。

有的时候添加辅食后，宝宝大便次数增加，妈妈会停止喂辅食，结果很长时间也不能使大便转为正常，宝宝还会不停地哭闹，体重增长也不理想了，这可能是饥饿性腹泻。已经习惯吃辅食的宝宝，重新以母乳或配方奶为主，也会出现这种情况。所以，即使是添加辅食后出现了稀便，也不能长期停止添加辅食，要考虑饥饿性腹泻的可能。

小便次数

本月龄宝宝小便次数多数在10次左右，夏季出汗，皮肤蒸发水分多，尿量可能会有所减少，次数也可能在6~7次，需适当增加液体入量。

现代父母大多数选择给宝宝使用纸尿裤，较少使用可回收的布尿布，也不会给宝宝穿开裆裤。但少数祖父母还是坚持传统的尿便护理方式，给宝宝把屎把尿。在这个问题上，现代父母和祖父母需要达成共识：要摒弃把屎把尿、穿开裆裤的习惯。

当宝宝排尿哭闹时

宝宝排尿时哭闹，女婴要想到尿道口炎，男婴要想到包皮粘连，需及时就医。包皮长、包茎或包皮粘连还会导致排尿不畅，是否需要医学干预，比如包皮环切术、包皮粘连剥离术，需要带宝宝看儿泌尿外科医生。过早切除包皮，有导致包皮过短、龟头裸露的可能。

本月护理常见问题

夜啼、趴着睡

◎ 夜啼

这个月的宝宝，可能会出现夜啼；原来有夜啼的宝宝，到了这个月，夜啼也许会消失，也有可能变得更加严重。

真正的夜啼儿——"高要求"宝宝

对于真正的夜啼儿，要寻找夜啼的原因和解决办法是不容易的，针对夜啼的一些对策也很少能够奏效。对于这样的夜啼，可能会使父母感到带宝宝异常艰辛。这样的宝宝，可能就是"高要求"宝宝。既然是"高要求"，父母也就要给予更好的照顾，不然的话，宝宝可能会变得灰心丧气，烦躁不安，哭得就更频繁、更剧烈了。要想使这样的宝宝度过夜啼期，爸爸的作用不可低估，要充分体谅妈妈的辛苦，多给宝宝一些关心和爱护，要相信宝宝不会一直哭下去的，在爸爸妈妈的耐心呵护下，终会有那么一天，能一夜睡到大天亮。

假性夜啼儿——有原因可寻

有些宝宝夜啼是有原因可寻的：

·吃不饱；

·白天活动过少；

· 白天受到刺激，夜间被噩梦惊醒；

· 对母乳依赖，不吸着乳头就睡不安稳；

· 空气不新鲜，缺氧，宝宝感到出气不畅快；

· 室内温度过高或太低，热得睡不着觉或冻得睡不踏实；

· 空气干燥，使口鼻咽又干又痒；

· 有蚊子叮咬；

· 乳牙萌出，可能多少有些痛感；

· 感冒咳嗽、流涕鼻塞、嗓子有痰、通气不畅；

· 腹痛腹胀，可能是吃得太多或进食了不易消化的食物，消化不良了；

· 大便干燥，晚上肛门堵着大便；

· 皮肤湿疹，痒得慌，或尿布疹，臀部又痒又痛；

这些原因医生一时难以找出原因，还要靠父母仔细观察，提供第一手资料，如果是非疾病因素导致的夜啼，父母可试着改善一下，宝宝可能就不会再夜啼了。

◎ 趴着睡

趴着睡正常吗

这个月的宝宝，大多能从仰卧位翻到俯卧位，宝宝趴着睡的时候就多了起来。有的妈妈因此会担心宝宝腹痛，或者有肠道蛔虫，妈妈无须有这样的担忧。

当宝宝能够自由变换体位时，会采取他感到舒适的睡眠姿势。有的宝宝喜欢趴着睡，有的宝宝喜欢侧着睡，也有的宝宝喜欢仰着睡。其实，宝宝不会一直保持一个睡姿，宝宝会不断变换睡姿，一晚上翻来覆去几十次，甚至上百次，是正常现象。

趴着睡安全吗

父母对此不必担心。到了这个月，宝宝已经能很好地竖起头部；可自由转动头部和颈部；俯卧时能把头侧过来，不把脸埋在床上或枕头上；床上整洁，没有塑料薄膜、坚硬物、又大又重的毛绒玩具、成人被褥等物。具备了这四点，宝宝就不会因趴着睡堵塞口鼻，引发危险。

吸吮手指、耍脾气

◎ 吸吮手指

在出生后最初6个月里，宝宝非常渴望吸吮。如果碰巧宝宝的手指挨到了嘴唇，宝宝就会吸吮起来，而且往往是一发不可收拾，吸吮得很起劲。如果妈妈试图拿开宝宝的手，宝宝很有可能会大哭。6个月以后的宝宝，吸吮欲望有所减弱，但仍然非常喜欢吸手指，尤其是在入睡前和无聊时更是如此。

通常认为，吃母乳的宝宝吸吮手指要少于配方奶喂养的宝宝。虽然事实也许并非如此，但可能的原因是：吸吮母乳的宝宝，能够较长时间地吸吮（一次吃两侧乳房，一侧乳房能吃十几分钟）。母乳喂养次数多，是按需哺乳。配方奶喂养儿，吸吮时间很短（吸吮力强的宝宝几分钟就能把奶瓶吸空）。配方奶喂养次数少，是按时哺乳。使得配方奶喂养儿不能满足吸吮的欲望，吸吮手指正好弥补了这种不足。

宝宝吸吮手指，即可满足吮吸的欲望，又能以此认知事物，还可由此获得安全感。如果一直不能满足宝宝吸吮的欲望，那么，吸吮的欲望非但不会随着月龄的增加而削弱，反而会增强这种难以满足的欲望，吸吮手指的现象便延续下来。所以，当宝宝津津有味地吸吮手指时，父母切莫强行阻止。

◎ 耍脾气

耍脾气是好还是坏

随着月龄增加，宝宝情感逐渐丰富，如果不尊重宝宝的选择，会遭到反抗。如宝宝不吃辅食，妈妈强喂，宝宝会哭，甚至把饭碗打翻。宝宝耍脾气，并不是坏事，说明宝宝有主见了，不要认为"这样的宝宝应该管教"。

如何面对耍脾气的宝宝

面对宝宝耍脾气，父母要以温和的态度对待，接受孩子的情绪表达，给予情感抚慰，有效引导。不能宝宝耍脾气，父母就耍态度。

不会坐、出牙迟、流口水

◎ 不会坐

6个月以后，多数宝宝会独坐，但有的宝宝仍然坐不稳，后背还需要倚靠着东西，有时会往前倾，都是正常的。但如果宝宝倚靠着东西也不能独坐，整个上身向前倾，几乎趴在腿上，就需要看医生了。如果医生判断宝宝发育没什么问题，暂时还不会独坐，或许下个月就会了，父母就耐心等待宝宝独坐能力的到来。

◎ 出牙迟

出牙早晚存在个体差异。一般情况下，出生后6个月开始有乳牙萌出。但有的宝宝，早在出生后4个月就有乳牙萌出；而有的宝宝，迟至13个月才有乳牙萌出，都属于正常现象。

◎ 流口水

乳牙萌出前，口水流的就比较多，到了乳牙萌出期，口水很可能流得更厉害；有的宝宝，从来不流口水，乳牙萌出期，开始流口水了；有的宝宝，乳牙萌出前后都不流口水。这三种情况都是正常的。

妈妈可为宝宝多准备几个小布围嘴，湿了及时更换，以免下颌和颈部皮肤受损。如果宝宝流口水比较严重，下颌总是湿漉漉的，浸出了口水疹，可用清水洗净下颌后，涂橄榄油或芝麻油，也可选择适合婴儿用的、有油水隔离作用的护肤膏/油。如果出现了皮肤破损，要带宝宝看医生，使用必要的药物，防止破损处感染。

添加辅食困难

尽管这个月宝宝喜欢吃乳类以外的食品，但仍会有辅食添加困难的宝宝。妈妈最想知道也最难知道的是，怎样才能使宝宝爱吃辅食。下面，就让我们分析一下，宝宝缘何不爱吃辅食呢？

· 母乳充足，吃不下辅食；

· 依恋母乳；

· 厌食配方奶的情况刚刚好转，一时很喜欢喝奶；

· 喂完奶不长时间就喂辅食，宝宝还不饿；

- 妈妈做的辅食太没有滋味了；
- 不喜欢吃现成的辅食；
- 不喜欢使用喂辅食的餐具；
- 喂辅食时烫着或呛着过宝宝，宝宝记住了不愉快的喂食经历；
- 用喂过苦药的奶瓶、小勺、小杯、小碗喂宝宝辅食（这事宝宝记得清楚着呢，他不想上当）；
- 喂奶时抱着宝宝，喂辅食时却让宝宝坐在餐椅上；
- 喂奶是妈妈抱着，喂辅食却让爸爸或其他人抱着（宝宝认为"还是吃奶好"）；
- 宝宝早就缺铁或缺锌，食欲已经下来了，什么也吃不出味道来，开始厌食，宝宝连奶都不爱喝了，辅食就更别提；
- 宝宝还不能消化谷物，对肉、油消化也不是太好，肚子总是胀胀的，实在不舒服；
- 辅食消毒不严，细菌感染了肠道，患了肠炎，不用说辅食，就是奶也要少吃了；
- 没有把放在冰箱中的辅食热透，虽然不凉，但吃了肚子不舒服，影响了下一顿辅食添加；
- 天气太热了，成人消化功能都减低了，对宝宝的影响就更大；
- 宝宝爱吃某种辅食，就多喂，上顿下顿地喂，直到吃够了，什么辅食也不想吃了；
- 宝宝本来不想吃了，可妈妈认为今天辅食添加的任务还没有完成，就想尽办法让宝宝吃，哭也不管，正好张开嘴巴，顺势把辅食往嘴里放，引起宝宝反感；
- 宝宝积食了，应该歇歇了；
- 宝宝真的生病了。

一般来说，到了这个月添加辅食很困难的宝宝并不多，只是不那么喜欢吃或吃得少。什么样的宝宝会添加辅食困难呢？食量小的宝宝比食量大的宝宝添加辅食困难。这个月宝宝添加辅食，仍然属于初期。每个宝宝对辅食需要的程度是不同的，不能千篇一律地要求，只要宝宝吃就行，不要求量。

厌食、拒绝奶瓶、不喜欢喝水

◎ 厌食

厌食的宝宝真那么多吗

什么阶段，都可能会有不爱吃饭的宝宝。但真正厌食的宝宝，并没有那么多。大多数宝宝根本不是厌食，而是妈妈在喂养方式和观念上有问题。

真正厌食的宝宝是什么样

宝宝食欲低下，什么也不肯吃，看到吃的就会不高兴。把放进嘴里的乳头吐出来，把喂进的辅食吐出来。如果强迫喂进去，可能会发生干呕。体重增长缓慢，生长发育落后，头发稀疏，缺乏光泽。这样的宝宝就要看医生了，做必要的检查，服用必要的药物。

这些不是厌食的表现

在添加辅食过程中，妈妈按照食谱或书上推荐的食量喂宝宝，如果宝宝不能把妈妈做的辅食吃下去，或不喜欢妈妈做的辅食，这可不是宝宝厌食，是妈妈错怪了宝宝。

如果宝宝很爱吃某种食物，妈妈就没有限制地喂给宝宝，而且第二天又做给宝宝吃，宝宝就吃腻了，不但不再吃他喜欢的这种食物，还会影响其他食物的摄入。有的父母不知给宝宝吃什么好，很喜欢听周围人的经验，周围人说什么好，就不假思索地买给自己的宝宝吃，你的宝宝也许不适合吃这些。比如那个宝宝是配方奶喂养，你的宝宝是母乳喂养；那人推荐的是高油脂食品，你的宝宝刚添加辅食不久，消化不了，导致宝宝消化功能障碍，辅食量和奶量都下降了。凡此种种，父母都要加以辨别，不要动辄就认为宝宝是厌食。

◎ 拒绝奶瓶

纯母乳喂养的宝宝，未曾使用过奶瓶，但因妈妈产假到期进入职场，需要用奶瓶喂奶，宝宝很有可能会拒绝用奶瓶喝奶，可以尝试用小碗或小杯子喂。

混合喂养的宝宝，在某一段时间，也会突然拒绝喝配方奶。如果宝宝接受用奶瓶喝水，拒绝用奶瓶喝奶，说明宝宝只是不喝配方奶，和奶瓶无关。如果宝宝确实不喜欢用奶瓶，就暂时用杯子或小碗喂，过一段时间，宝宝或许自然而然就接受奶瓶了。如果同样拒绝小碗或小杯子喂奶，可尝试以下几种方法：用奶冲调米粉；把奶和面粉混合在一起，做成面糊喂给宝宝；把奶和果蔬放在一起，做成果蔬奶汁；用奶调制酸奶。

◎ 不喜欢喝水

6个月的宝宝，对味道的品尝能力已经很强了，宝宝又天生喜欢甜味，喝惯了味道甜美的母乳，喝了很长时间的配方奶，又开始添加了不同味道的辅食，以及酸甜可口的果汁，宝宝自然会觉得白水索然无味。6个月以后，宝宝天生的吸吮欲望减退，对于吸吮已经有更具体的目的了，喜欢吮吸他爱喝的东西，即使用奶瓶喂水，宝宝也不会喜欢。

不给宝宝喝白水行吗

6个月以前的宝宝，不需要额外补充水；6个月以后，添加了辅食，可以给宝宝喂水了。如果宝宝拒绝喝水，可以不给宝宝喝吗？如果宝宝喜欢喝水，可在吃辅食后1小时喂点儿水；如果宝宝不喜欢喝水也无妨，宝宝会从奶和辅食中获取所需的液体量。

如果爸爸妈妈担心宝宝不喝水会影响健康，可以计算一下宝宝液体总摄入量。婴儿每日需要摄入的液体量是每千克体重90~110毫升。比如，宝宝8千克，按每日需要摄入的总液量100毫升计算，宝宝每天需摄入的液量是800毫升，如果宝宝每天奶量是800毫升，含水量至少650毫升，如果经辅食摄入的水量是150毫升，已经满足了每日所需液体量，宝宝自然就不愿意喝水了。

湿疹、意外隐患

◎ 湿疹

到了这个月，大多数宝宝湿疹有所减轻，有的基本消失了。但也有的宝宝，不但不减轻，可能还会加重。无论什么原因引起的湿疹，只要有湿疹存在，就要积极采取治疗措施，控制住湿疹。

如果宝宝是在添加辅食后出现湿疹，或者原有湿疹进一步加重，则有可能是对食物中的蛋白质过敏，如蛋清蛋白、牛乳蛋白、谷蛋白、鱼虾蛋白，需要停止添加含有过敏成分的辅食，可在6个月以后再次尝试添加。如果仍然发生了过敏反应，要看过敏专科医生。

父母应该做的

湿疹严重的宝宝，在添加辅食时，要注意是什么使宝宝湿疹加重。如果吃海产品时湿疹加重，再进一步观察是虾类，还是鱼类。如果是改喝配方奶后湿疹加重，可把普通配方奶换成适度水解蛋白配方奶，或者换成深度或氨基酸配方奶。如果是对蛋清过敏就只添加蛋黄，宝宝1岁以后再尝试添加整蛋。要注意，给宝宝购买成品辅食时，要查看过敏原标识，确定不含引发宝宝过敏的成分。

父母希望通过实验室查出引发湿疹的过敏原。为此给宝宝做过敏原检查意义并不大，结果多不尽如人意，因为过敏原检测存在假阴性和假阳性可能。如果宝宝吃某种食物引发了湿疹，或使原有湿疹加重，就立即停止添加这种食物。

湿疹不同时期表现

湿润期：可有红斑、丘疹、小包、糜烂、结痂等表现，以渗出湿润为突出表现。此期湿疹对称分布，主要分布在头顶、额、面颊等部位。

干燥期：主要表现为潮红、丘疹及糠状鳞屑。多分布于面部及躯干四肢。

脂溢期：患处皮肤潮红，有淡黄色透明物渗出，含有较多皮脂，渗出后结痂。多分布在头皮、面部、两眉间及眉弓。

混合期：在同一时期，不同部位，呈现以上两种或三种表现的湿疹。

◎ 湿疹护理要点

※ 热使湿疹加重，所以不能给宝宝穿得过多、过厚，室内温度不要过高。越热湿疹越重，凉爽会使湿疹减轻，尤其能使瘙痒减轻。所以长湿疹的宝宝凉爽时比较安静，热时就会烦躁。

※ 妈妈认为宝宝有湿疹看着比较脏，总是给宝宝用水洗，甚至用各种浴液、婴儿香皂及各种洗液给宝宝洗，这种做法是错误的。越是有湿疹的部位，越不能勤用各种洗涤液。

※ 湿疹痒，宝宝会用手挠，妈妈不容易限制，要把宝宝指甲剪短，磨圆。妈妈不要替宝宝挠，如果宝宝痒得厉害，通过涂止痒药解决，而不是抓挠。

※ 不要因为宝宝有湿疹，就什么也不敢给宝宝吃，食物品种单调，营养不均衡，会导致营养缺乏。

◎ 意外隐患

这个月的宝宝活泼多了，会坐、翻身、打滚等运动。坐着时会试图变成俯卧位或仰卧位。会拿起周围的东西，不知道热的东西不能摸，也不知道刀子会扎手，还会把小的东西放到嘴里。躺着时会顺手把身边的毛巾、小被子、尿布等放到嘴里吃，还会蒙在脸上。当影响他呼吸时，不能意识到是脸上的东西阻碍了呼吸，不会把它拿掉。宝宝在翻滚时，意识不到会摔到床下。

危害婴幼儿的隐患表现在各个方面，作为一名儿科医生，我认为最要防范的是呼吸道异物对宝宝的危害，如：豆粒、果仁、果核、鱼刺、玩具零部件、儿童服装上的纽扣及装饰物、比较薄软的塑料包装袋等。异物堵住口、鼻、咽部，往往造成缺氧后脑损伤，甚至死亡。异物卡在气管、支气管中，则引起肺不张、肺感染、气胸、气管—食管瘘等，危害严重，甚至威胁到生命。

意外事故重在预防

一切危险宝宝都不能预料。宝宝可能会对高度有感觉，如果把宝宝放在床边，宝宝看看床下，似乎能意识到下面危险，不再向前爬了。但在多数情况下，这么大的宝宝不能意识到危险。

· 不要把危险的东西放在宝宝能够得到的地方；

· 不要让宝宝自己在床上玩耍；

· 宝宝在没有栏杆的床上睡觉时，身边没有人，醒后可能会掉到床下；

· 切记不要把能够堵住宝宝呼吸道的物品放在宝宝能够拿到的地方。

从床上摔下来怎么办

宝宝是头重脚轻，从床上摔下来往往是头部着地，头部受伤的概率最大。当宝宝从床上摔下来时，父母常常是惊慌失措，抱着宝宝就向医院跑，到了医院当然是先做头颅CT，甚至做头颅核磁共振。宝宝从床上摔下来是不是一定要到医院看医生？一定要做头颅CT？父母应该怎么办呢?

◎ 可在家观察的情况

摔下后，宝宝马上就哭了，哭声响亮有力，哭一会儿。之后，面色很好，精神也不错，看不出有什么异常表现，又开始正常玩耍、喝水、吃奶了。这种情况下，大脑受伤的可能性极低，可在家观察宝宝的变化。

◎ 需看医生的情况

※ 观察过程中，一旦宝宝出现呕吐、发烧、不进食、精神差、过于安静、嗜睡（比平时爱睡觉，醒了没精神，或醒了又睡）。

※ 摔下后，宝宝没有马上就哭，似乎有片刻的失去知觉，不哭不闹，面色发白，把宝宝抱起时，感觉到宝宝有些发软，无论有无其他异常，都应该看医生。

※ 摔下后，伤口比较大、比较深，或出血比较多，尽快带宝宝去医院。

※ 宝宝高处坠落后，无论有无异常，有无可见的外伤，都要仔细观察48小时，出现异常及时看医生。

◎ 摔下后的应对措施

※ 头部有包块，没有伤口或出血，可用冰袋冷敷，冰袋下要垫毛巾。

※ 摔伤后48小时内可以冷敷，不能热敷，48小时后可以热敷。

※ 不要用手揉搓头部的包块，有些父母可能会这样做，认为揉一揉不但可以缓解宝宝的疼痛，还能使包块变小，把淤血揉开，是错误的做法。

※ 如果皮肤有擦伤，可用自来水冲洗几分钟，然后用碘伏消毒，贴上创可贴。

第五节　本月宝宝能力发展、早教建议

看的能力：会注意、会辨别

偏爱看有意义的物像

随着运动能力的增强，宝宝扫视周围的环境变得更加容易，视觉逐步发展，更加偏爱看有意义的物像，如：父母、食物、玩具。

能较长时间注意物像

宝宝开始注意数量多、体积小的东西。对比较复杂、细致的物像能保持很长的注意时间。注视后，辨别差异的能力和转换注意的能力增强。爸爸妈妈要利用宝宝不断发

展的视觉能力，开发宝宝的智力。让宝宝认识更多的人，增强宝宝记忆人物特征的能力，也为将来上幼儿园打基础。

能辨别不同物像

宝宝对玩具有了更强的兴趣。爸爸妈妈可以把更多的东西拿给宝宝看，而不单单是玩具，这会使宝宝更早认识事物。这个月的宝宝能够注视较长时间，可以拿图画、物体等给宝宝看，讲解给宝宝听。这时的宝宝，已经具备了初步辨别不同物像的能力，再讲给宝宝听，会使宝宝潜能充分发挥。

对陌生人表现出惊异

宝宝见到陌生人会表现出惊奇的神态（大眼睛一眨不眨地盯着陌生人），也会表现出不快，还可能把脸和身体转向亲人。比较认生的宝宝，看到陌生人会撇着小嘴要哭，如果这时陌生人没有走开，而是试图把宝宝逗笑，宝宝可能会大哭起来。

看到吃的能认识

宝宝对吃的有认识了，这时妈妈可以告诉宝宝什么是能吃的，什么是不能吃的。但是，宝宝仍然会把拿到手里的东西，不加区别地放到嘴里啃咬。妈妈不要过多干预，这是宝宝特有的现象。

教宝宝认识照片上的父母

如果常常让宝宝看爸爸妈妈的照片，宝宝就能够从照片上辨别出妈妈和爸爸。让宝宝看看爸爸的照片，再看看爸爸本人；看看妈妈照片，再看看妈妈本人。如果看了妈妈的照片，宝宝对着妈妈笑，哇！宝宝已经认识照片上的妈妈了。才几个月的宝宝，认识了爸爸妈妈的照片，这是对宝宝潜能的开发。这些都离不开爸爸妈妈的语言帮助。虽然宝宝不会说话，却能听懂爸爸妈妈的话。要多和宝宝说话，在爸爸妈妈眼里，没有宝宝听不懂的，这就是这个月潜能开发的秘诀。

视觉能力训练

藏猫猫

这个游戏对宝宝智能体能发育有很大帮助。上个月，藏猫猫游戏是很简单的，妈妈用手或手绢把脸蒙起来，再把手或手绢拿开，又让宝宝看到妈妈。从这个月开始，藏猫猫游戏的形式多了起来。

· 找爸爸

爸爸藏在妈妈身后，妈妈对着宝宝说："爸爸哪里去了？"宝宝会到处搜寻。是啊，刚才爸爸还在，这么一会儿哪去了？宝宝的表情很认真，疑惑的眼神很是招人喜爱。爸爸突然出现了："爸爸在这里呢。"宝宝高兴得手舞足蹈，甚至咯咯笑出声来。

· 寻找妈妈的手

妈妈把手藏在身后，问宝宝："妈妈的手哪去了？"宝宝不知道。这时妈妈把手拿出来："妈妈的手在这里呢。"在游戏中宝宝认识了妈妈的手。

· 寻找宝宝的手

妈妈拿着宝宝的手，放到宝宝的身后："宝宝的手哪去了？"再把宝宝的手拿过来："宝宝的手在这里。"宝宝也开始认识自己的手了。

· 寻找玩具、奶瓶

把手绢盖在玩具、奶瓶等物品上，一开始露出物品一角，让宝宝寻找，宝宝可能会把手伸到露出的物品上，把物品从手绢下拿出来。当宝宝知道物品被藏到手绢下的时候，就会直接把手绢掀开。

藏猫猫游戏的形式多种多样，父母要一同开动脑筋，在游戏中开发宝宝潜能。

认识人和物

情感是宝宝建立人际关系的重要纽带。宝宝刚刚出生，对外在的人、事、物是泛化反应、泛化认识。到了六七个月，宝宝开始表现怯生情绪，产生了与亲人相互依恋的情感，见到陌生人会哭，亲人不在时会表现出焦虑不安。

教宝宝认识人，可以让宝宝理解人与称谓的关系。每当有人进来，都要让宝宝猜一猜这是谁，宝宝肯定不会猜，也不会用语言表达，这不要紧，重要的是猜一猜这样的活动。外公外婆进来了，妈妈对着宝宝说："宝宝，你看谁来了？""是宝宝的外公外婆。"以后随着月龄的增长，宝宝就会知道外公外婆就是妈妈的父母。这是很容易做到的，只是有时父母会忽视这些细节和机会。培养是随时随地的，不能仅仅依靠每周1~2个小时的培训班，忽视日常生活中的培养和训练。

听的能力：喜欢听爸爸妈妈说话

宝宝喜欢听爸爸妈妈说话，因此，爸爸妈妈每做一件事，都要用简短的语言讲给宝宝听。和宝宝说话，要一字一句，不能含糊；要简明扼要，不要啰唆；要指向明确，不要所说非所指。要善于观察，宝宝把注意力集中在哪里，要及时向宝宝讲解。如果宝宝没有注意你说的人或物，讲解就无效了。多给宝宝听优美的音乐和歌曲，培养宝宝对音乐的感知力。

说的能力：会配合表情发音

发出父母听不懂的语音

宝宝能无意发出"爸妈"等音，还能发出一些谁也听不懂的声音。有时好像要说话，还有不同的表情，发出不同的音，有高兴的、生气的。父母要鼓励宝宝这种语言创造的能力。

交流是孩子学习语言必不可少的

宝宝虽然还不会说，但宝宝已经会通过各种方式和父母交流了，父母传给宝宝的话语，就是宝宝学习语言的基础。听在先，说在后。爸爸妈妈和看护人无论和宝宝做什么事情，都要跟上语言，慢慢地，宝宝就能够听懂很多话了。

把语言和实际联系起来

如果妈妈每次出去都给宝宝戴上小帽子，并说："我们要出去玩了，妈妈给宝宝戴上小帽子。"慢慢地，宝宝就会认识帽子。以后，妈妈一说要出去玩，宝宝就会用眼睛寻找小帽子。相反，当宝宝看到小帽子时，就会想到出去玩，做出向门外的动作。将语言和实际行为联系起来，对宝宝学习语言来说，是特别重要的启发过程。

运动能力：翻滚

喜欢探索

宝宝的注意力已经不完全集中在看了，而是从更多的感觉方面和活动表现出来。抓取物体看一看，摸一摸，来感觉它的形状、大小；放到嘴里尝一尝，啃一啃，来感觉它的软硬、滋味；拿着物体摇一摇，敲一敲，来感觉它的材质，听一听物体间碰撞发出的声音。宝宝对新鲜事感兴趣，开始有探索行为。爸爸妈妈和看护人，在保证安全的情况下，不但不要阻止，还要鼓励宝宝做这些事。

坐与爬的能力

有的宝宝能够不倚靠东西独坐了，腰部挺得直直的；有的宝宝会坐，但腰部向前倾，几乎趴在自己的腿上，嘴巴能啃到小脚丫；有的宝宝不能独坐，如果不扶着，就会向左右倾倒。妈妈不要着急，也不需要刻意训练宝宝，过段时间宝宝自然就会独坐了。

把宝宝放在安全的平面上，让宝宝躺着活动活动手脚，手里拿着东西玩一玩，看一看。从仰卧到俯卧，再从俯卧到仰卧，来回翻滚，锻炼身体。宝宝趴着，在宝宝前方放些宝宝喜爱的物品，使宝宝有向前爬的愿望。随着宝宝月龄增加，主动运动能力逐渐增强，不再喜欢被动运动。所以，不要总是把宝宝抱在怀里，把宝宝放下来，陪着宝宝玩耍，对宝宝体能和智能发育非常有益。

运用手的能力

宝宝手的运动能力有了很大的进步。会用双手同时握住较大的物体，两手开始了最初始的配合，抓物更准确了。最让爸爸妈妈感到惊奇的是，宝宝能把一个物体，从一只手传到另一只手，这可是不小的进步。还有一个本领，宝宝能手拿着奶瓶，把奶嘴放到口中吸吮，迈出了自己吃饭的第一步。

宝宝不高兴或不喜欢手里的东西时，会把它扔掉，开始了自主选择。知道爸爸妈妈脸上戴的眼镜是能够拿下来的，所以不断去抓。看到喜欢的东西就要去拿，拿不到就会哭。

喜欢到大自然中去

宝宝在屋里待不住了，会用小手指着门，会在妈妈怀里向门的方向使劲，会用眼睛盯着到门，表现出要出去的神情。如果妈妈这时用其他方法转移孩子的注意力，不是那么容易了。如果这时给他玩具，宝宝可能会把玩具摔到地上。

翻滚运动

宝宝原来能从仰卧翻到侧卧和俯卧，从这个月开始，可能会从俯卧翻过来到侧卧、仰卧了，这就开始了翻滚动作。为了防止宝宝从床上掉下来，看护人一秒钟也不能离开宝宝，千万不要心存侥幸。用被子或枕头挡住并不可靠，较好的方法就是把宝宝放在地板上，或有围栏的地方。

宝宝有了深度知觉，当爬到床边时，会停下来踌躇片刻，似乎感觉到了他在高处，再往前移动，就有掉下去的危险。但这种危险意识似有似无，还不能真正保护宝宝不从高处落下，爸爸妈妈和看护人一定要注意防范。

运动能力训练

玩积木

用各种颜色的积木吸引宝宝，做以下有目的的训练：

◎ 两块积木

妈妈递给宝宝积木A，当宝宝握住后，再递给宝宝积木B，宝宝可能有三种接积木的方式：

①用另一只手接住积木B，积木A仍然握在手里；

②把积木A传到另一只手，腾出手来接积木B；

③把积木A扔掉，再接积木B。

三种不同接法，表现出孩子运用手的三种能力：

如果用另一只手接住积木B，表明宝宝已经懂得了两只手可以分开使用。

如果把积木A传到另一只手，再去接积木B，表明宝宝已经会两手配合使用。

如果把积木A扔掉，再接积木B，宝宝可能还没有学会如何运用一双手。妈妈就要告诉宝宝，宝宝还有一只手啊，把积木递到另外一只手里。再教宝宝，先把积木传到另外一只手里，再把积木接过来。这个游戏对于手的锻炼是非常有意义的。

◎ 抓积木

手抓物体的动作先是大把抓，后是拇指和其他四指对捏，然后是拇指食指对捏。这个月宝宝可能会拇指和其他四指对捏，拇指和食指对捏能力还要经过2~3个月的时间。让宝宝练习抓小积木，能够锻炼手指的运动能力，锻炼指尖细小肌肉的协调动作，

促进神经系统发育。

仰卧起坐

第一步：妈妈仰卧在床上，两腿屈曲。

第二步：让宝宝坐在妈妈的腹部，背靠在妈妈的大腿上，妈妈两手握住宝宝的小手。

第三步：当妈妈的两腿慢慢伸直的同时，妈妈也逐渐向上坐起（就像仰卧起坐），这时宝宝就呈仰卧位躺在了妈妈的腿上。

第四步：妈妈再慢慢躺下，躺下的同时两腿慢慢屈曲。两手轻轻拉着宝宝的手，宝宝又重新坐在了妈妈的腹部，靠在妈妈的腿上。

这个游戏，会锻炼宝宝仰卧起坐能力，妈妈也锻炼了腹肌，宝宝会高兴地大笑，在愉快的亲子游戏中锻炼了身体。

打转游戏

这个月的宝宝，会有一种让爸爸妈妈忍俊不禁的动作，当宝宝俯卧位时，宝宝会把下肢和上肢同时腾空离开床面，只是腹部着床。这时，爸爸妈妈拿一个好玩的东西或吃的东西，在宝宝的眼前，宝宝会用手去够，爸爸妈妈向一边移动手里的东西，宝宝就会跟着移动，这

时，宝宝就会以肚子为支点在床上打转，真是可爱极了。爸爸妈妈会高兴地笑，宝宝也会被爸爸妈妈的喜悦所感染，也高兴地笑。可是，如果爸爸妈妈就是让宝宝够不到东西，宝宝不仅失去乐趣，还会因为受挫而哭。这时宝宝会生气，对这种游戏失去兴趣。所以，爸爸妈妈要把握时机，适时让宝宝够到东西。

◎ 腹爬训练

在光线充足、暖和的房间内，给宝宝穿一件爬服。在地板上铺上爬垫，也可以购买现成的腹爬槽。把宝宝放在爬垫或腹爬槽上，妈妈最好趴在地板上，面对宝宝，鼓励宝宝向前爬。

潜能开发的经典游戏

◎ 点头摇头

爸爸妈妈站在宝宝跟前，妈妈指着爸爸问宝宝："他是妈妈吗？"爸爸就摇摇头，并说"不"。妈妈又问："他是爸爸吗？"爸爸点点头，并说"是"。反过来，爸爸也可以这样指着妈妈问。

游戏规则提示：爸爸不要说"是的"或说"我是爸爸"，也不要说"我不是妈妈，我是爸爸"或说"我是的"，因为这么大的宝宝对一句话的理解比较难，对单字理解容易些。用单字"是"或"不"配合点头或摇头，使宝宝很快学会点头和摇头的含义。

不要用复杂的事物教宝宝，那会让宝宝感到为难。用妈妈和爸爸来练习，宝宝最容易区分，因为这个时期的宝宝对爸爸妈妈已经比较熟悉了。利用宝宝对爸爸妈妈的认识和依恋来开发宝宝的智能是最好的办法。

◎ 照镜子

照镜子是宝宝喜欢的一项游戏。当宝宝看到镜子里的自己时，虽然意识不到那就是他自己，但会非常兴奋，对着镜子里的自己又是笑，

又是说（发出音节，好像要和镜子里的宝宝说话），又是拍打，又是抓。

妈妈可以利用这一点，教宝宝认识五官的名称和作用。妈妈对着镜子，指着宝宝（宝宝本人，而不是指向镜子）的鼻子、眼睛、嘴等部位，告诉宝宝，它们的名称和作用。这是很有趣的活动。宝宝不但看到镜子中妈妈指的五官部位，还能感受到五官的存在。如果指向镜子，一是宝宝感觉不多，二是指的部位不准确。

◎ 唱儿歌学动作

适合宝宝的儿歌有不少，妈妈可以选择一些，边唱边做动作，这是一项很好的游戏。如"小白兔，白又白，两只耳朵立起来……"。妈妈一边唱着，一边比画着。这个儿歌使宝宝认识了小动物——兔子，接触白色概念，熟悉耳朵的位置等。妈妈也可以买一只玩具兔，唱"小白兔，白又白"，然后，把两只手的食指和中指伸开，做成剪刀样，放在自己头顶上，唱着"两只耳朵立起来"。这比摸着玩具兔的耳朵更能引起宝宝的兴趣，因为宝宝持久的注意能力很差，对不断变化着的事物和场景，不容易感到疲劳，不易失去兴趣。

◎ 教宝宝战胜挫折

这个月的宝宝还不会爬，当宝宝趴着时，在宝宝前面放一件玩具，这时宝宝会用手够，但因为宝宝不会向前爬，够不到他想够的东西，宝宝可能会哭。

妈妈可能会采取以下三种方法之一：直接把玩具递到宝宝手里；把玩具推到宝宝能够得着的地方；帮助宝宝向前爬，让宝宝自己努力够着。哪种方法更好呢？当然是第三种方法最好，可以使宝宝的身体和心理都得到锻炼。爸爸妈妈用手掌轻轻推宝宝足底，使宝宝借助外力向前爬，够到他想要的东西。宝宝通过自己努力达到目的，这就培养了自信心。完全不帮助宝宝是不对的，宝宝还没有这个能力，会在心理上受到挫伤，产生孤独无助的消极情绪。

第八章

7~8个月的宝宝

第一节　本月宝宝特点

 能力

上个月还坐不很稳的宝宝，到了这个月就能坐得很稳了。坐着时能自如地弯下腰取床上的东西。有的宝宝能从坐位变成俯卧位，有的宝宝还会勇敢地向后倒在床上，躺着玩一会儿。也许宝宝往后倒时会磕着后脑勺，要给宝宝的活动场所铺上防震垫。

宝宝上个月还不会从俯卧位变成仰卧位，这个月就会了，甚至还能连续翻滚呢。无论宝宝是否会翻滚，从这个月开始，都不要把宝宝放在没有栏杆的大床上，即使用被子枕头挡上，宝宝也有从床上掉下来的可能。晚上睡觉，如果宝宝和父母在同一张大床上睡，即使宝宝睡在爸妈之间，仍有掉下去的可能。所以，宝宝独自睡在自己的婴儿床上是最安全的。可以把宝宝的小床紧挨在爸爸妈妈的大床旁，这样既安全，照顾起来又方便。

宝宝胳膊和手的运动能力也强了。趴着能伸胳膊够前面的东西，够不到，还会一拱一拱地向前爬。可以随意拿起或扔下手里的东西，两手自如地倒换玩具。会翻开盒盖，把东西放到盒子里，还能从盒子里取出物品。有的宝宝会用手掌拍击小鼓，一旦拍出声响，会乐此不疲。

宝宝仍然喜欢把手里的东西放在嘴里，但已经不是吸吮，而是开始啃了，如果长牙了，还会啃得咯吱咯吱响，很可能会咬下来点儿什么，这一点妈妈一定要注意，要确保给宝宝玩的物品是安全的。

情感

把手中的玩具拿走，宝宝会大声哭，但也有比较"憨厚大方"的宝宝，拿走就拿走，不在乎，如果眼前还有别的玩具，拿起来照玩不误。宝宝见不到妈妈会不安，甚至哭闹。如果爸爸经常看宝宝，抱宝宝，宝宝也会和爸爸非常亲。

宝宝见到生人可能会一脸严肃，生人试图抱他时，宝宝会向后躲，把脸转过去；如果非要抱，他可能会以哭闹抗议。妈妈无须难为情，这并不能说明宝宝对来人不友好，这预示着宝宝正在萌发安全意识，开始拒绝他认为对他有威胁的事。随着月龄增加，宝宝会越发认生。

1 岁以后的认生和婴儿期的认生有所不同。1 岁以内的宝宝，只是单纯的认生，缺乏强烈的反抗和明确的指向性。对陌生人的警觉并不长久，如果这位陌生人继续讨好宝宝，很快就能获取宝宝信任，玩得火热，说不定宝宝还不愿意这位陌生人离开呢。但并非所有的宝宝都是这样，有的宝宝见谁都不陌生，也不能就此认为缺乏安全意识。宝宝对待陌生人的态度与性格有关。随着月龄的增加，宝宝的性格逐渐变得明显起来，个体间的性格差异开始显现。1 岁以后的认生可就不同了，开始分出级别。如果有人曾经给过他痛苦的经历，如宝宝在医院接受过护士打针输液，再见到穿白大褂的人，就会表现出恐惧，甚至会剧烈哭闹。

生活

随着宝宝月龄增加，活动范围大了，接触的人也多了，父母会带宝宝到一些场所玩耍，会带宝宝走亲访友，和其他小朋友接触的机会也多了起来。6 个月以后的宝宝，从母体获取的抵御病原菌和病毒的抗体逐渐减少，开始靠自己逐步获取抗体。获取抗体的过程，就是小病不断的过程，切莫因为一点儿小病就大动干戈，让宝宝吃很多药，甚至打针输液。那样会影响宝宝自身抗体形成，导致宝宝抵抗力进一步降低。**宝宝生病，勤问医生，仔细观察，悉心照料，科学护理，尽可能少用药。**

这个月的宝宝，多数能在床上翻滚，有的宝宝已经会向前匍匐爬行，从坐位变成俯卧位。运动能力的增强，加大了意外事故的风险，父母和看护人要加强对宝宝的护理，保证宝宝安全。

第二节　本月宝宝生长发育

身高

本月宝宝，男婴身高中位值69.8厘米，女婴身高中位值68.2厘米。如果男婴身高低于65厘米或高于74.8厘米，女婴身高低于63.6厘米或高于73.1厘米，为身高过低或过高。

影响身高增长的主要因素是种族、遗传、性别。婴儿期，遗传因素对身高影响不显著，但婴儿间仍存在着个体差异。3岁以后，身高会越来越显示出种族、遗传的影响。青春期前后，性别对身高的影响显露出来。

头围

本月宝宝，头围增长进一步放缓，平均数值约0.6厘米。男婴头围中位值44.2厘米，女婴头围中位值43.1厘米。头围增长规律和身高、体重的增长规律一样，月龄越小，增长越快；月龄越大，增长越慢。如果按出生时头围34.5厘米估算，满8个月，头围可达44.8厘米。

体重

本月宝宝，男婴体重中位值8.76千克，女婴体重中位值8.11千克。如果男婴体重低于6.99千克或高于10.93千克，女婴体重低于6.55千克或高于10.15千克，为体重过低或过高。

囟门

本月宝宝，前囟大小没有大的变化，和上个月差不多。

出牙

宝宝大多在出生后6个月开始有乳牙萌出，萌出的顺序是：先萌出一对下乳中切牙；到了8个月，萌出一对上乳中切牙；以后其他乳牙大致顺序由前向后，左右相继成对萌出，一般是左右对称，同时萌出，先出下牙，后出上牙。到了9个月，萌出一对下乳侧切牙，再萌出一对上乳侧切牙；到了1岁2个月，先萌出一对下第一乳磨牙，再萌出一对上第一乳磨牙；到了1岁半，先萌出一对下乳尖牙，再萌出一对上乳尖牙；到了2周岁，先萌出一对下第二乳磨牙，再萌出一对上第二乳磨牙。这样，到了2周岁，20颗乳牙就出齐了。

但并不是所有的宝宝都如此规律地按照书本上写的萌出乳牙。有的宝宝早在出生后4个月就开始有乳牙萌出了，可有的宝宝直到1岁才开始长牙。如果因为乳牙萌出迟了，就认为宝宝缺钙，给宝宝喂钙片钙水，是没有必要的。如果宝宝吸收不了这些钙，反而会使大便干燥，吸收了过多的钙对宝宝身体同样是有害的。其实乳牙早在胎儿期就开始生长了，只是没有萌出牙床，妈妈看不到而已。

乳牙萌出顺序颠倒、乳牙间裂隙大、马牙无须处理。

1岁未萌出乳牙、胎生牙需带宝宝看医生。出现龋齿需及时治疗。

第三节　本月宝宝喂养

母乳　喂养

不要断母乳

如果母乳很充足，吸吮时并不费力，宝宝还是比较喜欢吃母乳的。但如果母乳少了，吸吮时比较费力，吸几口就没有了，宝宝可能就不那么爱吃母乳了。随着月龄增加，对母乳的那份热爱和依恋慢慢降低。但有的宝宝正好相反，越来越依恋母乳，只要看到妈妈就要吃奶。如果妈妈白天不在家，到了晚上，宝宝可能会频繁醒来吃奶，不给就睡不安稳，甚至哭闹。妈妈感到很疲惫，白天要工作，晚上睡不好，着实让妈妈承受不住。遇到这种情况，丈夫一定要体谅妻子，多分担家务，多照看宝宝，尽可能让妻子多休息。母乳喂养仍很重要，不该因此断掉母乳。有的宝宝不是很喜欢吃辅食，妈妈担心宝宝会营养不良，萌生断母乳的想法，这是不应该的。

喂辅食的条件反射法

如果现在还没有添加辅食，或者是偶尔添加，仍然单纯母乳喂养，这是错误的。随着宝宝月龄的增加，不能再以纯乳类食物喂养，应添加谷物、蛋肉、蔬菜和水果等乳类以外的食物。

喂宝宝辅食，要尽可能地在固定的时间和地点，采用一致的形式，建立条件反射，养成良好的进食习惯。比如，喂辅食前，帮助宝宝舒适地坐在餐椅上，系上围嘴，放上舒缓的音乐（每次吃辅食都放同一首音乐），用宝宝熟悉的餐具，一边喂饭一边和宝宝交流，在愉快的气氛中完成吃饭过程。如果宝宝不想吃了，千万不要因为还剩下一口，就硬往嘴里塞，这样做会让宝宝反感，开始拒绝吃饭。妈妈也要尽量改善辅食的制作方法，增加宝宝吃辅食的欲望。

配方奶  喂养

保证奶量

如果宝宝很爱吃辅食，因而减少吃奶量，每天不足600毫升，就要适当控制辅食量，但不能降低辅食种类。本月宝宝每天辅食种类可达5种。比如，鸡蛋黄、鱼肉泥、蔬菜泥、果泥、米粉糊或面汤。妈妈不要因为宝宝吃得少，每天只给宝宝喂一两种辅食。比如，一天喂一个蛋黄，一碗米粉或米粥。虽然宝宝

吃的不少，但种类单调。添加辅食，质和量都重要。

奶与辅食的合理安排

如果宝宝每次喝奶200毫升以上，那就每天喂3次，早晨和午后各一次，睡前一次。每天两次辅食，中午一次，傍晚一次，上午一次水果。

如果宝宝每次喝奶200毫升以下，那就每天喂4次，早、中、晚3次，睡前一次。每天辅食2次，上午一次，下午一次，午后水果一次。

如果宝宝每次奶量比较小，就多喂几次，争取每天奶量在600毫升。如果宝宝喜欢喝奶，不喜欢吃辅食，可以缩短喂辅食和喂奶的时间间隔，延长喂奶和喂辅食的时间间隔。喂养的方法要灵活掌握，根据宝宝吃奶和辅食的情况适当调整。

食量小不是病

食量小的宝宝，喂奶喂辅食都很费劲，一天中几乎总是在喂食，可宝宝仍然不能完成既定喂养量，爸爸妈妈很着急，担心宝宝生长发育受影响。遇到这种情况，父母一定不要焦躁，放松心情。医生没有发现任何病症，宝宝生长发育正常，精力充沛，睡眠良好，就说明宝宝是健康的，只是食量小而已，爸爸妈妈就不要计较了，不要强迫宝宝吃喝。

混合　喂养

对于混合喂养的宝宝，母乳、配方奶、辅食，妈妈真不知道该怎么安排了。其实，母乳和配方奶都是奶，只要把奶和辅食合理安排好就行了。到了辅食时间就喂辅食，到了吃奶时间就喂奶。有时，到了喂奶时间，妈妈不知道是喂母乳，还是喂配方奶。怎么办呢？很简单，一定以母乳为主，首先选择喂母乳，如果母乳实在不够吃，再适当补充配方奶。如果妈妈母乳不太充足，为了保证晚上睡得安稳，可在睡前喂一顿配方奶。如果宝宝不吃配方奶，可把配方奶放到辅食中，如可在蒸鸡蛋羹的时候放奶，也可把奶和到粥里，还可做奶馒头、奶面条等。给宝宝包馄饨、饺子时，也可在面粉中放些奶粉。

本月宝宝辅食特点

奶和辅食份额的把握

有的宝宝很喜欢吃辅食，如果因此奶量明显减少，要适当限制辅食喂养量。奶仍是本月宝宝的主要食物来源，所占份额不能小于70%。母乳喂养儿，如果每次喂奶时间短于15分钟，每天哺乳次数少于4次，要分析原因，是否过多地添加辅食。配方奶喂养儿，每日奶量600~800毫升。混合喂养儿，不要因为添加辅食而减少母乳喂养，可适当减少配方奶量。

食量大的宝宝，即使添加了辅食，奶量也没有减少。食量小的宝宝，稍微增加辅食，奶量就会明显减少。妈妈为此很为难，不喂辅食，怕营养不均衡；喂辅食，导致奶量太少，也觉得不对。遇到这种情况，妈妈不要过于急躁，尽可能地分配好奶与辅食的份额（建议：奶量占70%，辅食占30%）。只要宝宝体重增长正常，就不要强求宝宝吃更多的辅食和奶。如果宝宝体重增长不理想，及时看医生，不要逼着宝宝吃，以免宝宝出现情绪性厌食。

不能一次添两种

除了继续添加上个月添加的辅食以外，从这个月开始可以添加畜肉、豆制品、各种蔬菜和水果。不能一次添加两种以上新辅食，一天之内，宝宝不能吃两种以上的肉类食物。

制定食谱，合理搭配

从这个月开始，每顿辅食都要合理搭配，不能只吃单一食物。每顿辅食都最好包含粮食、蛋或肉、蔬菜。逐渐把饭和菜分开，让宝宝品尝出不同食品的味道，增加吃饭的乐趣，提高食欲。从这个月开始，可以尝试给宝宝吃碎菜、肉末、肉馅、粥等颗粒状食物。

增加高铁食物

本月宝宝每日所需热量与上月相同，每千克体重95~100千卡。蛋白质摄入量每天每千克体重1.5~3.0克。脂肪摄入量比上个月有所减少，上个月脂肪占总热量的50%左右（半岁前都是如此），本月开始降到了40%左右。铁的需要量明显增加。半岁前每日需铁0.3毫克，从本月起，每日需要10毫克的铁，增加了

30倍以上。维生素AD的需要量没有什么变化，仍是维生素D每日400IU，维生素A每日1200IU。其他维生素和矿物质的需要量也没有多大变化。本月营养需求重点是铁剂，辅食中要侧重高铁食物的摄入，如:动物肝或动物血、黑芝麻、瘦肉等。

有些父母认为，动物肝脏是解毒器官，一定有毒，不敢给宝宝吃。这种认识是片面的，不过，在购买时要注意，一定要购买经过国家检验合格的放心肉。肝脏有铁锈味道，宝宝不太喜欢吃。烹饪前，用料酒浸泡几分钟，再用清水冲洗干净。做成肝泥后，可放些西红柿汁或甜椒泥等蔬菜，中和肝的味道，宝宝会比较喜欢吃。大枣一定要去皮去核，做成枣泥。黑芝麻可碾碎放在粥里。

第四节 本月宝宝护理

睡眠管理

睡眠时间昼短夜长

宝宝到了这个月，白天睡眠次数和时间会有所减少，夜间持续睡眠时间相对延长，这是令爸爸妈妈高兴的事情。但也有的宝宝恰恰相反，白天睡的还不错，晚上入睡晚，半夜频繁醒来。有的宝宝天生觉少，在妈妈看来，白天晚上都不怎么爱睡，精力旺盛，总是动个不停，吃得也不多，妈妈奇怪宝宝哪来的那么大精神，更担心宝宝有多动症。妈妈不必担心，宝宝醒着经常是一刻也不停歇，爱运动是宝宝的天性。

宝宝睡眠时间和踏实程度有了更明显的个体差异。大部分宝宝在这个月里，白天只睡两觉，一觉睡一两个小时，长的可睡两三个小时，一般下午睡的时间长些。如果妈妈陪伴着睡眠，会睡得踏实些，时间也相对长些。

如果宝宝傍晚不再睡上一觉，晚上睡得就比较早，多在八九点钟睡觉，一直睡到第二天早晨六七点。贪睡的宝宝可睡到七八点，半夜会醒来一两次。

睡前能好好吃奶的宝宝，半夜多不再醒来要奶吃。母乳喂养的宝宝，多在半夜醒了要奶，但不能很彻底醒来，只要妈妈把乳头塞入宝宝的嘴里，宝宝就会边睡边吸吮着，再慢慢地把乳头吐出来，又进入甜甜的梦乡。

大部分宝宝都能安稳地睡上一夜。即使宝宝在睡眠中翻来覆去地滚动，还不时地出声，哼哼唧唧的，或有一两声的抽啼，或咳嗽一两声，或干呕几下但并不呕吐，或用手臂狠狠地蹭几下脸，或用小嘴来回找妈妈的乳头……这都是宝宝在睡眠中的正常表现，睡在一旁的父母不要介意，不要去打扰宝宝。

常常有这样的父母，把宝宝上述的正常现象视为异常，总是不放心，就把大灯打开，又是换尿布，又是喂奶，看看这儿，摸摸那儿，结果把宝宝真的弄醒了。

结果就出现了这些情况：

· 如果是安静的宝宝，可能会玩一会儿就睡了。

· 如果是爱闹的宝宝，就会要求父母陪同一起玩，否则的话就会哭闹。

· 正睡在劲头上的宝宝可能会因为父母的打搅而大耍脾气，父母就会又哄又抱，不奏效就只好用吃的把宝宝嘴堵上了。

· 食量好的宝宝会吃饱了接着睡，食量不好的宝宝，会拒绝吃，还可能会为此哭得更厉害。

这一连串的问题，都是因为父母处理不当。如果宝宝从此养成了半夜醒来吃奶的习惯，半夜醒来让父母陪着玩的习惯，半夜醒来啼哭的习惯，父母"困得痛不欲生"的育儿生活就来临了。父母会感到很冤枉，但事实就是如此。绝大多数宝宝的疾病（先天性疾病中与遗传有关的疾病除外），诱因或直接原因都是父母或看护人喂养、护理造成的。对某一环节的忽视或疏忽，或错误认识，或对护理知识理解有偏差，或固执己见等，都会导致宝宝有这样那样的问题，影响健康成长。

 **尿便护理**

尿便改变缘于辅食

有便秘的宝宝，可能会因为辅食种类增多而结束便秘；便稀或次数多的宝宝，可能会因为辅食种类增加，大便变得更稀或次数更多。胃肠道功能好的宝宝，吃什么都没事，很少出现问题。胃肠道功能差的宝宝，即使很小心了，也时常出现问题。

胃肠道好坏与先天家族因素有关，比如父母双方或一方有顽固便秘史的，宝宝发生便秘的概率大。父母双方或一方消化能力弱，动不动就腹泻的，宝宝也常因为不经意的原因就发生腹泻。妈妈可能会问，那是不是就听其自然了呢？不是的，通过后天努力，精心喂养，规避不利因素，宝宝胃肠道会很健康的。

如果添加了一种新的辅食，宝宝大便出现异常情况，就暂时停止这种辅食。待异常症状消失后，恢复几天，再尝试着添加，但要减半。如果再次出现异常，就多停一段时间，再减半添加。除了很严重的过敏和异常，不要完全放弃某种或某类食物。

宝宝仍不会告诉妈妈"我要拉"，即便妈妈捕捉到了宝宝排便表现，也不要急急忙忙地让宝宝做便盆，更不能把便。因为奶量减少，导致宝宝尿量减少，排尿次数也不那么频繁了，但一天总有十来次。如果仅仅是尿量减少，最大的可能是进水量不足，适当补充水分，观察尿量是否增加，如果增加了，就说明是水量不足。

大便护理

这么大的宝宝，通常每天大便1~2次。色泽呈黄色或黄绿色，有的也呈黄褐色。性状呈细条形，也可能呈黏稠的稀便，但无便水分离现象（便是便，水是水，如同稀饭，米汤和米粒是分开的）。妈妈可能会闻到宝宝大便比原来臭味浓了，这是因为宝宝吃的食物种类增加，不再像单纯乳类喂养时那样"清淡"了。

有的宝宝可能一天要大便3~4次，但只要不是水样便，宝宝也没什么异常表现，就不用担心。添加不同的辅食，宝宝大便就会出现不同的改变，比如次数增多了，大便不成形了，颜色发绿了等。这样的变化都属正常，不要停喂辅食。

如果回到单纯乳类喂养，宝宝会发生饥饿性腹泻。

有的宝宝可能会两天，甚至几天大便一次。妈妈不要担心，但要注意观察，大便是否干燥？排便是否困难？吃饭是否正常？大便是否带血？有无眼屎增多、口腔异味、肛门发红、手心热等症状？近来饮食有无大的改变？喝水是否太少？之前是否患过腹泻？如果没有这些问题，就没什么可担心的了。多给宝宝饮水，适当增加蔬菜量。可尝试添加红薯、玉米面、燕麦等粗粮。如果三天没排大便，可用棉签蘸香油或橄榄油刺激肛门，帮助宝宝排便。尽可能不使用开塞露和泻药。

宝宝服用清热解毒感冒退热药后，可能会出现腹泻，停用药物后可逐渐好转。如果同时合并了病毒性肠炎，腹泻症状比较重，就需要治疗了。感冒后，特别是发烧时，胃肠道消化功能减弱，食量会减少，妈妈不要强迫宝宝吃更多的东西，避免增加肠道负担，出现消化不良或腹泻。服用抗生素，发生腹泻的概率很高，因此一定要慎用抗生素。

如果妈妈能够掌握宝宝的排便规律，可成功地把大便接到便盆里，妈妈会很高兴，认为宝宝能够控制大便了。事实并非如此。这个月龄段的宝宝还不具备控制尿便的能力，如厕训练还为时过早。过早训练尿便违背了宝宝生理发育规律，弊大利小。这个月还不需要训练宝宝排尿便。

◎ 大便干燥的处理方法

有的宝宝添加辅食后就开始出现便秘，妈妈采取了诸多措施，开始喝果汁、菜水、蜂蜜水、凉茶水、米汤、"四磨汤"（米、荞麦、小米、薏米磨面炒焦冲汤）等，还会使用开塞露，该做的都做了，该吃的也都吃了，可宝宝便秘依旧。经多家医院检查，排除了疾病所致。对于这样的宝宝，可采用的办法是：

· 调整饮食：花生酱、胡萝卜泥、芹菜、菠菜、白萝卜泥、全麦面包渣和小米汤和在一起做成小米面包粥。把橘子汁改为葡萄汁、西瓜汁、梨汁、草莓汁、桃汁（要自己做的鲜果汁，不是现成的果汁饮料）。每天喝白开水，以能喝下的量为准。

· 腹部按摩：用手掌以肚脐为中心捂在宝宝腹部，从右下向右上、左上、左下按摩，但手掌不要在宝宝皮肤上滑动，每次5分钟，每天一次。

· 刺激肛门：把棉签蘸上香油或橄榄油，轻轻刺激肛门皱褶处。

· 每天在固定时间按摩，持之以恒。

· 如果仍然不排便，已经超过三天，可使用开塞露。

小便护理

这个月的宝宝是离不开尿布的，小便次数仍然不少，如果妈妈每次都试图让宝宝把尿排在尿盆里，就会很劳累。倘若宝宝小便比较有规律，妈妈已经掌握了这些规律，能把大部分的尿接在尿盆里，也不意味着宝宝能够控制小便。假如妈妈为了不让宝宝尿湿尿布，总是把宝宝尿尿，就有可能使宝宝出现尿频。这个月龄段的宝宝还没有达到训练尿便的生理成熟度，倘若过早训练尿便，非但不能让宝宝更早控制尿便，还有导致宝宝尿频的可能。

小便是反映缺水与否的一项指标，如果宝宝小便量少、色深黄，就是缺水的信号。夏季通过皮肤丢失的水分比较多，要多补水。如果尿色深黄，说明尿液被浓缩了，应该多喝水以稀释尿液，否则会加重肾脏负担，对宝宝的健康不利。

冬天，小便排到便盆中，妈妈偶尔发现尿液发白，有一层白色沉淀物，像稀米汤，这是尿中尿酸盐较多，遇冷后结晶析出所致，把尿液稍微加热乳白色结晶即消失。父母不要害怕，这种情况在冬季时有发生，让宝宝多喝水，尿酸盐浓度就会得到稀释。

本月护理常见问题

不好好吃、不好好睡

◎ 不好好吃

这个月的宝宝开始有了个人喜好，不好好吃的问题多了起来。常见的有以下几种情形。

· 有的宝宝不喜欢吃粥，爱吃米饭。妈妈不敢喂米饭，怕呛着宝宝，认为宝宝还没有牙，不会咀嚼。这种担心是没有必要的，做软一些的米饭，并不会呛着、噎着宝宝。

· 有的宝宝不爱吃蔬菜，爱吃蔬菜的宝宝不多见，其原因与人类遗传印记有关，即喜欢能量高、味道香甜的食物，而蔬菜恰恰是能量低、味道苦涩的食物。建议购买新鲜蔬菜，清洗干净，能去皮、去根、去子的就要去掉，用沸水焯，沥干水后，碾成泥，或者切成菜碎、小块、细丝，然后再烹调给宝宝吃。

· 有的宝宝不再喜欢吃泥状食物，喜欢吃硬一点儿、需要咀嚼的食物。妈妈可尝试着喂一些这样的辅食，如果宝宝能很好地吃下去，妈妈就这样做好了，不要有什么担心。

· 有的宝宝喜欢吃香喷喷的辅食，喜欢味道浓厚的菜，这多是由于让宝宝尝到了成人饭菜的缘故。给宝宝做辅食，不能放食盐和辛辣的调料，不能用动物油和花生油烹饪菜肴。所以，不要让宝宝吃到味道厚重的食物，以免宝宝拒绝婴儿辅食。

· 到了这个月可能开始拒绝蛋黄。妈妈可尝试新的烹饪方法，争取让宝宝重新喜欢吃蛋黄。如果实在不吃，就暂时停一周，用动物肝代替，来满足铁的需要。

· 宝宝可吃的食品种类多了，要不断更换食物种类，在合理搭配营养的前提下，兼顾宝宝对食物的喜好。不喜欢吃的食物，不能硬塞。玩使宝宝快乐，吃也要使宝宝快乐。

食量小的宝宝，喂养起来比较困难。如果妈妈硬喂，可能会出现以下情况：

· 用手把勺推开（我不想吃了）；

· 用小手把饭碗打翻（为什么还有这么多的饭，已经撑着我了）；

· 把妈妈塞进的食物吐出来（妈妈不嫌麻烦，我也不怕麻烦，你喂我吐）；

· 不张嘴（给我也得吐出来，还不如不张嘴，省事）；

· 把头扭开了（妈妈也真是的，我可不理你了）；

· 哭（不亮这最后一招，妈妈是不饶我了）。

不要让宝宝亮这最后一招，以后把这当作对付父母的武器，可就不好了。

宝宝已经知道自己该吃多少。当妈妈认为宝宝不好好吃的时候，首先要看宝宝的生长发育是否正常，如果一切都正常，宝宝吃得就不能说少了；偶尔吃得少，也是正常的。有的宝宝自从吃辅食后，就不喜欢吃奶了。如果宝宝无论如何也不吃奶，就暂时停几天。如果仍然不喜欢吃奶，就适当减少辅食量。

◎ 不好好睡

随着宝宝月龄的增长，睡眠问题可出现较大的差异。睡眠好的宝宝，到了这个月，可以睡一整夜不醒，也不吃奶，即使更换尿布也不醒。不要把熟睡的宝宝拉起来喂食，宝宝饿了自然会醒来要吃的。

有的宝宝白天睡得多，睡得好，晚上却开始闹人，睡得晚，夜间还频繁醒来。这会让妈妈很疲惫，要尽量减少白天睡觉时间，尤其不要让宝宝在傍晚睡觉。

有的宝宝白天睡眠不多，晚上还是精神抖擞，毫无睡意。如果除了睡觉少，其他各方面都很正常，妈妈就不要担心了，宝宝就是觉少的宝宝。

有一些睡眠问题是正常现象，父母不必多虑：

· 宝宝睡觉时不老实，总是翻来覆去。

· 爱趴着睡，睡觉时有时会突然抽啼几声。

· 睁开眼睛看看（妈妈可千万不要去打扰宝宝，宝宝很快会入睡的）。

· 撅着屁股睡。

· 睡觉时会突然地惊乍。

· 睡觉时出汗。

· 总是踢被子，即使在冬天也如此。

· 不枕枕头睡觉。

· 睡觉时倒嚼（反刍）。

父母以下做法是不对的：

· 宝宝困得睁不开眼了，还和宝宝做游戏。

· 宝宝想睡觉，却还给宝宝吃饭。

· 没睡醒就把宝宝叫起来喝奶吃饭。

· 睡得正香时让宝宝坐便盆或把尿。

· 让睡得迷迷糊糊的宝宝喝奶。

哭闹、能力倒退、认生、磕脑袋

◎ 无缘无故哭闹

这个月的宝宝，开始有较强的个人喜好和意愿，表现在以下几方面：

· 把不喜欢的东西扔掉。

· 会把不喜欢吃的东西吐出来。

271

- 开始选择抱他的人，愿意让妈妈抱。
- 对玩具有了偏爱。
- 喜欢到户外活动，喜欢人多，但有的宝宝喜欢静，人多反而闹。
- 有了自己朦胧的意愿。
- 能听懂更多语言的意义。
- 喜欢干不会干的事情。不会站，可就是喜欢站着；不会走，就是要妈妈扶着走；不会爬，就是想爬到他想去的地方。
- 对身体的不适开始比较敏感了，但不能辨别，会因为过度的肠管蠕动哭闹。
- 吃多了，肚子胀，肯定不好受，晚上会哭闹。
- 受了刺激，如白天磕着了，从床上掉下来了，夜间会噩梦惊醒而剧烈哭闹。

还有很多这样的情况，父母可能都不知道，医生也不一定能够分析得很全面，宝宝情感上的事情，就更不了解了，于是这些在父母眼里就成了无缘无故的哭闹。

◎ 能力倒退

宝宝的能力包括很多方面：语言、运动、感觉、尿便、吃等。在宝宝的整个发育过程中，发育水平存在着很大的差异。不但存在个体差异，就是同一个宝宝，发育水平也不是均等的。有时会出现暂时的"倒退"现象，父母不要认为宝宝有什么病了。

原来喂辅食喂奶都很顺畅，到了这个月却出现了喂饭喂奶都难的问题。上个月还是放到床上就能很快入睡，到了这个月却要哄好一阵子才能入睡等。随着月龄的增加，宝宝逐渐有了自主能力，不高兴做的事开始反抗。妈妈不要抱怨，伤了宝宝自尊心。宝宝有着丰富的情感，也会看脸色，听语气。对于宝宝来说，鼓励的作用总是胜过批评，快乐是身心健康成长的重要因素。

◎ 认生

有的宝宝两三个月就开始认生，有的到了这个月仍然不认生，见谁都笑，谁抱都行。认生的早晚与聪明与否没有直接的联系，父母不必为此担心。

◎ 避免宝宝磕脑袋

宝宝头重身子轻，头大身子小，只要从床上摔下来，就会头着地，最易磕碰的是头部。那里有脑组织，纵横交错的神经中枢，是人的指挥部，是枢纽，父母和看护人一定要注意避免宝宝磕碰头部。

出牙迟、流口水、干呕、咬乳头

◎ 出牙迟

关于乳牙萌出，父母可能有如下认识：

· 宝宝 4 个月开始有乳牙萌出，到了这个月至少应该出下面的两颗门牙了，可是宝宝已经快 8 个月了，一点儿出牙的迹象也没有，一定是缺钙了。

· 宝宝出牙前会流口水，可宝宝从几个月前就流口水了，怎么至今还没出牙呀，一定有什么问题。

· 朋友的宝宝已经长出 4 颗乳牙了，我的宝宝怎么一点儿出牙的迹象也没有呀，是什么问题呢，难道缺什么营养吗？

父母不要着急，乳牙萌出有早有晚，早的可在三四个月就开始萌出，晚的可到 1 岁左右才开始萌出。但无论是早萌出，还是晚萌出，宝宝 2 岁以后，20 颗乳牙都会出齐的。另外，妈妈不必担心，即使一颗乳牙没出，也不影响宝宝吃辅食。

◎ 流口水

许多妈妈有这样的疑惑：原来宝宝下巴一直是干干的，很少流口水，怎么长大了反而流起口水来了？宝宝以前流口水没这么重啊，怎么越大口水流得越多了呢?

父母怀疑宝宝生病了，带宝宝去看医生。医生看看宝宝的口腔，没有溃疡，也没有疱疹；没有糜烂，也没有红肿；口腔黏膜、嗓子、牙龈都没有异常。下牙床有隐隐的小白牙要出来了。医生告诉妈妈：宝宝是要出牙了，在乳牙萌出时会流口水。宝宝出牙时可能会有疼痛感，但很轻微，可能仅仅在晚上睡觉前闹一会儿，或半夜醒了哭一会儿，不会很严重的。添加辅食后，唾液腺分泌增加，但宝宝吞咽唾液的能力还不够，所以宝宝会流口水。如果只是流口水或较前加重，没有必要带宝宝上医院。医院是病人聚集区，有感染疾病的危险。如果不放心，可以找医生咨询一下，有必要再带宝宝去医院。

◎ 干呕

这个时期的宝宝可能会出现干呕。其原因可能是：

· 出牙使口水增多，过多的口水会流到咽部，宝宝没来得及吞咽，一下噎着宝宝了，结果就开始干呕起来。

· 如果宝宝爱吃手，可能会把手指伸到嘴里，刺激软腭而发生干呕。

· 这个时期宝宝唾液腺分泌旺盛，唾液增加，宝宝不能很好地吞咽，仰卧时可能会呛到气管里，而发生干呕。

只要宝宝没有其他异常，干呕过后还能很高兴地玩耍，就不要紧，也不用治疗。

◎ 咬乳头

这个月的宝宝已经开始长牙了，即使没有萌出，也已在牙床里，已经是"兵临城下"，咬劲不小了。出牙期间的宝宝爱咬乳头。如果是咬了妈妈的乳头，可能会把乳头咬破，妈妈可能会为此遭受乳腺炎的痛苦，即使不患乳腺炎，咬乳头也是很疼的，有的妈妈无奈断了母乳。如果咬的是奶嘴，可能会咬下一块橡胶来，咽到了嗓子眼，多能顺利咽到食管里，没有危险。妈妈可给宝宝固体食物，让宝宝有磨牙的机会，让宝宝自己拿着磨牙饼干吃。这个月的宝宝不会因为妈妈痛得叫而不再咬乳头，宝宝还不知道心疼妈妈。如果宝宝把乳头咬破了，喂奶后可在破损处涂抹碘伏，喂奶前戴上乳头保护罩。如果发现宝宝咬奶嘴，要及时把咬掉的那块橡胶从宝宝口里取出。

第五节　本月宝宝能力发展、早教建议

看的能力：对所见有了初步记忆

具有了直观思维能力

这个月龄的宝宝对看到的东西有直观的思维了，如看到奶瓶就会与吃奶联系起来；看到妈妈端着饭碗过来，就知道妈妈要喂他吃饭了；看到电话，就会把电话放到耳朵上听。这是教宝宝认识物品名称，并将名称与物品功能联系起来的好时机。

对所见有了初步记忆

宝宝开始认识谁是生人，谁是熟人。生人不容易把宝宝抱走。可以给宝宝买宝宝画册，教宝宝认识简单的色彩和图形，认识人物、动物和日常用品，再

和实物比较，帮助宝宝记忆看到的东西。

开始有兴趣、有选择地看

从这个月开始，不仅仅要教宝宝看什么，还要训练宝宝把看到的东西和其功能、形状、颜色、大小等结合起来，进行直观思维和想象，这是本月龄宝宝潜能开发的重点。

本月宝宝开始有兴趣、有选择地看，会记住某种他感兴趣的东西，如果看不到了，会用眼睛到处寻找。当听到某种熟悉的物品名称时，也会用眼睛去找。如果爸爸妈妈经常指着灯告诉宝宝：这是灯，晚上天黑了，会把房子照亮。慢慢地，妈妈问灯在哪里，宝宝就会抬起头看房顶上的灯。到后来，天黑了，宝宝就会嗯嗯，用手指着灯，示意妈妈开灯。再往后，宝宝会自己直接把灯打开。宝宝能力发展的速度快得惊人，常常让爸爸妈妈意想不到。

认识了物件是实际存在的

通过游戏，宝宝逐渐理解了：一种物品被另一种物品挡住了，那种物品还存在，只是被挡住或蒙上了，这是认知能力质的飞跃。一开始，妈妈不能把玩具全蒙上，要露出一点儿。根据露出来的那一点儿，让宝宝知道整个玩具是蒙在布下面的。慢慢地，妈妈就在宝宝的眼前，把玩具全部蒙起来。宝宝会用手把布掀开，看到蒙在下面的玩具又重新回到了他的眼前，会很开心地笑。

视觉能力训练

◎ 图卡训练

前几个月，给宝宝看图卡，只需告诉宝宝图卡名称。如举起画有苹果的图卡，并告诉宝宝"苹果"。从这个月开始，同时让宝宝看两张图卡，两张图卡相距20厘米左右，问宝宝"哪个是苹果"，观察宝宝，视线是否落到苹果图卡上。如果宝宝把视线落在苹果图卡上，再问宝宝"哪个是香蕉"，如果宝宝把视线移到香蕉图卡上，就表扬宝宝说："宝宝认识了苹果和香蕉。"以此类推，通过训练，宝宝可以在众多物品中找出指定的物品。

◎ 寻物训练

爸爸妈妈可开动脑筋，运用多种方式进行寻物训练，"藏猫猫"也是一种寻物训练。比如，把几枚红枣放在桌子上，用碗或杯子等器皿盖上，问宝宝"红枣哪儿去了"，如果宝宝一脸茫然，就慢慢拿起碗或杯子，同时说"红枣在碗底（杯子）下"。经过几次训练，宝宝明白后，就会主动用手掀开盖着红枣的碗（杯子）。

请注意，游戏结束，一定要把红枣收起来，以免宝宝把红枣放进嘴里，发生意外。用任何小物品做游戏，爸爸妈妈都要注意这一点。

听的能力：对自己的名字有反应了

宝宝听到指向明确的音节，开始产生定向反应。当妈妈呼唤宝宝的名字时，宝宝会明显意识到妈妈是在召唤自己。当听到"妈妈在哪呢"，宝宝也会把目光停留在妈妈身上。

宝宝已经拥有这样的能力，听到爸爸妈妈的说话声，即使看不到爸爸妈妈，也知道这是爸爸或妈妈在说话。

宝宝已经能够辨别人说话的语气，喜欢听亲切和蔼的声音，听到训斥会害怕、哭啼；听到有节奏的音乐，会坐在那里随着节拍左右摇晃身体；会听小动物的叫声，能够把听到的和看到的结合起来，但不要让陌生的宠物接近宝宝，避免发生危险。

听觉能力训练

每天，宝宝吃饭时，可播放舒缓轻快的音乐（声音不要过大，相当于背景音乐就可以了）。入睡前，给宝宝播放摇篮曲或小夜曲，让宝宝在美妙的音乐声中入眠。为宝宝做操或抚触时，播放节奏感强、韵律鲜明的音乐。宝宝最喜欢听妈妈唱歌，妈妈可跟着伴奏带哼唱，让宝宝听到妈妈动听的歌声。

爸爸妈妈要和宝宝进行有效沟通，当宝宝眼光落在某一物体、某一景象、某一人物、某一事件上时，要不失时机地讲给宝宝听：这是什么，是做什么用的，是什么样的景象，他是谁，发生了什么事。可能的话，还可以让宝宝触摸和体验。

说的能力：会发爸爸、妈妈、奶奶等音

有的宝宝开始发出简单的音节，如：妈妈、爸爸、奶奶、拿拿等。有的宝宝前几个月还不断地"说话"，到了这个月反而不说了。妈妈不要着急，宝宝正在学习，原来只是练发音，现在要说话了，可积累还不够，还不能用语言表达。

语言能力训练

宝宝在日常生活和实践中得到语言训练。在语言训练过程中，妈妈容易犯这样的错误，就像"教八哥"一样教宝宝说话，这样教，不但对宝宝学习语言没有帮助，还会让宝宝厌烦，产生抵触情绪，适得其反。

虽然宝宝还不会说话，但已经开始理解语言，要帮助宝宝逐渐建立起语言与动作的联系。教宝宝每种能力时，都要使用确切的语言。家里的客人要走了，和客人说再见，并做出再见手势。外公外婆给宝宝送东西来了，要说谢谢。爸爸妈妈常这么做，宝宝就学会了。这不但锻炼了

宝宝的语言能力，还锻炼了与人交往能力。

听到小动物叫声时，要指着耳朵，问："宝宝听到小狗叫了吗？"使宝宝明白耳朵是用来听声音的。宝宝已经认识了一些玩具和日常用品，妈妈有意让宝宝把奶瓶、小勺、布玩偶递过来，让宝宝能在几件物品中找到你要的。这是训练宝宝理解语言能力的一种简便易行的方法。

给宝宝输送的语言信息越多，宝宝的语言能力就越强，一旦宝宝会说话了，就会释放出极大的潜力，让爸爸妈妈大吃一惊，好像一夜之间就学会了说话。其实，宝宝学习语言从出生就开始了，再早些，从胎儿期就开始了。1岁以前是宝宝语言能力开发的关键期。爸爸妈妈日复一日、清晰明白地和宝宝交流，为宝宝创造丰富的语言环境，对开发宝宝的语言能力非常有益。

运动能力：小手更加灵活

坐得稳了

多数宝宝到了这个月，已经坐得很稳了，腰板挺直，不再像虾米一样弯着腰。有的宝宝坐得还不是很稳，如果除了坐不稳，还有其他方面的发育落后，要及时看医生。如果只是坐得不太稳，其他各方面发育都正常，妈妈不要着急，再观察一段时间，下个月还不会独坐的话，再看医生也不迟。

有的宝宝不是不会坐，而是不愿意坐，妈妈要在生活中细心观察。能稳稳独坐的宝宝，可自由地利用胳膊和手玩玩具；可拿起身边的东西，能自由地转动头颈部和上半身。所以训练宝宝独坐的能力，对宝宝身体综合能力的发展有很大意义。

手的能力

宝宝能有目的地够眼前的玩具；会用拇指和四指对抓捏起物体；能把物体从一只手倒到另一只手；会把物体主动放下，再拿起来；能紧紧地握住手里的东西，但有时手里的东西还是会掉下来。会把两只手往一块凑，有时好像在鼓掌欢迎，但总是不能很好地把两只手合在  一起。如果妈妈总是用热烈的掌声赞扬宝宝，宝宝高兴时，也会做出鼓掌动作。

宝宝会把手里的物体拿到眼前端详一会儿。如果妈妈不断地教宝宝再见，当爸爸出门上班时，宝宝可能会向爸爸摆摆手。但也许就这么一次，妈妈不要气馁，这已经非常不错了。大多数宝宝要在1岁才学会和别人再见。

这个月的宝宝喜欢撕纸，妈妈可以找些干净白纸让宝宝撕，这对锻炼手指运动有好处，但不要给宝宝带字的纸，因为宝宝很可能会把纸放到嘴里。不要让宝宝玩硬纸，以免纸边划伤宝宝的小手。

爬的能力

这个月的宝宝还不能很好地爬，快到8个月时，可能会肚子不离床匍匐爬行。有的宝宝比较早就会爬，有的宝宝很晚了才会爬。但无论早晚，爸爸妈妈都要把爬作为训练的重点。

爬行是一项非常好的全身运动。身体各部位都要参与，锻炼全身肌肉，使肌肉发达，为以后的站立行走做准备。爬行时肢体相互协调运动，姿势不断变换，可促进小脑平衡功能的发展，手、眼、脚的协调运动也促进了大脑的发育。爬行还可以促进宝宝的位置视觉，产生距离感。

爬行还有很多好处，爸爸妈妈不要因为怕危险就不让宝宝爬，要给宝宝创造安全的爬行空间，比如把宝宝放在铺有爬行垫的地板上。

刚开始学习爬的宝宝，可能不但不会向前爬，还会向后退，爸爸妈妈为此奇怪不已，一直在教宝宝向前爬，怎么没学会向前爬，却向后倒退呢？原因很好理解，对于成人来说，向前走或跑是很容易的，但要是向后退着走或跑就难了，没有了视觉的帮助，总担心会遇到危险。宝宝深度视觉能力尚未发育完善，对面前物体与自己所处位置的距离关系，缺乏相对运动的感知判断能力。所以，当宝宝移动自己的身体向前爬时，他会感到眼前的物体在移动，并向他压过来，这必然让宝宝感到紧张。还是向后倒退吧，这样安全。宝宝在这样的心理作用下，就开始先向后倒退了。

由此我们可以得出结论，宝宝向前爬，不仅是身体的一种能力，还是心理走向成熟的一种表现。认识到了这一点，爸爸妈妈看到宝宝倒退着爬，也就不用疑惑了，更不要强行改变，避免伤害宝宝心理，为身心健康发育留下足够的时间和空间。

运动能力训练

◎ 手指练习

宝宝的手指活动能力与智力发展密切相关，要锻炼宝宝动手能力。让宝宝拿起各种物品，锻炼拇指和食指对捏小的物品，这是很重要的一个动作，要反复不断地练习。拇指和食指对捏是宝宝两手精细动作的开端。能捏起越小的东西，捏得越准确，说明手的动作能力越强，对大脑的发育越有利。

爸爸妈妈可以找不同大小、不同形状、不同硬度、不同质地的物体，让宝宝用手去捏取。训练时，必须有人在场看护，以免发生危险。这个月的宝宝还是喜欢把拿到的东西放到嘴里。

算盘上的珠子很适合宝宝用手指拨拉，既安全又能锻炼手的运动能力，宝宝也感兴趣。带按键的玩具琴也可以用来锻炼宝宝的手指活动。

◎ 爬行能力训练

在宝宝面前放上他喜欢的玩具，鼓励宝宝向前爬，够到玩具，并给予鼓励。妈妈可趴在宝宝前面，与宝宝面对面，把手伸向宝宝并叫宝宝名字：

宝宝，快爬过来，妈妈在这里，让妈妈抱抱。当宝宝爬到跟前时，妈妈要抱起宝宝，亲吻并高兴地说"宝宝真勇敢"。如果宝宝还是不敢向前爬，爸爸可用手掌心抵住宝宝的足底，施以外力，使宝宝在后面阻力的作用下，向前爬。

也可以在宝宝的脚底放上可以蹬的东西，作为一种阻力使宝宝向前爬。这样的努力要把握限度，要给予宝宝一定的时间，不可心急。

宝宝潜能开发

宝宝对玩耍开始表现出自主的愿望，对周围的事物充满了好奇，喜欢探索周围的环境，见什么都想抓。爸爸妈妈要在安全的前提下，给宝宝一定的空间，让宝宝有独立玩耍的机会。当宝宝需要爸爸妈妈帮助时，爸爸妈妈再及时过来帮忙，但也不是完全代劳，要在玩耍和游戏中开发宝宝潜能。

◎ 藏猫猫

"藏猫猫"对开发宝宝智力很有益处，宝宝对"藏猫猫"游戏乐此不疲，不要丢掉这一古老的游戏项目。随着月龄的增加，"藏猫猫"游戏也有了新的内容。

一开始是妈妈把手绢蒙在脸上，以后可以藏在宝宝的身后，还可以把手藏在身后，把奶瓶、玩具藏在身后，通过"藏猫猫"认识物品。

从这个月起，妈妈和爸爸可以互相配合，让爸爸藏在房间的不同角落或其他房间，妈妈抱着宝宝寻找，边找边不断地说："爸爸藏到哪里去了呢？让我们看看是不是在那个房间里。"让宝宝感受到空间的距离。

如果爸爸藏在某个角落，可以不断小声地说："爸爸在这里，宝宝能找到吗？"妈妈这时就对宝宝说："爸爸的声音是从哪里传出来的呀？"宝宝就会倾听爸爸的声音，让宝宝学会循声找人。

爸爸妈妈也可以把玩具藏到某处，和宝宝一起找，让宝宝知道物体客观存在的事实。玩具虽然不见了，但是它却仍然存在，只是放到哪里，暂时看不到了，找一找，会找到的。宝宝长大了，发现什么没有了，就会倾向主动去找，而不是向妈妈嚷嚷着东西不见了，爸爸妈妈要注重培养宝宝学会独立处理事情的能力。

爸爸妈妈可根据具体情况，开发更多"藏猫猫"游戏，在有趣的游戏中开发宝宝潜能。

◎ 照镜子

继续上个月的游戏，让宝宝认识身体各部位的名称和功能。妈妈可先说："宝宝的鼻子呢？"这时就指着镜子里宝宝的鼻子说："鼻子在这里。"这要比指着宝宝的鼻子说"这是鼻子"又进了一步。让宝宝有一个想的过程，可以培养宝宝的思维能力。宝宝对镜子里的妈妈开始有了认识，镜子里的妈妈和抱着他的妈妈是一个人。当妈妈问宝宝的鼻子在哪里，宝宝能用手指着鼻子，那可是太大的进步了，妈妈应该非常高兴地称赞宝宝，鼓励宝宝反复练习。

◎ 挑选玩具

把几种差异显著的玩具放在一起，让宝宝知道不同玩具的名称，然后说出一种玩具的名称让宝宝找出来。如果宝宝找不出来，妈妈就帮助宝宝找出来并说："是这个吗？是的，这个就是小布熊。"反复多次，宝宝就能准确地找到了。

有的宝宝不喜欢这种游戏，就不要强迫，可以换一种宝宝能够接受的游戏。只要能够让宝宝在快乐的游戏中得到体能锻炼和潜能开发，不拘泥形式，爸爸妈妈要开动脑筋，找到适合宝宝的最佳游戏。

第九章

8~9个月的宝宝

第一节　本月宝宝特点

能力

醒着时几乎一刻也不停息

这个月的宝宝，运动能力增强，更加活跃，醒着时几乎一刻也不停息地运动。能够快速从仰卧位翻到俯卧位，再从俯卧位翻到仰卧位，也就是连续翻滚。会用手膝爬的宝宝，能够迅速移动身体，一眨眼工夫，就能从一端蹿到另一端。刚还在那坐着玩的小家伙，一不留神，就爬走了。

看护人不能疏忽

宝宝自由活动能力增强，睡觉醒来可能会翻到没有护栏的床下；自己玩耍时可能会把小东西放到嘴里，不小心吞入气管；小脚丫可能会卡在床栏杆的缝隙里；家中的摆设可能被宝宝拽下来，砸在头上或压在身上；还有热水杯、暖水壶、熨斗、剪刀等，都有被宝宝触碰的可能，看护人一刻也不能离开宝宝。要把可能伤及宝宝的危险物统统拿开，去除宝宝活动空间安全隐患。切莫心存

侥幸，侥幸是意外事故的根源。

情感

与爸爸妈妈交流

宝宝开始追妈妈，妈妈上班可能会哭，见到下班回来的爸爸妈妈会很高兴。开始认识爸爸妈妈的相貌，如果把爸爸妈妈的照片拿给宝宝看，宝宝会认出来，高兴地用手拍。不要怕宝宝哭而悄悄离开宝宝去上班，快乐地和宝宝再见，告诉宝宝，妈妈去上班，下班后再陪宝宝。尽管宝宝现在还不懂得，妈妈去上班只是暂时离开一段时间这个道理，但宝宝会很快熟悉这种现象，慢慢懂得客观存在这个道理。这就是贯穿于日常生活中的早教。

像个小外交家

宝宝开始喜欢小朋友，看到小朋友会高兴得小脚乱蹬，还试图去抓小朋友。但有的宝宝见到小朋友没什么反应，并非异常表现。喜欢看电视上的广告，能盯着广告片看上几分钟。但过早让宝宝看电视，对视觉发育并不好，尽可能不让宝宝看电视。有的宝宝见谁都笑，喜欢让人抱，像个小外交家，有的则比较认生。是否认生与性格和养育环境有关联，都是正常表现，无须担心。

"这是我的！"

不容易把宝宝喜欢的东西从他的手中拿走，如果硬抢，宝宝会大哭，以示抗议。妈妈把手伸过去，要宝宝手里的东西，宝宝可能会递给妈妈，还会把身边的东西拿起来递过去，但会很快又把手缩回去，虚晃一枪。宝宝开始萌出"这是我的"的观念了。

第二节　本月宝宝生长发育

身高

本月宝宝，男婴身高中位值71.2厘米，女婴身高中位值69.6厘米。如果男婴身高低于66.3厘米或高于76.3厘米，女婴身高低于64.8厘米或高于74.7厘米，为身高过低或过高。

体重

本月宝宝，男婴体重中位值9.05千克，女婴体重中位值8.41千克。如果男婴体重低于7.23千克或高于11.29千克，女婴体重低于6.79千克或高于10.51千克，为体重过低或过高。

头围

本月宝宝，头围均值44.2厘米。这个月宝宝头围和上个月相比，没有显著变化。如果上个月测量有些误差，这个月头围测量数值可能会和上个月差不多，甚至会小于上个月，妈妈可不要担心。

囟门

本月宝宝，囟门没有多大变化，不会明显地增大或减小。

第三节　本月宝宝喂养

 母乳喂养

转移乳头依恋

随着月龄的增加，宝宝吸吮乳头已经不仅是解决"温饱"问题了，还有对妈妈的依恋。躺在妈妈怀里，享受妈妈的拥抱，这是宝宝的情感需要。妈妈乳头确实是缓解宝宝哭闹的有效方法，但随着月龄的增长，妈妈要有计划地减弱宝宝对乳头的依恋，不要总是让宝宝叼着乳头。可通过和宝宝游戏、亲子活动、

聊天等活动，转移宝宝对乳头的关注。

逐步减弱宝宝对妈妈乳头的依恋，不等于母乳喂养变得无足轻重了。妈妈仍然要关心自己的饮食结构、睡眠、心情和运动，为宝宝争取更长时间的母乳喂养。削弱宝宝对乳头的依恋，也是基于妈妈和宝宝健康的考虑，比如：预防乳牙龋，避免宝宝夜眠不安；妈妈不那么疲惫，能有更多的时间做亲子游戏。

配方奶 **喂养**

配方奶奶量

纯配方奶喂养，每日配方奶600~800毫升，但也要根据宝宝具体情况调配奶量。食量小的宝宝每日奶量不足600毫升，妈妈不要强迫宝宝喝，更不要因为要保证奶量，一点儿辅食也不喂。只要宝宝体重和身高正常增长，妈妈就不要过于强调食量。

拒食配方奶的宝宝

有的宝宝，在某一时段，就是不喝奶，妈妈只好趁宝宝睡得迷迷糊糊时喂。结果，宝宝习惯了这样的喂养方式，醒着的时候再也不喝奶了，妈妈非常着急，很想纠正过来，试了又试，难以成功。

◎ 遇到这种情况怎么办呢？

· 可以在奶中加点米粉或蛋黄，改变配方奶的味道。

· 喂点酸奶试试，如果宝宝爱喝，可以用配方奶自制酸奶。

· 把配方奶混合在面粉里，做面片汤、饺子皮、小馒头等，也可做奶粥。

· 有的宝宝到了户外或其他小朋友家里，就不那么挑食了，可以尝试一下。

· 如果宝宝无论如何都不喝奶，就过几天再试试，或许就喜欢喝了。

· 如果宝宝仍然拒绝喝奶，为了保证蛋白质的摄入，辅食中适当增加蛋肉比例。

半夜还要喝奶的宝宝

有的宝宝还会在后半夜醒来，不喂奶就不睡觉，甚至哭闹。如果喂奶后，宝宝能安稳入睡，就给宝宝喝奶好了。妈妈可能会担心，吸着乳头入睡，宝宝发生龋齿概率会增加。没关系，喝奶后再给宝宝喂几口白开水。如果宝宝不肯喝水，可用棉签或纱布轻轻擦拭口腔内部，擦去牙龈、乳牙表面上的奶渍。

辅食添加

辅食添加要点

第一，每天两次辅食，第一次可安排在上午11点左右，第二次下午17点左右。

第二，辅食的量要根据宝宝的食量而定，宝宝不想吃，尽管剩下了，也不要勉强宝宝吃。

第三，逐渐增加辅食种类，每天加一种新的辅食，要做到心中有数，观察宝宝对新辅食的耐受情况，如不耐受，需要暂时停止，一两周后再尝试添加。

第四，宝宝对食物的研磨能力差，给宝宝做的辅食要细、软、烂。青菜和肉一定要切碎，如果宝宝吞咽能力不是很好，还需要做成泥状。

第五，有的宝宝已经能吃软固体食物了，有的宝宝喂稍大一点儿的食物，就会噎着呛着，妈妈不要勉强。尽量把饭菜做得烂些细些，随着宝宝咀嚼能力和吞咽能力增强，就能很好地进食固体食物了。

第六，这个月宝宝可以吃肉类食物，但对肉类食物消化能力仍比较弱，要适当控制畜类肉的摄入量。宝宝消化动物油脂能力差，给宝宝选择精瘦肉，肉汤中的油要去掉。

辅食添加注意事项

第一，不要机械照搬书本，要根据宝宝的饮食爱好、进食习惯、睡眠习惯等灵活掌握。尊重宝宝食量，切莫让吃成为父母和宝宝的共同负担。

第二，没有千篇一律的喂养方式，添加辅食也是一样。有的宝宝一天只能吃一次辅食，第二次辅食说什么也喂不进去，但能喝较多的奶。有的宝宝很喜欢吃辅食，见奶就够。妈妈只能循循善诱，帮助宝宝逐渐建立良好的饮食习惯。

第三，有的宝宝吃饭比较费劲，喂一次辅食要一个小时，喝奶也如此，只见吸吮，不见奶少。妈妈要尽可能缩短时间，宁愿多喂一次，也不要无限制延长时间。

喜欢和成人同桌进餐

多数宝宝喜欢热闹，有兴致和成人同桌进餐，且喜欢吃成人菜肴。如果你的宝宝单独进餐很困难，不妨把辅食添加时间安排在一日三餐时间。但宝宝还不能吃成人菜肴，必须单独做适合宝宝吃的辅食。

宝宝在饭桌旁，一定要注意安全，热的饭菜要远离宝宝。宝宝动作非常快，稍不留神，就会把饭菜弄翻，可能烫伤宝宝皮肤。不要让宝宝拿着筷子或长把儿饭勺玩耍，以免戳着宝宝眼睛或喉咙。

如何应对挑食

随着月龄的增加，宝宝对食物有了选择，逐渐开始自作主张。不喜欢吃的就不张嘴，甚至把食物吐出来。吃了几个月菜泥，现在拒绝是情有可原的。妈妈的任务是想办法做宝宝想吃的菜肴，而不是想方设法，把宝宝拒绝吃的食物喂到嘴里。

宝宝主观不愿意接受，客观却无法拒绝，这会让宝宝很恼火，接下来，宝宝能做的就是再次用自己的力量，拒绝食物，甚至推而广之，拒绝所有的食物，最后发展成为心因性厌食。这种情况虽不多见，但也时有发生，妈妈要努力避免。在吃的问题上，实行宽松政策，充分尊重宝宝对食物味道和量的选择。

如果宝宝很早就吃蛋黄泥，会因为吃腻了而拒绝，妈妈可尝试多种蛋黄烹调方法，减少蛋黄本身的味道。让宝宝品尝出不同食物的味道，菜是菜，饭是饭，汤是汤。吃一口饭，吃一口菜，再喝一口汤，宝宝会在不断的饮食变换中增加进餐兴趣。每天要尽量不吃同样的食谱，一周内，最好每天更换不同的食谱，如果种类相同，做法要更换一下。

有的宝宝什么辅食都喜欢吃，就是不爱喝奶。妈妈什么方法都试过了，宝宝就是不喝。出现这种情况，妈妈只能罢手，暂时不喂奶。适当增加辅食中的蛋白质，也可以尝试着把奶粉掺和在辅食中。可以试着夜里或早晨醒来时喂奶，但不提倡在宝宝睡眠时或睡得迷迷

糊糊时喂奶。也可以用配方奶制作酸奶，但前提是宝宝喜欢吃酸奶。妈妈不要焦躁，宝宝不会一直不喜欢喝奶的，暂时放下这件事，过一段时间再尝试。

喂养方案举例

例一：喂母乳的宝宝

06:30~07:00：喂母乳，有的宝宝吃完母乳接着睡一个小时。

07:00~08:00：起床，洗脸，洗屁股，喝水，做操。

08:00~09:00：喂水果，在室内做亲子游戏。

09:00~10:30：户外活动，喂水。

10:30~11:00：准备辅食，宝宝自由活动。

11:00~11:30：喂辅食。

11:30~12:00：自由活动，准备午睡。有的宝宝不喝奶不睡觉，可以给宝宝
　　　　　　　喂母乳，争取让宝宝尽快入睡。

12:00~14:00：午睡。

14:00~14:30：喂母乳，如果妈妈上班了，喂配方奶或挤出的母乳。

14:30~15:00：室内亲子游戏。

15:00~16:30：户外活动，喝水。

16:30~17:00：准备辅食，宝宝自由活动。

17:00~17:30：喂辅食。

17:30~18:30：室内活动，亲子游戏。

18:30~19:00：洗澡。

19:00~19:30：喝水，讲故事。

19:30~20:00：喂母乳。

20:00~20:30：讲睡前故事，入睡。

有的宝宝会在24:00左右醒来吃奶，有的宝宝后半夜会醒来吃奶，但多能很快入睡。喂配方奶的宝宝，时间安排上差不多，用喂母乳的时间喂配方奶就可以了。喂配方奶的宝宝，不像喂母乳的宝宝那样容易在后半夜醒来吃奶。

例二：不爱喝奶的宝宝

06:30~07:00：喂奶。

07:00~08:00：起床，洗脸，洗屁股，喝水，做操。

08:00~08:30：喂辅食。

08:30~10:00：户外活动，喂水。

10:00~10:30：喂水果。

10:30~11:00：准备辅食，宝宝自由活动。

11:00~11:30：喂辅食。

11:30~12:00：自由活动，准备午睡。如果入睡前想喝奶就给宝宝喝。

12:00~14:00：午睡。

14:00~14:30：喂奶。

14:30~15:00：室内亲子游戏。

15:00~16:30：户外活动，喝水。

16:30~17:00：准备辅食，宝宝自由活动。

17:00~17:30：喂辅食。

17:30~18:30：室内活动，亲子游戏。

18:30~19:00：洗澡。

19:00~19:30：喝水，讲故事。

19:30~20:00：喂奶。

20:00~20:30：讲睡前故事，入睡

例三：不爱吃辅食的宝宝

06:30~07:00：起床，洗脸，洗屁股，喝水，做操。

07:00~07:30：喂辅食，能吃多少就喂多少，不必强迫。

08:00~08:30：喂奶，能喝多少就喂多少。

09:00~09:30：喂水果，在室内做亲子游戏。

09:30~11:00：户外活动，喂水。

11:00~11:30：准备辅食，宝宝自由活动。

11:30~12:00：喂辅食。

12:00~12:30：自由活动，准备午睡。

12:30~13:00：喂奶，能喝多少就喝多少。

13:00~15:00：午睡。

15:00~15:30：室内亲子游戏。

15:30~17:00：户外活动，喝水。

17:00~17:30：准备辅食，宝宝自由活动。

17:00~17:30：喂辅食。

17:30~18:30：室内活动，亲子游戏。

18:30~19:00：洗澡。

19:00~19:30：喝水，讲故事。

19:30~20:00：喂奶。

20:00~20:30：讲睡前故事，入睡。

以上三个例子不足以说明宝宝饮食、睡眠习惯的所有特性，更不能涵盖宝宝喂养的全部特点。父母应该在实践中总结经验，找到适合宝宝的喂养方式和作息时间。不要拘泥形式，适合宝宝的喂养方法就是最好的方法。

让宝宝快乐进食

随着月龄增加，宝宝食量会略有增加。但妈妈不要认为，宝宝长了一个月，辅食的量和奶量会显著增加。妈妈也要有心理准备，或许宝宝吃辅食喝奶都不如以前好了，或者开始挑食，或者不爱喝奶。遇到这种情况，首先要确定宝宝是否生病了，如果生病了，听从医嘱。如果宝宝没有生病，妈妈就大可放心。千万不能硬喂宝宝，如果妈妈做不到这一点，宝宝挑食厌食的时间会更长。

食量大、胃口好的宝宝，会因为吃的多出现积食，妈妈要稍加限制。一旦积食，要尊重宝宝的食量，不想吃了不要勉强。食量小的宝宝，妈妈会感觉喂养很困难，如果宝宝没有周围小朋友胖壮实，妈妈很是内疚："没能把宝宝喂养得壮壮实实，真是太失败了。"妈妈不必自责，如果宝宝各方面发育都正常，就说明喂养良好。要让宝宝快乐进食，妈妈首先要心情愉悦，如果妈妈总是愁眉不展，宝宝也会失去进食的快乐。

第四节　本月宝宝护理

生活护理

防范气管异物风险

这个月龄的宝宝，对衣服、被褥、玩具的要求，与上个月相比，没有特殊的变化，但有一点要特别提醒父母，这个月宝宝手的活动能力增强了，什么都会拿了，拿了就往嘴里放，发生气管异物的危险增加了，父母一定要小心再小心。

◎ 气管异物潜在隐患

如果衣服上的纽扣钉得不牢，宝宝有可能会揪下来放到嘴里。

衣服上的小饰物、小带子等，如果钉得不结实，会被宝宝放到嘴里。

玩具上的螺丝、各部位的零部件、粘贴的商标、镶嵌在玩具上的零碎部件，都可能成为气管异物的隐患。

◎ 如何消除隐患

在购买衣物、儿童用品、玩具时，一定要充分考虑其安全性和可靠性。

注意儿童用品上适用年龄的标志，不要给宝宝购买超过其适用年龄的用品。

应该选择质地安全的儿童用品，比如不易撕开、可以啃咬的布书；整体性用品，比如不能卸下轱辘的整体玩具车，无可能脱落的零部件的玩具，是购买的首选。

不能购买生产厂家不明，质量存疑的小商品。

要严格检查亲朋好友赠送、转赠的儿童用品。一旦发现不安全因素，要舍弃不用，或者排除用品的安全隐患。

宝宝正在使用的用品，如童车、婴儿床、玩具、衣服和被褥等，也要定期检查，保证其安全性，这一点非常重要。

户外活动

◎ 看更多的东西

户外活动的范围可以扩大了，可以带宝宝到远一些的街心公园去，让宝宝看到更多的外界景观。可以让宝宝认识真实的太阳（不要让宝宝直视太阳，可以看落日）月亮、星星、雨、雾等。告诉宝宝，太阳一出来，天就亮了；天一黑，月亮就会爬上天空，还有许多星星，一眨一眨的。

◎ 感受更多的东西

下雨时，让宝宝伸出小手，接一接雨水，感受一下雨水打在手上的感觉，这和在脸盆里用水洗手是不同的，和在水龙头下接水是不一样的。但是不要让宝宝头和身上淋到雨水。

起雾时，看不清楚远处的东西了，宝宝虽然不能理解，但是这种实际的感受会给宝宝留下记忆。

风可以把树叶刮得摆动，会把树枝刮得摇动。父母也可以用嘴吹动一张纸，告诉宝宝这就是风，是爸爸妈妈吹出来的风。

◎ 告诉宝宝更多的东西

外出活动时，先把能看到的事物告诉宝宝，不要认为宝宝不懂。要让宝宝在游戏中锻炼能力，在快乐的游玩中学习知识。户外活动时，也要注意安全，不要带宝宝到危险的地方。不要在高压线旁、电线旁玩耍；不要在建筑工地旁玩耍。父母带宝宝到户外活动，最重要的是安全问题。

睡眠管理

这个月宝宝睡眠和作息时间与上个月相比，差异不是很大。可能会有以下这些情况。

上午不再睡觉

有的宝宝上午可能不再睡觉了，这对增加户外活动有好处，也会给喂养带来方便。但如果上午不睡觉是因为晚睡晚起所致，就需要慢慢纠正了。宝宝早睡早起要比晚睡晚起好，有利于身体发育。

晚上睡得晚可能是因为以下几个原因：

· 傍晚睡了一觉，醒来已经是晚上七八点钟，看到妈妈爸爸，开始兴奋，又是玩，又是闹，又是吃，一直兴奋到很晚。

· 妈妈怀孕期间就有晚睡晚起的习惯。宝宝出生后，父母依然如故，宝宝很可能会随了父母的作息习惯。

· 宝宝就是那种睡眠少的宝宝，尽管睡眠不多，但很精神，吃喝玩样样不耽误。

白天睡眠少

宝宝白天睡眠时间比较短，但是晚上能连续睡上 12 个小时左右（半夜醒来吃奶、撒尿或玩一会儿都计算在睡眠里，醒一个小时以上时，要从睡眠时间中扣除掉），即使白天睡的时间短些，也不要紧。

宝宝睡得少，父母最担心的是影响宝宝的生长发育，尤其怕影响身高增长。父母知道，睡眠时，体内生长激素才会分泌。道理是这样的，但是并没有证据表明，每天睡眠时间在 14 个小时以下的宝宝，要比每天睡眠时间在 14 个小时以上的宝宝身高增长慢。

这个月的宝宝每天睡眠时间不少于 10 个小时，精神好，吃得好，生长发育正常，就不要要求宝宝睡得更多。如果为了增加宝宝的睡眠时间，总是不断哄宝宝睡觉，会导致宝宝入睡困难，养成宝宝必须靠哄才肯入睡的毛病，不利于培养宝宝的独立生活能力。入睡时有爸爸妈妈陪伴，会给宝宝带来身心上的满足和安全感。如果妈妈有能力这么做，不要拒绝陪伴宝宝入睡，这一两年的辛苦是值得的。

 尿便护理

辅食与大便

随着辅食种类的增加，大便性质发生改变，颜色变深，呈褐色。吃了绿叶

菜，大便会发绿；吃了黄红色蔬菜，大便中会掺杂红黄色；消化不良或患了肠炎，大便会为绿色稀便。食物种类杂了，大便的臭味加重。

过去一直便秘的宝宝，随着食物种类的增加，可能会有所缓解。红薯、玉米、高粱米、燕麦等杂粮可缓解便秘，从这个月开始可尝试添加。消化功能弱，常发生腹泻的宝宝，添加新的食物，要从少量开始，细心观察。常发生便秘的宝宝要多喝水，适当增加果蔬比例。

大便异常要治疗

大便呈稀水样，次数多，应及时化验大便。看医生后，根据医嘱治疗，不能乱用药物，尤其是抗生素，一定要在诊断后，确诊有细菌感染性肠炎时才能使用。

偶尔一次大便不好，不要马上喂药，再观察下一次大便，如果比上一次大便变好，就继续观察，不要马上停止辅食或减少乳量。只有连续3天排不正常大便，或一天排两次稀水大便时，才需要化验大便。除了大便不好，宝宝没有什么异常，也不发烧，没有必要带宝宝去医院，带大便到医院化验就可以，以免增加宝宝到医院后被传染疾病的可能。

有些宝宝的便秘很顽固，把所有能用的方法都用上了，仍然不能缓解。用灌肠和打开塞露的方法能解决排便问题，但排出的大便干硬。父母着急，宝宝痛苦。如果出现肛裂，排便给宝宝带来疼痛，主观拒绝排便，会使得便秘更加严重。首先要治愈宝宝肛裂，让宝宝排便不再疼痛。父母不要在宝宝面前表现出紧张神情，看到父母紧张，宝宝会更加紧张，紧张也是导致便秘的原因之一。每天在固定的时间、固定地点，用相同的方法，帮助宝宝排便，建立排便习惯。

给宝宝做腹部按摩时，要像亲子游戏一样，在轻松愉快的气氛中进行。采取热气熏、棉签蘸香油刺激肛门、打开塞露等方法时，一定要在宝宝乐于接受的时候进行。

鼓励宝宝多喝水。能起到润肠作用的食物有：红薯、全麦粉、小米、玉米面、燕麦等谷物，花生酱、芝麻油等油脂食物，芹菜、菠菜、萝卜、白菜等蔬菜。什么食物可缓解便秘？没有一致的答案，父母需要尝试。一种没有效，两种一起吃，可能就有效了。钙会加重便秘，食物过于精细也会加重便秘。

物理方法和食疗无效，可尝试中医治疗便秘，如针灸、外敷、推拿按摩、中草药调理等方法。中医治疗便秘要比西医效果显著，只是宝宝接受起来比较困难。

大豆低聚糖、乳果糖、果胶等可缓解便秘，但容易形成依赖，长期使用会导致营养吸收障碍，可短期服用。益生菌在理论上可缓解便秘，但对于顽固便秘的宝宝来说，难以奏效。益生菌副作用小，可长期服用，或许能够起到一定作用。成人治便秘的药物不宜给宝宝服用。

不会控制排便是正常的

这个月的宝宝抵抗坐便盆的不多，如果父母能够掌握宝宝的排便习惯，不失时机地让宝宝坐便盆，宝宝能够把大便排在便盆中。尽管如此，并不意味着宝宝能够接受如厕训练，更不说明宝宝已经能够控制尿便了。在宝宝尚未达到生理成熟度，还不具备接受如厕训练能力时，过早对宝宝进行如厕训练，违背了宝宝发展规律，非但不能让宝宝更早地控制尿便，还会延迟宝宝控制尿便的时间。

这个月的宝宝还不具备控制大便的能力，尽管一直能把大便排在便盆中，也不能说明妈妈已经成功地训练出宝宝的排便能力，宝宝还没到控制排便的月龄。

小便的变化

小便还是一天10次左右，有的宝宝尿量大，小便次数少；有的宝宝尿量小，小便次数多些。夏季小便次数少，冬季小便次数多，这都是正常的。

宝宝吃辅食了，尿的颜色会比原来黄，不会像清水似的。随着肾脏功能的不断完善，宝宝饮水量的不断增加，尿液就不会那么黄了。

这个月龄段的宝宝，还不具备接受如厕训练的能力。宝宝还离不开纸尿裤或尿布。不要让宝宝光着屁股，也不要让宝宝穿开裆裤，更不能给宝宝把尿把便。常有妈妈问，夜间必须给宝宝更换尿裤吗？一晚上需要更换几次呢？这个月龄的宝宝，大部分需要更换尿裤，一晚上更换几次，要看具体情况。夜间不再吃奶的宝宝，晚上排尿次数少，基本上不需要更换。吃夜奶或者夜间排尿次数多的宝宝，晚上需要更换1~2次。

本月护理常见问题

不会爬

本月宝宝多数会手膝爬。但有的宝宝还是匍匐爬行，有的宝宝还不会爬，而是向前拱，先把腿收起来，屁股翘起，上身再向前一拱。这样的宝宝有向前爬的动机，但四肢运动还不太协调。在父母的帮助下，慢慢会协调起来，不能就此认为，宝宝的运动能力发育落后。

有的宝宝爬得晚，并非自身原因，而是因为某些因素，没有机会练习爬。比较常见的因素有：

- 有比较严重的溢乳，妈妈不敢让宝宝趴着；
- 趴着就哭，妈妈也就罢手了；
- 体重一直超标，趴着挤压腹部，宝宝会感觉费力，不喜欢趴着，四肢难以支撑超重的身体，无法手膝爬，喜欢匍匐爬行；
- 宝宝很早就会站，喜欢扶着物体站立；
- 早在新生儿期，看护人就竖立着抱宝宝，养成了习惯，宝宝不喜欢躺在床上，翻身晚，爬得晚；
- 家里人多，总有人抱着宝宝，宝宝没有机会练习爬。

如果有上述因素，从现在开始，多鼓励宝宝爬，给宝宝创造爬的机会。但是，切莫强迫宝宝爬，以免宝宝产生厌烦情绪，拒绝练习。在地板上放爬行垫，父母和看护人也坐在或躺在垫子上，和宝宝一起做游戏，引导宝宝爬。如果宝宝喜欢扶物站立，把能够扶的物体拿开，增加爬的机会。

晚睡、夜哭

◎ 晚睡

白天多带宝宝到户外活动，午睡要争取"早睡早起"，傍晚尽量不让宝宝睡觉，晚上早点睡觉。改变宝宝睡眠习惯说起来容易，做起来难。妈妈想早点让宝宝午睡，可宝宝偏不睡，傍晚困得东倒西歪，到户外玩都能睡着。可见，一旦养成了某种睡眠习惯，改正起来不容易。所以，要从新生儿开始就注意这个问题。妈妈要做的是不能再向后推延睡眠时间，一点点往前赶，慢慢养成早睡习惯。

爸爸妈妈晚上回来后，宝宝很兴奋，爸爸妈妈也是一天没见到宝宝，希望陪宝宝玩一会儿，做做亲子游戏，宝宝的睡眠时间就渐渐向后延迟了。睡得越来越晚，起得也越来越晚，即使早早起来，还会再睡回笼觉。爸爸妈妈回家后，要尽量增加和宝宝在一起的时间，不玩让宝宝过于兴奋的亲子游戏，争取让宝宝早上床睡觉。

◎ 夜哭

夜间哭闹的宝宝，这个月可能依然如故。这使得上班一族的父母苦不堪言。看医生、找资料，所有的解决办法用到宝宝身上都难以奏效。父母很沮丧，这宝宝怎么这么难带呀。

宝宝很难一觉睡到天明，晚上会醒来一两次，但多数醒后并不哭闹，或换换尿裤，或喂喂奶，或干脆不用父母管，自己就入睡了。可有的宝宝就是哭闹，自己不哭够是不会停止的，尽管父母使出浑身解数也无济于事。这种宝宝就是高要求的宝宝。高要求就要高对待了，父母不要沮丧和愤怒，耐心等待，平静应对是最佳选择。对待夜哭的宝宝，父母越是烦躁，宝宝夜哭的时间会越长。

无论是什么原因引起的夜哭，采取不予理睬的办法都是不对的。哭是宝宝的语言，是和父母交流的方式之一，拒绝和宝宝交流，会极大地挫伤宝宝的自信心。实践证明，当宝宝醒来哭时，父母反应越早，宝宝哭的时间越短，停止夜哭的年龄越小。

◎ 温馨提示

※ 当宝宝醒来哭时，父母的第一反应就是自问宝宝为什么哭。

※ 有尿了？尿布湿了？饿了想吃奶？睡前吃多了，胃不舒服？室内太热或太冷了？室内空气不好，氧气稀薄？湿度太小，嗓子发干，要水喝？……

※ 如果没有答案，妈妈就把宝宝抱起来或搂到自己怀里。轻轻拍着，哼着曲子，宝宝可能会慢慢入睡。

※ 如果宝宝哭得打挺，抱也抱不住（宝宝已经哭了好大会儿，感到非常冤

屈），父母也不要急躁，还是要和风细雨地哄着宝宝。不要又是颠又是晃，大声"哦，哦，哦"，如此干扰宝宝，会让宝宝难以安静下来。

※ 如果宝宝从来没有这样闹过，这夜很特殊，就要想到疾病的可能，打个电话给医生，咨询一下，是否需要请医生看一看。

※ 如果宝宝哭闹一阵，就安静下来，一会儿又哭闹一阵，又安静下来。要想到宝宝肠套叠的可能。如果是比较胖的男孩，这两天有腹泻，还有吐奶，就更应该高度怀疑了，请医生看一下是有必要的。

抠嘴、吃手、恋物

◎ 抠嘴

宝宝手的活动比上个月灵活了，乳牙萌出时，宝宝会感到轻微不适，会把手指伸到嘴里抠。当宝宝把手指伸得很深，抠到上腭时，会引起干呕，甚至把吃进去的奶吐出来，这会令父母很不安。

当宝宝把手伸到嘴里时，有些妈妈会立即把宝宝的手拿开，并说不要吃手。用这种方法阻止宝宝，效果只是暂时的，过一会儿，宝宝又会把手伸进去。妈妈可以不动声色地转移宝宝注意力，用更有趣的事情，引导宝宝主动把手拿开。

◎ 吃手、恋物

喜欢吸吮手指的宝宝到了这个月可能开始吸吮身边的物品，如枕头上的小枕巾、毛巾、被角、衣服袖口等。有的宝宝离不开他常常吸吮和咬吃的物品，所恋物品不在身边，睡觉就不踏实，就难以入睡。还有的宝宝看不见、摸不着、闻不到所恋物品，就不好好吃奶。

这是宝宝寻求自我安慰的一种方式，这种自我安慰，随着月龄的增长会逐渐削弱，直至消失。但是，并非所有的宝宝都是如此，有的宝宝不但不会消失，还会越发严重，甚至形成一种癖好，如恋物癖和咬指癖。

父母需要做的是给宝宝以最大的安全感，多陪伴宝宝，多和宝宝做亲子游戏，不要让宝宝时时感到无聊，不给宝宝恋物的机会。采取强制措施，只能使宝宝更加缺乏安全感，恋物情结更加严重。父母的爱是化解宝宝恋物癖、咬指癖的根本方法，巧妙转移注意力，是消除这些癖好的根本手段。

爱出汗、出牙迟、小腿弯、发稀黄

◎ 爱出汗和出牙迟

随着宝宝长大，汗腺发达了，活动量增多，宝宝越来越爱出汗了。吃饭、睡觉、活动时，总是汗津津的，尤其天气热的时候更是这样。不要把爱出汗的宝宝视为异常、缺钙什么的。对于爱出汗的宝宝，妈妈不要给宝宝穿得过多，睡觉时也不要盖得过厚。

到了这个月，有的宝宝已经萌出4颗乳牙了。出牙早的可能萌出6颗。有的宝宝只萌出2颗。但仍然会有为数不少的宝宝，快到9个月了，一颗乳牙也没有萌出。这些都是正常的。

◎ 小腿弯曲

随着月龄增长，宝宝小腿长了，开始会站立片刻。父母可能会发现宝宝小腿弯，这让父母很着急，这不成了罗圈腿吗？医生会告诉父母，宝宝小腿有些弯曲，是正常情况。如果有必要，医生可能会给宝宝做些辅助检查，化验骨碱性磷酸酶、血钙磷镁、骨密度，甚至拍胫腓骨或腕骨片，排除佝偻病或腿部发育异常。如果医生说没问题，父母尽可放心。

◎ 头发稀黄

宝宝出生时头发黑亮浓密，可慢慢地，头发变稀黄了，父母担心是营养不良或缺乏什么微量元素了。

宝宝出生时的发质与妈妈孕期营养有很大关系。出生后，宝宝发质与自身的营养关系密切了。如果生后营养不足，头发会变得稀疏发黄，缺乏光泽。缺锌缺钙也会使发质变差。发质的好坏，除了与营养有关外，还与遗传有关，也与对头发的护理有关。如果父母或直系亲属中有发质很差的，可能会遗传给宝宝，即使出生时头发很黑，也可能会慢慢变黄。如果总是用洗发液给宝宝洗头，头发也会因失去油脂保护而变得发黄少光。

第五节　本月宝宝能力发展、早教建议

看的能力：会有目的地看

记忆看到的东西

宝宝看的能力进一步增强，对看到的东西有了记忆，这种能力已经能够充分表露出来。宝宝不但认识爸爸妈妈的相貌，还认识爸爸妈妈的身体和穿的衣服。爸爸妈妈从宝宝身边走过去，宝宝尽管没有看到爸爸妈妈的脸，也能认出来，会用眼睛追随爸爸妈妈的身影，如果没有理他，会发出啊啊的声音，告诉爸爸妈妈："我在这里，怎么不抱我啊？"如果爸爸妈妈在宝宝视线中消失了，宝宝可能会放声大哭。如果妈妈穿一件新买的衣服，宝宝会盯上一阵子，他的意思是："怎么从来没见过妈妈穿这件衣服啊？"

有目的地看

宝宝对外界事物能够有目的地去看了。不再是泛泛地有什么看什么，而是有选择地看他喜欢的东西。在路上行驶的汽车、玩耍中的儿童、运动中的小动物等，都能够引起宝宝的兴趣。宝宝能看到较小的物体了，并能用拇指和食指捏起；非常喜欢看正在运动的物体，比如时钟的秒针、钟摆、滚动的扶梯、旋转的小摆设、飞行的蝴蝶、移动的昆虫等，还喜欢快速变换的视屏画面。

认识颜色

宝宝开始喜欢色彩鲜艳的物体。宝宝还不认识颜色，更不能分辨不同的颜色。所以，教宝宝认识颜色，要用单一颜色的物体，认识单一颜色后，再把不同颜色放在一起，教宝宝分辨。

初识性别

尽管不会表达，通过对爸爸妈妈的认识，宝宝对性别有了初步认识：总是爸爸抱着玩的宝宝，喜欢让和爸爸年龄差不多的男人抱；妈妈抱得多的宝宝，喜欢让和妈妈年龄差不多的女人抱。

视觉能力训练

◎ 继续看图卡

原来给宝宝准备的图卡，多是单一图画。现在，可以给宝宝准备内容比较丰富的图画。给宝宝看连环画是不错的选择，每张图画都有联系，宝宝会更感兴趣。

◎ 认识颜色

准备不同颜色的气球，告诉宝宝，"这是红气球""这是黄气球""这是绿气球"。把不同颜色的气球放在不同的地方，然后问："红气球呢？"如果宝宝把头转向红气球，就说明宝宝认识红色了。

◎ 认识自然界

帮助宝宝认识自然界的事物和现象，观察风中摇曳的柳树，看小桥下的涓涓流水，欣赏水中游动的小鱼，看快乐嬉戏的小猫小狗，亲近可爱的小朋友，鼓励宝宝对着喜爱他的爷爷奶奶、叔叔阿姨和哥哥姐姐笑，看护人也要热情地和他们打招呼，给宝宝做出榜样，榜样的作用要远远胜过说教。

听的能力：能听懂一些语意

宝宝都听懂了什么

宝宝能听懂爸爸妈妈一些语意，如："吃饭了""喝奶了""撒尿了""妈妈来了""爸爸来了""妈妈上班了""和爸爸再见""上外面玩去了""回家了""宝宝乖""宝宝生气了"等，知道有人在叫他的名字。但宝宝在理解这些语言时，需要靠当时的情景，宝宝还缺乏抽象理解能力。

听对语言学习的帮助

宝宝能把语言和实际动作联系起来，开始了语言的记忆和模仿，形成第一批语言—动作的条件反射，如：家里有小朋友来了，妈妈说"欢迎，欢迎"，宝宝就会拍起手来；爸爸上班了，对宝宝说"和爸爸再见"，宝宝就会扬起胳膊摆手。有了这种条件反射，宝宝就有了学习与人交往的能力。

听觉能力训练

这个阶段，宝宝听力已经发展得相当成熟，几乎能够听到自然界中的声音。但是，宝宝对听到的声音知之甚少，这就需要爸爸妈妈的帮助。初次听到小狗叫声，宝宝并不知道这是什么声音。妈妈可多次告诉宝宝，这是小狗在叫，并模仿小狗叫声。如果能够让宝宝亲眼看到小狗汪汪叫，宝宝能更快地记住小狗的叫声。慢慢地，当宝宝听到小狗叫时，就能够联想到小狗的模样；看到小狗时，会联想到小狗的叫声。

这就是认识事物、学习语言、理解现象、掌握知识、了解常识的过程。宝宝能力的发展是相互联系、相互促进、相互影响和不可分割的。在训练听力时，也训练了视力和语言，在训练语言时，也学习了知识，认识了自然。

说的能力：有了积极的交流愿望

会喃喃发出复音

这个月的宝宝仍然不会用语言表达意思，有的宝宝能不时发出比较清晰的"妈""爸""拜"等单音，还能发出不清晰的"妈妈""爸爸""奶奶""拿拿""不不"等复音。有妈妈说，宝宝前一段时间已经能发好多音了，也特别爱说，可最近不怎么说了，担心宝宝语言发育有什么问题，甚至担心宝宝有自闭倾向。妈妈不必担心，随着月龄的增加，宝宝的语言能力是不断进步的。妈妈说的这种现象是正常的。前一段时间宝宝的说和后来宝宝的说不可同日而语，宝宝从无意识的发音到发有意义的音节，中间会有短期的酝酿，表现为沉默，相当于起跑前的下蹲。所以说，宝宝不是退步，而是进步。

语言不是与生俱来的

随着时间的推移，宝宝不断长大，会自然而然学会说话。但这"自然而然"是有条件的，需要爸爸妈妈和宝宝日复一日地语言"交流"，需要妈妈不厌其烦一遍遍地重复，需要爸爸妈妈将语言、动作、实物及环境全面、自然地结合与交融等。这就为宝宝创造了一个丰富的语言环境，这是宝宝语言学习必不可少的基础。

爸爸妈妈是宝宝第一任语言老师

有爸爸妈妈认为播音员语音标准，就时常给宝宝看电视或播放故事音频等，以期达到让宝宝学习标准语言的目的，这是错误的做法。宝宝学习语言要有语言环境，要与动作、实物等联系起来。宝宝不能通过看电视、听广播学习语言，爸爸妈妈才是宝宝的第一任语言老师。

如果妈妈总是喜欢开着电视或音频，宝宝就很难听清楚妈妈的话。电视、音频缺乏交流和互动，更没有对宝宝最初始"语言"和身体语言的理解。即使宝宝会模仿个别词语，但对宝宝语言能力和心理成长帮助不大。语言与生活有着千丝万缕的联系，宝宝一个表情，一个眼神，一个动作，在别人听起来没有任何意义的音节，爸爸妈妈都能准确理解。进行融洽互动的交流，这是宝宝学习语言无法代替的亲子环境。3岁之前，都是宝宝掌握母语的重要时期，爸爸妈妈要充分把握时机，帮助宝宝打牢母语基础。

宝宝的语言是广义语言

宝宝虽然不会用语言来表达自己的愿望，但能通过特定的动作表示自己的愿望。妈妈从中可以看出宝宝在想什么，要干什么。当宝宝躺够了，就会边挺肚子，边哼哼地表示不满。这时如果妈妈能抱起宝宝，宝宝会很高兴。如果宝宝想让妈妈抱，就会把双手伸向妈妈，眼中流露出渴望的神情。

语言能力训练

◎ 在生活中学习语言

爸爸妈妈要用清晰标准的发音和宝宝进行语言交流。说话时，让宝宝看到你的口形，适当放慢语速。爸爸妈妈和看护人在做什么事情，都可以通过语言告诉宝宝。如给宝宝喂奶，从开始配奶、喂奶到结束，每一个环节都讲给宝宝听，让宝宝看。在生活中学习语言，要比通过书本学习语言快得多，有效得多，省事得多。

◎ 给宝宝大声朗诵

每天在宝宝情绪好的时候，给宝宝大声朗诵散文、歌谣、诗词。朗诵时要情绪饱满、富有感情、抑扬顿挫，用你的理解表达内涵。如果毫无表情，就很难引起宝宝的兴趣。爸爸妈妈不要认为宝宝没有能力理解，宝宝的理解力要比我们想象的强。

运动能力：坐得很稳

独坐给宝宝生活带来变化

这个月的宝宝，绝大多数能坐得很稳，腰部挺直，不再需要倚靠，能自由地向左右扭动身体。宝宝可以用双手玩玩具，促进手眼协调能力和手指的精细动作；看的视野开阔了，增强了认识周围事物的能力。有的宝宝自己就能从坐

位改变成俯卧位，并从俯卧位或仰卧位改变成坐位。身体自由活动能力的增强，相对延长了宝宝自己玩耍的时间。妈妈可以在宝宝身后呼唤宝宝的名字，宝宝会循声扭过头和上身找妈妈；从不同的方向呼唤，让宝宝左右扭动着循声找妈妈，可锻炼宝宝的反应能力和脊椎的运动能力。

四肢把整个身体支撑起来

宝宝能用上肢把上身支撑起来，离床很高，如果床不滑，可能会用脚蹬着床，四肢把整个身体支撑起来片刻，但很快就扑腾一下趴在床上。爱运动的宝宝还会用四肢把身体支撑起来，屁股撅得高高的，头低下去看自己的脚。这个动作让宝宝很高兴，尽管不断被摔在床上，还会一次次尝试。妈妈要留意宝宝身下是否有玩具或其他硬物，以免硬物磕碰对宝宝造成伤害。

爬行能力仍在不断学习中

有的宝宝已经开始手膝爬，动作协调，速度也很快，几乎可以爬到任何他想爬到的地方。有的宝宝还是胸腹着床匍匐爬行，有的用一只胳膊爬行，也有的用两只胳膊爬行，腿基本上由身体带动向前。有的宝宝仍然趴在原地一动不动，任凭妈妈如何引导，都没有爬的意愿。如果用手轻推足底，宝宝会像个青蛙向前跃，就是不爬。这些都是正常现象，是宝宝爬行实践的各种表现，妈妈不必顾虑重重。

运动能力训练

◎ 和宝宝一起爬

妈妈在前握着宝宝两只手，前后交替向前移动，爸爸在后握住宝宝两脚，与妈妈同步向前推。注意，不要让宝宝顺向爬，右手伸出时，要推左

脚，左手伸出时，要推右脚。

如果宝宝不会把肚子离开床面，不会用四肢支撑身体，爸爸妈妈可把手放在宝宝胸腹部，轻轻用力向上抬起，也可用长毛巾兜起，让宝宝用四肢支撑，再帮助宝宝向前移动。

◎ 爬向妈妈

妈妈在前面引导宝宝向前爬，一边拍手一边说："宝宝，快爬到妈妈这里来。"当宝宝要向前爬时，妈妈张开手臂迎接宝宝，做出拥抱宝宝的动作，嘴里可以说："宝宝爬过来，让妈妈抱抱。"

◎ 爬向玩具

在宝宝前面放上会动会响的玩具，宝宝会努力向前爬，当宝宝就要够到时，妈妈要不断鼓励宝宝。宝宝靠自己的努力够到了玩具时，妈妈要把宝宝抱起来，亲亲宝宝，表示赞许，让宝宝体会到胜利的喜悦。

如果宝宝够不到玩具，不要把玩具递到宝宝手里，这样会使宝宝放弃努力。如果经过努力，确实够不到玩具，宝宝可能会急哭，心理受到挫伤，或干脆不要了，失去了战胜困难的信心。所以，在宝宝着急，但还没有哭的时候，爸爸妈妈要不失时机地帮助宝宝，在足底稍稍施以微力，促使宝宝向前爬，或把玩具往宝宝跟前推一推，让宝宝够到玩具。

◎ 从坐到趴下再到向前爬

锻炼宝宝从坐位到趴着并向前爬。妈妈在宝宝前边放置一个宝宝喜欢的物体或食物，宝宝坐着伸手是拿不到的，就会俯身下去，爬着够到他想要的东西。这一连串的动作，既可锻炼宝宝视觉、距离感及手眼协调能力，又可锻炼宝宝的精神品质——通过自己的努力获得想要的东西。

◎ 快速爬

锻炼宝宝向前爬的速度感。妈妈俯身面向宝宝，鼓励宝宝快快爬，当宝宝加快速度时，妈妈马上说宝宝爬得真快；当宝宝爬行速度减慢时，妈妈就说："宝宝是不是累了，怎么爬得这样慢啊？" 让宝宝在体能训练中理解快慢的含义，体会什么叫快，什么叫慢。在事物的对比中理解事物的本质，理解语言的含义。

◎ 不同体位转换

这个月的宝宝，可能会坐得很稳，还可能从坐位变成俯卧位，又从俯卧位变成侧卧位、仰卧位，再从仰卧位变成侧卧位、俯卧位。

◎ 从坐到站的训练

这个月的宝宝可能还不会从仰卧位、侧卧位或俯卧位变成坐位，不能从坐位变成站立位。训练时尽量不要直接用手抓宝宝的手，而是让宝宝自己借助物体来完成。当宝宝坐位时，妈妈可以用一个结实的圆环锻炼宝宝，让宝宝双手抓住圆环，妈妈向上拉圆环，宝宝会抓着圆环站起来，这样，不但锻炼了宝宝的体位变换能力，还锻炼了宝宝手的握力。

◎ 从卧到坐

大多数宝宝都是借助四肢的支撑力从俯卧位变为坐位。训练宝宝从躺着变为坐，可以先让宝宝右侧卧，妈妈抬起宝宝的头颈肩部，同时让宝宝先用肘部支撑起身体，妈妈再抬起宝宝上身，同时慢慢让宝宝用手掌支撑起上身，臀部着床，变成坐位。

宝宝潜能开发

潜能开发仍要建立在玩的基础上，让宝宝在快乐的玩中学习，在有趣的游戏中发挥最大的潜能。传授知识不是目的，应该全方位训练宝宝的综合能力。上个月的游戏项目这个月仍然可以做。

◎ 初识物体性质

宝宝在玩的实践中，逐渐理解了物体的性质，知道皮球会滚，布娃娃是软的，勺子是用来吃饭的……通过这样的认识过程，宝宝会慢慢理解，什么可以放到嘴里，什么不能放到嘴里。如果妈妈不断向宝宝强化这种概念，就会加快宝宝的理解过程。

◎ 初识危险

如果宝宝把在地上滚的皮球放在嘴边啃，妈妈应该摇头告诉宝宝，皮球不能吃，在地上滚是不卫生的；可以拿出一片饼干，告诉宝宝，这个才能吃。如果宝宝不再啃皮球了，妈妈就高兴地鼓励宝宝。遇到绝不能让宝宝动的东西，如打火机等危险物，妈妈必须坚决制止，不能怕宝宝哭，同时告诉宝宝，打火机有危险，可能引起火灾，宝宝逐渐会形成条件反射，看到打火机，反倒会提醒妈妈："火！"

◎ 挖掘宝宝潜能的内在动力

这么大的宝宝已经不喜欢躺着了，他们喜欢坐起来，看到更广阔的天地；喜欢爬，去探索，拿到他想拿的东西；想站起来走，走到外面的世界。这种潜在的欲望和能力，是宝宝不断进取的内在动力。爸爸妈妈是外在推动力，爸爸妈妈不能扼杀宝宝潜在的欲望和能力，也不能拔苗助长，爸爸妈妈应该有一颗平常心，让宝宝在快乐中自然成长。

◎ 把蒙在脸上的手绢拉下来

前几个月的宝宝，当手绢、纱巾等蒙到脸上时，不会把它拿开，因此要时刻注意这种危险。本月宝宝一般有这种能力了，会把蒙在脸上的手绢拉下来，这种能力非常重要，爸爸妈妈要适当训练，让宝宝拥有这种能力。当然，这个时期爸爸妈妈和看护人时刻关注宝宝，仍然是育儿必须做到的要求。

◎ 两手同时抓起皮球

以前，当宝宝手里拿着一个物体时，如果再递另一个物体，宝宝就会松开手里的物体，去拿另一个物体。现在宝宝可以用另一只手来接另一件物体，两手还能同时抓握起比较大的物体，可以两手配合抓起皮球。

◎ 两手来回交换玩具

过去抓住玩具时，宝宝只会单纯地摇晃，现在可以把玩具在两手间来回交换玩耍了。宝宝从单手抓握玩具到双手配合一起玩耍，这是手的技能的进一步发展。

◎ 把玩具放到容器中

爸爸妈妈这个月可以教宝宝把物体放到玩具筐里，把物体递到妈妈手里，从玩具筐里把玩具取出来，把皮球抛出去，把小盒里的物体倒出来等技巧。

◎ 开发手的精细活动

让宝宝拿放在不同距离的物体，可以训练宝宝的触觉、视觉、运动功能及活动技巧。

让宝宝拿与宝宝有一定距离的物体，可以训练宝宝目测物体距离的能力，促进手眼协调能力的发展。

伸手取物，举手取物，爬过去拿，妈妈举着宝宝拿，妈妈扶着宝宝站起来拿，这样的亲子活动，都是在激发宝宝主动参与游戏的兴趣。

通过生活中的演示，教宝宝用动作表达意愿，学习与人交流的方式方法。比如教宝宝双手抱在一起，这是谢谢；举臂左右挥动，这是再见；双手掌互拍，

表示欢迎；手掌左右摆动，表示不要；右手掌放到头部右侧，表示敬礼；手指抓抓的动作，这是表演"抓挠"；学习用手指着灯，指着小床，不再只是用眼睛示意了，这些都是开发宝宝手指的精细动作。

第十章

9~10个月的宝宝

第一节　本月宝宝特点

扶物站立并行走

过了9个月将满10个月的宝宝，和前几个月比起来，活动能力明显增强。把宝宝放在床里，他可能会抓着床栏杆站起来，两手攥着栏杆使劲摇晃，小床发出咯吱咯吱的响声，宝宝甚至还能横着走两步，这真是让父母惊讶。

从站立转为坐

宝宝体位转换能力加强，刚才还站着，现在却坐下了，这是宝宝的又一个能力，会从站立位变成坐位了。这是很大的进步，需要宝宝的胆量和运动技巧，也需要腿部力量。

离会蹲不远了

如果不再是吧嗒一下坐下（好像摔个屁股蹲儿），而是很自然地坐下，宝宝很快就会蹲了。蹲是要点功夫的，需要很好的协调和平衡能力。

父母需要明白，宝宝间的发育速度存在着显著的个体差异，有的宝宝运动能力强，有的宝宝语言能力强，父母不要凡事都和周围小朋友比，只要宝宝在进步，就要为宝宝的成长喝彩。

爬得很快

从这个月开始，大部分宝宝会手膝爬，有的宝宝爬得飞快，甚至还会爬过障碍物。有的宝宝时常用四肢支撑着身体，把屁股翘得很高，低下头看自己的脚丫。这个月还不会很好地爬的宝宝也仍然存在，父母不要放弃锻炼宝宝爬，尽管已经站得很好了，也要鼓励宝宝爬行。

手的精细运动

手的活动能力更强了，会和人再见，会拍巴掌表示欢迎，会举起小手做出抓挠的样子，会把两手食指对上又分开（有的宝宝快到1岁时才有"斗斗飞"这个能力），会用拇指和食指捏起很小的物体，并会拿给妈妈看。能把扣着的盒盖打开，取出盒里的东西。还是喜欢把什么都放到嘴里啃咬。看到什么都想摸一摸、动一动。

宝宝两手已经比较灵活了，会摆弄手里的玩具，递来递去的。双手拿着两个小玩具，能相互敲打，如果能敲出响声，宝宝会高兴地笑出声来。宝宝对玩具的兴趣增强，对家里的一些实用物品更感兴趣。喜欢的东西，父母若硬是抢过来，宝宝会大哭。

语言和模仿能力

有的宝宝能清晰地发出"爸爸""妈妈"等音，但多是无意识的。宝宝能听懂父母某句话的含义了，这是学习语言的基础。只有听懂了，才会不断积累词汇，最后说出来。父母要多和宝宝说话，这样才能促使宝宝早日开口说话。宝宝模仿能力增强，看到妈妈梳头，也会拿着梳子往自己的头上放；看到爸爸打电话，也会把手机放到耳朵上，做出打手机的样子。

求新是宝宝特点

这个月的宝宝坐得已经很稳了，但不喜欢安静的宝宝，却不爱坐了。会做的不做，越不会的越喜欢做。当宝宝不会走时，总是喜欢让妈妈领着走。当走得很好时，又常常张着小胳膊，站在父母前面，拦住父母要抱。不断求新，是婴幼儿的特点。

父母要充分利用宝宝这一特点，不断教给宝宝新的能力，总是让宝宝做老一套，宝宝会厌烦的。越来越多的父母注重传授宝宝知识，而忽略了宝宝的天性。玩是宝宝的天性，不要一味追求宝宝学到了什么，不要枯燥地让宝宝识字、背儿歌，要在玩中学、游戏中练、实践中认识，给宝宝展现新奇的世界。

建立生活秩序

宝宝喜欢新奇，喜欢玩耍，喜欢变化，但并不意味着生活无秩序。有秩序的生活，会给宝宝带来安全感。有了安全感，就有了信任；有了信任，才有自信和勇气。所以，父母要帮助宝宝建立良好的生活习惯，做到有秩序地生活。

妈妈的疑虑和担忧

过早站立导致小腿弯曲

妈妈会担心，过早站立和行走，有可能导致小腿弯曲。其实只要宝宝自己能够扶物站立并行走，就不会有那样的结果。人为地让宝宝站立，会导致腿骨发育不良。本月还不是让宝宝练习站立和行走的时候，还是要多鼓励宝宝爬行。

用脚尖站立是脑发育有问题吗

宝宝站在父母腿上，会用脚尖站着，使妈妈感到腿有些疼。有些妈妈怀疑，宝宝用脚尖站着是不是异常，更有妈妈怀疑这是脑发育有问题。这个月的宝宝，对于站着的危险性有了认识，站在妈妈的腿上面不但不平，还软软的，很不稳，宝宝就

会用脚尖抠着，防止摔倒，这可不是脑发育有问题，而是宝宝的自我保护。

体重低和体重超标

逼着宝宝吃的结果有两种：一是吃多了变成肥胖儿（至少是超重儿）；二是导致宝宝厌食（至少是没有吃饭的乐趣）。现在营养不良儿越来越少，肥胖儿越来越多。肥胖还为其他疾病的发生埋下了隐患，妈妈不要总是担心宝宝体重低，而忽视体重超标。

可能患的病

这个月的宝宝，如果患病，多是腹泻和感冒。有可能出幼儿急疹。冬春季节，有的宝宝会患轮状病毒肠炎（秋季腹泻），有的宝宝可能会患气管炎或肺炎，但发病率不高，妈妈不必紧张。

如果宝宝第一次发热，除了发热没有任何症状，很可能是幼儿急疹，没有经验的父母，可能会多次跑医院。其实，幼儿急疹是无须治疗的，更不需要服用抗生素。护理重点是多饮水，暂时停止肉类食物。监测体温变化，不断采取物理降温，如果体温超过38.5℃，可服用退热药，退热药每4~6小时重复服用。

幼儿急疹典型症状是：发热三四天，体温降到正常，皮肤出现红疹，多从脖颈部开始，慢慢遍及躯干和面部，肢体皮疹少见，红疹呈米粒大小，色红，挤压皮肤红疹褪色。疹子出来了，意味着宝宝病好了，不需吃任何药物，过几天皮疹会自行消退。

第二节 本月宝宝生长发育

身高

本月宝宝，男婴身高中位值72.6厘米，女婴身高中位值71厘米。如果男婴身高低于67.6厘米或高于77.8厘米，女婴身高低于66.1厘米或高于76.2厘米，为身高过低或过高。

体重

本月宝宝，男婴体重中位值9.33千克，女婴体重中位值8.69千克。如果男婴体重低于7.46千克或高于11.64千克，女婴体重低于7.03千克或高于10.86千克，为体重过低或过高。

判断宝宝体重正常与否，重要的是生长速率，而不是单次测量数值。比如，宝宝出生后，每月测量都在+1SD[1]附近，到了这个月，体重却到了－1SD，即体重从高于中位值一个标准差，降到低于中位值1个标准差。尽管从本月单次测量数值上看是正常的，但从生长速率上看，却显著减慢，就不正常了。

◎ 体重偏高的宝宝

宝宝体重的差异性更大，有的宝宝到了这个月就已经超过了10千克。宝宝体重偏高无须调整；体重超标，

要避免过度喂养，还要调整饮食结构，看医生，排除疾病所致，由医生指导科学喂养，不能凭经验采取减肥措施。

· 调整辅食结构，适当增加果蔬鱼蛋，减少油和畜肉。

· 如果宝宝食量比较大，吃辅食前，先喂果蔬，后喂鱼蛋和主食。

· 争取断夜奶，母乳和配方奶混合喂养的宝宝，以母乳喂养为主，尽可能减少配方奶量。

· 增加活动量，爬行可消耗较多热量。

· 培养宝宝喝白水不喝饮料的习惯。

◎ 体重偏低的宝宝

排除疾病或喂养不当的可能，如果宝宝精神很好，其他方面发育也很正常，仅仅是体重偏低，但一直沿着宝宝自己的生长速率生长着，父母不必过虑。这种情形多见于食量小、睡眠少，或活动量大的宝宝。

---

①ISD：即，一个标准差。

头围

本月宝宝，头围的增长速度较前几个月有所减缓，平均增长0.67厘米。男婴头围中位值45.3厘米，女婴头围中位值44.1厘米。头围的测量需要经验，最好由医生测量分析，父母测的话，可能会有些误差，从而带来不必要的烦恼。其实，头围和身高、体重一样，也存在着个体差异，只要在标准范围内，大一些，小一些，都是正常的，不必为此担心。

囟门

大部分宝宝到了这个月，已经很难看到前囟搏动了，仅仅看到一个小小的浅凹窝。有的宝宝到了这个月，前囟可能还是比较明显，妈妈还能清晰地看到宝宝的囟门跳动。

◎ 这是囟门闭合吗

随着颅骨的增长，宝宝头皮张力增大，囟门不像前几个月时那样软了，妈妈会误以为宝宝囟门闭合了。这会让父母很着急，父母会认为，一旦囟门提前闭合，头颅可能就停止增长了，一定会影响宝宝的大脑发育。这种担心是不必要的，"就要闭合"不等于闭合，囟门再小，也是有囟门，并没有形成最终的骨性闭合，头颅还会增长。

第三节 本月宝宝喂养

营养需求

这个月宝宝营养需求和上个月没有大的区别。每日所需热量为110千卡/千克体重。每天2~3次辅食，母乳喂养继续按需哺乳，配方奶喂养每天3次左右，每天600~800毫升，但要尊重宝宝食量。从这个月开始，可以尝试给宝宝吃软的固体食物，如：馒头、蛋糕、丸子、馄饨、包子、饺子、软米饭等。每顿辅食中都要有粮食、蔬菜、蛋或肉，比例差不多各占三分之一，水果可作为零食单喂。食物种类不断增加，宝宝几乎能吃所有种类的食物，但不要给宝宝吃成人饭菜，烹饪方法以蒸、煮、炖为主，适当炒，不要油煎、油炸、熏烤和爆炒。

仍然需要给宝宝额外补充维生素D 400IU/d。如缺乏日光照射，补充要适当加量；如日光照射充足，补充要适当减量。

如果宝宝有缺铁性贫血，需根据贫血程度补充铁剂，时间和量需专业医生指导。不要忘记食补，如动物的肝脏等含铁量高的食物。

如果宝宝有明显的缺锌（血锌低，宝宝食欲差、生长发育减缓），需要在专业医生指导下补充锌剂。要注意微量元素之间的平衡，如果不正确补充会引起体内元素失衡。那种认为补总比不补好的观点是错误的，合理膳食结构，多种多样的食物是营养的最佳来源，也是营养均衡的最好保证。

很多妈妈按常规给宝宝补钙，如果没有因为补钙导致宝宝大便干硬，没有因为补钙导致宝宝胃部不舒服/不爱吃饭，也没有因为宝宝拒绝吃钙，像灌药一样硬灌，可以继续按原来的补充。如果有上述情况，那就不如不补了。只要保证有充足的日光照射，充分的运动，充足的维生素D，喝奶吃饭正常，食物的钙是可以满足生理需要的。如果确实缺钙（有医学证据），要选择适合宝宝的钙剂。

妈妈要继续关心自己的乳汁，合理饮食，保证睡眠，精神放松，心情愉快。妈妈不要有这样的认识：宝宝长大了，需要更多的营养，而自己的乳汁质量已经很差，奶量也少了，母乳喂养已经不再重要。

母乳喂养可以持续到宝宝2岁，2岁前的宝宝，都需要妈妈的乳汁。母乳和饭菜都是婴幼儿生长发育所需营养的来源。宝宝6个月以后，需要添加乳类以外的食物，不是因为母乳本身质量有什么问题，而是因为宝宝生长发育有了更多的需要。

如果宝宝不要奶吃，妈妈就不要主动喂。宝宝高兴的时候，尽量喂辅食，不让宝宝对辅食产生厌烦情绪。宝宝困倦、夜间醒来、很饿时，情绪通常不好，这时不要喂辅食，而是喂母乳。随着月龄增加，宝宝就不那么恋母乳了。

配方奶 喂养

这个月的宝宝，奶量是每天600~800毫升，分3~4次喂养。可在晨起、午睡后、晚睡前、前半夜喂4次，也可在晨起、午睡前、傍晚、晚睡前喂4次。如果宝宝一次能喝250毫升以上，每天喂3次奶就可以，妈妈喂养的压力就很小了。

每天喝多少配方奶，宝宝间存在着显著的差异。有的宝宝每天喝1000毫升奶，辅食还照样吃；有的宝宝，每天喝不了600毫升，辅食吃得也不好；有的宝宝就喜欢喝奶，吃辅食很困难；有的宝宝非常喜欢吃辅食，喝奶却异常费劲，不睡得迷迷糊糊绝不喝奶，每天能喝2~3次，每次喝100~200毫升。如果妈妈总是和周围的小朋友比，就会有很多的烦恼。妈妈要做的是给宝宝提供该提供的食物，关注宝宝的生长发育，如果宝宝身高、体重等各项指标都正常，妈妈就不要为宝宝的吃喝问题太过纠结。

辅食添加

能吃的食物种类增多

这个月的宝宝，能吃的食物种类增多，几乎能吃大多数谷物和蔬菜，可尝试着给宝宝吃全蛋，禽畜肉类食物也基本能吃了。食物种类逐渐丰富，妈妈需要合理搭配。随着月龄增加，宝宝的咀嚼和吞咽能力增强，妈妈可尝试给宝宝吃些固体食物。但宝宝还不能吃所有的固体食物，要选择一些软的、容易咀嚼和吞咽的，比如：馒头、丸子、包子、饺子、馄饨、软米饭等。妈妈不要总是担心宝宝吃得少，食物种类多了，一种吃一点儿，加起来就不少。

几种偏食情况

有的宝宝不喜欢吃蔬菜，可适当增加水果，宝宝已经能吃固体食物了，有些水果不是很硬，不必再榨汁或做果泥，削净果皮，用勺刮或切成小片、小块，直接让

宝宝拿着吃就可以了。

如果宝宝开始厌食鸡蛋，首先换一换烹饪方法；其次试一试鹌鹑蛋或鸽子蛋；再有就是与其他食物搭配，尽量减少鸡蛋本身的味道。如果这些方法都没作用，就暂时停食几天，适当增加奶或肉类食物，保证蛋白质的摄入。

不爱吃水果的宝宝不多，不爱吃水果的宝宝多是不爱吃酸甜味道，妈妈可挑选味道比较淡的水果，如：火龙果、椰子等。如果宝宝就是不吃水果，那就多喂些蔬菜。如果蔬菜也拒绝吃，就给宝宝补充多种维生素。无论如何都不能长期用营养素药片代替食物。只要妈妈想办法，宝宝偏食现象一定能够得到纠正。如果宝宝喝奶很少，要适当增加肉蛋，保证蛋白质的摄入量。

注重宝宝的精神需求

这个月宝宝比以前更离不开人了，也更需要父母陪伴着玩了。如果是全职妈妈，可能还会抽出时间按食谱给宝宝做辅食；如果是上班族妈妈，就很难这样办了。做辅食要根据时间安排而定，也要兼顾宝宝自身需要。辅食能给宝宝必要的营养，但如果做辅食要花费大量时间，从而没时间满足宝宝情感、精神发展的需求，就得不偿失了。如果父母是上班族，陪伴宝宝时间短，在家的时候，要尽量多陪宝宝玩。没有时间做辅食，可以购买一些现成的辅食，简化操作。

辅食添加方案

举例一：正常饮食

07:00：母乳或配方奶。

09:00：水果。

10:00：喝水。

11:30：米饭或米粥，肉末青菜。

14:00：母乳，如果妈妈上班，可喂妈妈留下的奶或配方奶。

15:00：喝水，少量水果。

17:00：虾肉蔬菜饺子或包子，蔬菜汤。

20:00：母乳或配方奶。

说明：夜间醒来，如果喂母乳后能很快入睡，可喂母乳。

举例二：不爱喝奶

07:00：母乳或配方奶。

08:30：鸡蛋羹（1个鸡蛋，如果有过敏反应，继续吃蛋黄，待宝宝10个月后再尝试喂）、面包1片。

10:00：喝水，水果。

11:30：母乳或配方奶。

15:00：母乳或配方奶。

17:00：疙瘩汤（汤里有面疙瘩、虾肉、蔬菜）。

20:00：母乳或配方奶。

说明：宝宝不喜欢喝奶，每次奶量会比较小，尽量增加喂奶次数，以保证所需奶量。也可以给宝宝吃其他奶制品，如奶酪和酸奶。缩短奶与辅食的间隔时间，宝宝辅食量会有所减少；拉长辅食与奶的间隔时间，宝宝有较长一段时间未进食，奶会喝得多一些。

举例三：不爱吃辅食

07:00：馄饨（汤内放1个荷包蛋和少许碎菜）。

08:00：母乳或配方奶。

09:00：喝水，水果。

11:30：软米饭、蒸银鳕鱼、炒碎菜。

14:00：喝奶。

18:00：肉和蔬菜馅饺子。

20:00：喝奶。

说明：宝宝不喜欢吃辅食，晨起，宝宝比较高兴，可首先喂辅食，然后再喂奶。因为宝宝不喜欢吃辅食，辅食量小，所以每天要喂3顿辅食，以满足这个月龄宝宝辅食的需要。延长奶与辅食的间隔时间，使得宝宝能够吃进更多的辅食。

 **常见喂养问题**

把饭菜吐出来

随着月龄增加，宝宝自我意识增强，个性越来越明显，原来妈妈给什么吃什么的情形再难出现。宝宝在饮食方面有了自己的选择，爱吃的就会很喜欢吃，不爱吃的就会把它吐出来。这些都是宝宝成长中的正常现象，妈妈不要动辄认为宝宝厌食了、生病了。如果宝宝主动把饭菜吐出来，而不是突然无法控制地呕吐，除了吐饭，没有其他异常情况，多是表示宝宝已经吃饱了或不喜欢吃，这时妈妈就不要再喂了。

不爱吃菜的可能原因

◎ 宝宝不爱吃菜的可能原因

初次添加蔬菜时，大多是未加烹饪的菜汁、菜泥之类的，是菜的原汁原味。很小的宝宝，对饮食的好恶不分明，但随着月龄的增长，个性开始发展，对饮食的好恶也开始泾渭分明。大多数宝宝不再喜欢吃那种原汁原味的蔬菜。

◎ 如何让宝宝爱吃菜

· 改变烹饪方法，给宝宝炒碎菜或炖菜，宝宝或许会喜欢。

· 把蔬菜做成馅，包馄饨、饺子、包子，或做成丸子。

不用奶瓶喝奶

到了这个月，宝宝不用奶瓶喝奶，已经不是很难解决的问题了。可以尝试着用带吸管的杯子，也可以直接用小杯子喂，还可以用勺子喂。这样虽然麻烦些，但总比宝宝不喝奶，或等到宝宝睡得迷迷糊糊，把奶瓶嘴硬塞到宝宝嘴里喂要好得多。

有母乳，不需要喂配方奶，母乳加辅食能够满足宝宝生长发育所需营养。没有母乳，宝宝又不肯喝奶，可适当增加高蛋白食物，如鱼虾等肉类、鸡蛋和豆制品，以补充乳量不足导致的低蛋白喂养状态；也可以把配方奶放到辅食中，如给宝宝做面条或面片时，在面粉中掺一部分配方奶；还可以给宝宝做无水蛋糕（面粉、鸡蛋、配方奶，放少许橄榄油和红糖）、牛奶面包粥、牛奶猪肝汤等。

不吃固体食物

宝宝是否吃固体食物与出牙与否没有直接关系。有的宝宝一颗乳牙也没有，可很早就能吃固体食物了，如磨牙棒饼干、面包片、软的水果等。有的宝宝尽管有很多乳牙萌出，仍然不能吃固体食物。在吃固体食物方面，宝宝间存有差异。有的宝宝不但会把固体食物嚼碎，还能吞咽下去；有的宝宝能把固体食物嚼碎，但不能吞咽下去，不是吐出来，就是被噎着，或呛得咳嗽；有的宝宝不会咀嚼，囫囵吞枣。吃固体食物，有利于乳牙萌出，妈妈不要过于担心，总是怕宝宝噎着、呛着，要给宝宝锻炼的机会。

第四节 本月宝宝护理

生活护理

防止意外事故仍然重要。一定要将所有对宝宝可能造成伤害的物品放到安全的地方。例如：药品、化学产品、重物、玻璃陶瓷等易碎品以及剪刀、针等，爸爸手里的烟头儿、打火机、妈妈的熨斗、暖水瓶、热水杯、热汤、热奶等所有可能会烫伤宝宝的东西，都要远离宝宝。

睡眠护理

突然夜间啼哭

◎ 偶尔哭一次的宝宝

夜间能睡得很安稳的宝宝，如果突然某一天在夜间啼哭，没有经历过宝宝夜啼的父母往往会不知所措。这多是由于宝宝做了噩梦。比如，白天给宝宝打针了，宝宝会在梦中重现白天的情景，由于害怕而大哭。虽然宝宝大哭，但并没有醒来，正处于梦境中，如果这时妈妈抱起宝宝又摇又拍，宝宝会把妈妈的哄拍放到梦境中，拼命挣扎，试图从妈妈的怀抱中挣脱出来，逃避打针，妈妈越哄，宝宝哭得越凶。

所以，如果宝宝在白天受到过不良刺激，晚上突然哭闹时，妈妈要想到这种可能，和缓地哄哄宝宝，也就没事了。

◎ 想到肠套叠的可能

从来不哭的宝宝突然啼哭，哭一阵子后，就安静下来，父母以为没事了，躺下继续睡觉。但是，没有几分钟，宝宝又开始哭起来。如果这样反反复复哭了几次，父母首先要想到是不是肠套叠。如果宝宝近来正在腹泻或腹泻刚好，就更应该想到此病。父母一旦怀疑宝宝有患肠套叠的可能，不要犹豫，立即带宝宝去看医生。

◎ 哭夜的宝宝

如果宝宝只是啼哭一会儿，哄一哄就睡了，父母不会在意的。如果哭的时间很长，即使没有疾病征兆，父母也会很着急，急忙抱着宝宝去医院，可能会出现这样的情形：

在去医院的途中，宝宝就不哭了；或甜甜地睡着了；或睁大眼睛，东瞧瞧，西看看，高兴得很。

到了医院后，宝宝可能还在香甜地睡着；可能正冲着妈妈笑，似乎什么事也没发生；如果医生笑容可掬地和宝宝打招呼，宝宝也还给医生一个灿烂的微笑；认生的宝宝，可能会撇着小嘴要哭了。

妈妈向医生描述了宝宝在家哭的情景，医生给宝宝做了检查，一切正常。爸爸妈妈带着宝宝打道回府。一夜就这样折腾过去了。宝宝啥事没有，吃喝玩耍一切照常，爸爸妈妈可没有这么轻松，一脸的倦容，一身的疲惫。

第二天，宝宝再如法炮制，有主意的爸爸妈妈就不再上当了，哄一哄，拍一拍，哭累了，接着睡。但是，如果在接下来的日子里，宝宝总是半夜啼哭，爸爸妈妈可就撑不住了。一定要带宝宝去看医生，弄清楚宝宝夜啼的真正原因，寻求解决办法。父母从医生那里获得的常常是，宝宝没有什么大问题，哭闹的原因可能是做了噩梦；也可能是吃多了，肚子不舒服；或许是缺钙，睡得不踏实，醒后啼哭……总之都有可能，让妈妈回去仔细观察。如果在宝宝哭闹时，没有发现什么异常表现，就不要着急，耐心对待哭闹的宝宝。随着月龄增加，宝宝就不再半夜醒来啼哭了。

◎ 宝宝哭夜可能的原因

·冬季寒冷，宝宝自己睡，被窝里比较凉。

缓解办法：如果妈妈摸摸宝宝身上很凉，搂到自己被窝暖一暖，宝宝就不再哭闹了。

·冬季寒冷，宝宝户外活动少，也会有夜眠不安、哭闹等现象。

缓解办法：在天气好的时候带宝宝到户外活动，增加宝宝的运动量。

·白天或入睡前吃多了，吃杂了，宝宝肚子不舒服，会在半夜啼哭。

缓解办法：妈妈可以给宝宝揉揉肚子，或让宝宝趴着睡。

·做噩梦了。宝宝做噩梦哭闹，大多是闭着眼睛哭，挣扎得很厉害。

缓解办法：哄宝宝的动作不要过大，轻轻拍着宝宝，和声细语地在宝宝耳边说"妈妈在这里，妈妈爱宝宝"。如果宝宝仍大哭不止，可以试图叫醒宝宝，当宝宝彻底醒来时，梦就断了，宝宝也就不哭了。

白天不睡觉

这个月的宝宝一般白天能睡两觉，午前睡1个小时左右，午后睡2个小时左右。有的宝宝到了这个月，可能一天只睡一次，午前不再睡觉，午后睡一觉。有的宝宝，白天睡觉时间明显缩短，半个小时，甚至十几分钟就醒来，玩得很开心，一点儿倦意也没有。有的宝宝，整个白天都不睡觉，吃奶的时候眯着了，可还没等放下，就睁开眼睛，一点儿睡意也没有了。这些都不是异常表现。这样的宝宝，多是晚上睡得比较早，从晚上19~20点或20~21点一直睡到早晨8~9点钟，睡眠质量好，深睡眠时间相对长。白天尽管不睡觉，精神却很好，活泼好动，生长发育正常，妈妈不要再为宝宝白天不睡觉而焦虑。

本月护理常见问题

不会站立

这个月的宝宝，大多会从坐位扶着物体站立起来。但是，有的宝宝还没有这个能力，这不能说明宝宝的运动能力差。如果正赶上冬季，宝宝穿得很多，运动不灵活，可能就不会自己站起来。如果是老人或保姆帮助看护，怕宝宝磕着碰着，不敢放手让宝宝锻炼，运动能力可能会显得相对落后。爸爸妈妈要告诉看护人，多给宝宝锻炼的机会，不要总是抱着宝宝。如果妈妈帮助宝宝站起来，但宝宝仍然不能独自抓着物体站立，而必须由妈妈托住腋下才能站立，妈妈感觉宝宝腿的力量很差，软软的，就要带宝宝看医生了。

仍无乳牙萌出

到了这个月龄，如果宝宝仍然没有乳牙萌出，妈妈可能会着急，担心宝宝是否缺钙，是否营养不好。如果带宝宝去看医生，有的医生会告诉妈妈，不要着急，过一段时间自然会长出来；有的医生会建议妈妈给宝宝补充钙剂；有的医生会建议给宝宝拍一张牙槽骨片，了解乳牙根的发育情况。

宝宝乳牙萌出时间存在个体差异，多数情况下，出生4~6个月开始有乳牙萌出。但有的宝宝早在3个月就开始有乳牙萌出，有的宝宝1岁以后才开始有乳牙萌出。无论出牙早还是出牙晚，2岁左右乳牙都能出齐，妈妈不用担心。

吸吮手指

◎ 吸吮手指，不需要干预

上个月还吸吮手指的宝宝，到了这个月就不吸了的情况是很少见的，其程度可能会有所减轻。如果只是在睡觉前或醒来时，或妈妈不在身边时，才吸吮手指，到了1岁以后，大多能够停止吸吮了。宝宝吸吮手指是发展过程中的正常表现，不需要干预。如果宝宝吸吮手指很厉害，以至于小手都变形或出茧子了，妈妈也不能采取强制措施，可试着采取以下方法：

· 不露声色地转移宝宝注意力，比如把宝宝喜欢的玩具递到宝宝手边，引导宝宝主动把手从嘴里拿出来够玩具。

· 妈妈把手伸给宝宝，鼓励宝宝主动把手递给妈妈，妈妈掰着宝宝的小手，数一、二、三，或和宝宝拉手朗诵歌谣。

· 多带宝宝到户外活动，户外景色多，宝宝就顾不得吃手了。

· 睡前喜欢吸吮手指的宝宝，要在宝宝困倦时再哄他睡觉。哄宝宝睡觉时，握住宝宝小手。

第五节 本月宝宝能力发展、早教建议

看的能力：认形状、识颜色

观察物体形状

这个月的宝宝，开始会看镜子里的形象，有的宝宝通过看镜子里的自己，能意识到自己的存在，会对着镜子里的自己发笑。宝宝具有了观察物体不同形状和结构的能力，眼睛已经成为宝宝认识事物、观察事物、指导运动不可缺少的器官。

眼手配合完成活动

宝宝能眼手配合完成一些活动，如：把玩具放在箱子里，把手指头插到玩具的小孔中，用手拧玩具上的螺丝，掰玩具上的零件，想把瓶盖儿拧开，喜欢摇晃手中的玩具，喜欢把玩具筐中的玩具全部倒出来，看到什么就想拿什么。

初步认识吃的、玩的

通过看，宝宝能初步了解物品是玩的，还是吃的。但是，选择把什么放到嘴里，仍然是无意而为。多数情况下，宝宝喜欢把手里的东西放到嘴里，无论是吃的，还是其他物品。

看图识物

宝宝开始喜欢看色彩斑斓的图画，通过看图画认识物体，喜欢看画册上的人物和动物。宝宝对画面和颜色还不能很好地分辨，如果画面过于复杂，宝宝难以识别，就会把复杂的画面视为一体。比如在一幅图画中，有树木、花草、河流、山川、大雁等，宝宝很难一一识别。如果妈妈告诉宝宝这是一幅山水画，宝宝还不能理解，即使记住了，也是对字词音节的记忆。如果妈妈分别告诉画中都是什么，宝宝会相互混淆。经过反复教授，宝宝可能会指认出来，但这样的认知事倍功半，接近死记硬背了。给宝宝选择图画，要力求简单明快，一眼

就能看出画的是什么，最好画的就是日常生活中的实物。

察言观色

宝宝学会了察言观色，尤其是对爸爸妈妈和看护人的表情，有比较准确的把握。如果妈妈笑，宝宝知道妈妈高兴，对他做的事情认可了，是在赞赏他，他可以这么做。如果妈妈面带怒色，宝宝知道妈妈不高兴了，是在责备他，他不能这么做。爸爸妈妈可以利用宝宝的这个能力，告诉宝宝什么该做，什么不该做。

听的能力：能听懂爸爸妈妈说话

在一些语境中，宝宝能听懂爸爸妈妈某些话的意思，能用身体语言和爸爸妈妈交流，通过听、看来理解爸爸妈妈的意思。爸爸妈妈要充分利用宝宝听的能力，多让宝宝听，听多了，听懂了，慢慢就开口说话了。

这个时期，宝宝已经不再是单纯地听，而是把听到的进行记忆、思维、分析、整合，运用听来认识世界。

听觉能力训练

这个月龄的宝宝听觉能力已经相当好了，妈妈会感觉到宝宝耳朵非常灵敏，很小声说话都能听到。宝宝的声源定向力也很好，无论哪个方向发出声音，宝宝都能灵活地转过头去寻找。爸爸下班回家，宝宝听到开门声就知道爸爸来了；妈妈下班回来，悄悄去了洗手间洗手，可宝宝听到了妈妈的说话声，知道妈妈回来了，就会到处寻找妈妈。

说的能力：语言能力快速增长

语言学习能力快速增长

这个月的宝宝开始进入语言学习能力的快速增长期，是最佳的语言模仿期，爸爸妈妈要充分利用有利时机，抓紧宝宝的语言训练。

宝宝开始学习语言的特点

·说出词的速度很慢，但听懂词的速度很快。

· 对词的理解进展速度快，宝宝学会几十个词，但真正能说出来的不过是 1~2 个词，甚至一个词也说不出来。

· 会说有意义的词前，宝宝会有一段沉默期，前几个月还"说个不停"，现在却"一言不发"。妈妈不要着急，这相当于起跑前的下蹲。

· 说话早晚与环境关系密切，爸爸妈妈和宝宝交流越多，宝宝开口说话的时间越早。但这种交流必须是有效的，如果妈妈常常自顾自地说，喃喃自语、唠唠叨叨，对宝宝语言发展帮助甚微。

语言能力训练

爸爸妈妈在训练宝宝说话的过程中，不要以宝宝会说什么为目的，如果宝宝不说话，就认为没有教会。语言训练最主要的是给宝宝创造一个良好的语言环境。

· 在愉快舒畅的气氛中教宝宝说话。

· 尽量和宝宝说他看见的东西和事物。

· 说正在做的事情，让宝宝把语言和事件很好地联系起来，这样学习的目的性就比较强，宝宝也容易接受，学得也更快。

· 面对面和宝宝说话，这样宝宝不但能听到发音，还能看到口形变化，把听、看、说三者结合起来，使宝宝能更早学会说。

· 爸爸妈妈在和宝宝说话时，要一字一句，吐字清晰，使用普通话是最好的，节奏要缓慢，让宝宝有逐字接受的过程。

· 表达要清楚、准确，不要故意使用"儿语"或模仿宝宝不清晰的发音，要让宝宝学习到标准的语言。

· 把学习语言变成宝宝感兴趣的事情，说宝宝感兴趣的话题，让宝宝在游戏中学习。

· 当听到宝宝发音时，要尽量理解宝宝的语意。当宝宝会说一个词时，要给予鼓励，不要总是纠正宝宝的发音，让宝宝大胆地说。

· 这个月的宝宝可能还什么也不会说，但能听懂爸爸妈妈的很多话，爸爸妈妈要认真地和宝宝进行语言交流。

运动能力：全身协调性进一步增强

坐着时的表现

- 两手能比较熟练地玩玩具；
- 会伸出手要东西；
- 会把头转过去看身后的东西；
- 会把手伸到前面和左右两侧够东西；
- 会从坐位变成仰卧位或俯卧位；
- 会从俯卧位变成坐位（这个能力有的宝宝还不会）；
- 坐着会向前、向后或向左右蹭着移动。

舐犊之情最重要

让宝宝在快乐中学习运动能力，激励宝宝的进取精神，加深亲子感情，简单的游戏可以达到这一目的。亲子游戏随时可做，不需要特意安排，越是自然地玩耍，越能使宝宝感到亲切，学习起来也更有兴趣，学得也更快。日常的亲子游戏对培养宝宝健康的心理素质有非常大的帮助。

给宝宝布置安全的活动空间

随着月龄增加，宝宝的运动能力逐渐增强，安全问题越发重要。爸爸妈妈需要做的是，给宝宝布置一个安全自由的活动空间，而不是处处限制宝宝的行动。可以给宝宝布置儿童房，色彩鲜艳又不刺眼，淡粉色、淡淡的苹果绿、明快的海蓝色都可以。可以在墙壁上挂一两幅儿童画，挂几只彩球，把能发出轻快悦耳声的挂铃系在屋顶上，但装饰不要过多，过多就显得杂乱，宝宝在眼花缭乱的环境中，心情会变得焦躁不安。

房间内放置的物品要安全，如软包沙发和沙发墩，材质很好的塑料充气玩具或木质玩具。木制家具角要放上安全卡。总之，凡是存在安全隐患的物品都要远离儿童房。这样一来，爸爸妈妈就可放心地让宝宝活动了。

运动能力训练

◎ 帮助宝宝站立

帮助宝宝站立,不是要爸爸妈妈帮助宝宝站立起来,而是给宝宝准备能扶着站的物体,比如沙发墩、小圆凳、宝宝床等,让宝宝自己扶着物体站起来。站立后,宝宝脊椎的三个生理弯曲就全部形成了。宝宝刚刚练习站立时,可能摇摇晃晃的,像个不倒翁,慢慢就能站稳了。

宝宝小腿略弯曲,脚踝部也多略向内曲,有的宝宝比较明显,妈妈可能会担心宝宝站立会使小腿更弯。其实不必有这样的担心,如果宝宝自己扶着物体能够站立,就说明宝宝已经具备了站立的能力,不会因为站立而使小腿变得更弯。

◎ 从站立到坐下

从站立到坐下的动作,需要宝宝手和身体的稳定协调配合。一开始,宝宝可能会啪嗒一下坐在地上,这不要紧。但地板、墙壁要有安全保障,周围不要有坚硬物体,以免磕到宝宝。妈妈也可以扶一下宝宝的腋下,把持身体的稳定,宝宝就能顺利地从站立位到坐位了。爸爸妈妈可以把玩具放在宝宝脚下,宝宝就会主动做这个动作的练习。

◎ 站起蹲下

这个动作比较难,有的宝宝要到快1岁时才能学会。这是需要全身协调的动作,宝宝四肢要有力,平衡感也要好。从坐着到站立,这个月的宝宝需要爸爸妈妈用手拉一下,或自己扶着物体站起来。自己徒手站起来需要有个过程,爸爸妈妈可以用手指轻轻勾着宝宝的手指,边说宝宝站起来，边用力向上拉。如果宝宝站起来了，就鼓励宝宝说："宝宝站起来了，宝宝长高了，宝宝真棒。"

以后，妈妈把手指伸给宝宝，先不接触宝宝的手指，对宝宝说："宝宝站起来，够妈妈的手。"这时，宝宝就会伸出小手，勾住妈妈的手指，妈妈顺势轻轻拉起，并说："宝宝够到妈妈的手了，宝宝自己站起来了。"宝宝会很高兴的。

有的宝宝在站立时能够蹲下来，一只手扶着物体，另一只手拿地上的东西。这一连串看似简单的动作，对于这个月龄的宝宝来说可不容易，对宝宝肢体的支撑力、身体的平衡力、关节的灵活性等都是很大的挑战。

◎ 向前迈步走

这个月的宝宝可能会扶着床沿、沙发等，横着走几步。有的宝宝能推着会滑动的物体向前迈几步，但不敢离开物体向前走。爸爸妈妈可以进行这方面的训练，让宝宝靠着物体站在那里，妈妈蹲在宝宝前面，把手伸向宝宝，做出要抱的动作，并对宝宝说

"宝宝走过来，让妈妈抱一抱"（当然要离宝宝很近）。这时，宝宝可能会尝试着让身体离开倚靠物体，两只小手伸向妈妈，向前迈步。如果宝宝还不能向前迈出，身体已经向前倾斜，妈妈就要及时向前抱住宝宝，并鼓励宝宝"宝宝真勇敢！"

◎ 捡东西训练

让宝宝捡东西，是很好的游戏。可以训练宝宝的体能、眼手协调能力、思维能力和手的精细运动能力，还能训练宝宝对物品名称的认识，以及和爸爸妈妈的交往能力。这个月的宝宝，已经能听懂爸爸妈妈说的很多话了，认识了一些物品的名称，会站起来，会坐下，有的宝宝还会

蹲下。这些都是捡东西不可缺少的运动能力。

妈妈把玩具放在箱子里，也可以放在地上，对宝宝说："宝宝把小布熊拿给妈妈，好吗？"宝宝听到妈妈的请求，就会用眼睛看看箱子里的玩具：哦，小布熊在这里，就会把小布熊递给妈妈。妈妈可以说"宝宝真棒"，并抱起宝宝鼓励。宝宝会有一种胜利感。宝宝非常喜欢看到妈妈的兴奋神情，即使妈妈不向宝宝发出命令，宝宝可能也会再把小布熊拿给妈妈。这时，妈妈千万不要没有反应，要表现出高兴的神情，并对宝宝说"宝宝本事真大，知道妈妈喜欢小布熊"。妈妈也确实应该高兴，宝宝已经记住并能用行动表达这样的心境：妈妈喜欢小布熊，拿给妈妈，妈妈会很高兴。宝宝不但对事物有了记忆能力，还有了思维能力，开始学会给妈妈带来欢乐，这是多么了不起的进步啊！

◎ 把物体投进小桶里

这个游戏也很好，训练宝宝手的精细动作和准确性、手眼的协调性。宝宝手里拿着小玩具，妈妈拿一个小桶，对宝宝说"把你手里的玩具放到这个小桶里"。如果宝宝没有听明白，妈妈可以给宝宝做示范，或让爸爸把他手里的物体投到桶里，宝宝就会模仿爸爸的动作，把玩具放到桶里。不断拉远宝宝与桶的距离，训练宝宝投物的准确性。

等到宝宝有了这个能力，妈妈就可以让宝宝把地上散乱的玩具，一个个放到容器里收拾起来。培养宝宝生活的好习惯——玩完了，自己动手收拾整齐。妈妈要不断鼓励，使宝宝认识到，自己会做的，应该自己做。爸爸妈妈也要认识到，放手让宝宝自己做，比爸爸妈妈代劳更有意义。

◎ 使用小勺

这个时期的宝宝，手的精细运动能力已经比较强，可以训练宝宝自己拿勺吃饭。这让许多爸爸妈妈无法接受，让宝宝自己拿勺吃饭，就意味着会把饭菜撒得到处都是，会弄脏衣服和地板，会浪费饭菜。不错，确实如此。但如果爸爸妈妈为此而拒绝给宝宝这样的机会，宝

宝就很难学会这项技能。从这个月开始训练，宝宝1岁以后就基本能自己拿勺吃饭了。

◎ 宝宝潜能开发

做宝宝不喜欢做的事，不但不利于宝宝的个性发展，还会使宝宝失去学习兴趣，结果会事倍功半。比如训练宝宝大小便，这个月龄的宝宝，还不具备控制大小便的能力，妈妈偏要千方百计地训练，会使宝宝很反感，为以后控制尿便设置了障碍。随着月龄的增长，宝宝开始不听话了，开始做喜欢做的事情了，爸爸妈妈要因势利导开发宝宝潜能才是正确的。

◎ 不要扼杀宝宝的好奇心

宝宝开始有了好奇心，什么都想看看，什么都想摸摸，什么都想拿到手里摆弄。如果爸爸妈妈总是告诉宝宝"这不能动，那不要动""这很危险，那很危险"，会扼杀宝宝的好奇心和求知欲。

爸爸妈妈只需阻止宝宝动有危险的物品，如果宝宝执意要拿暖水瓶，妈妈可以把暖水瓶的水倒出来，让宝宝看到热水冒出的蒸汽，摸一摸比较热的水（但不要把宝宝烫了），告诉宝宝"这里盛的是热水，会烫着宝宝"。妈妈也可以把手试图伸进热水中，像是很烫的样子，快速把手缩回去，同时说"好烫啊"，让宝宝有感性认识，知道是因为热而不能碰，让宝宝认识到碰暖水瓶会有危险。

这个月的宝宝，对事情的记忆时间是很短的，有的几秒钟就忘记了，有的可持续一天，有的可持续几天，甚至十几天。所以，今天告诉他了，明天他可能还会去摸，需要不断重复。以宝宝的视角，逐一排查危险隐患，创造安全的活动空间，是宝宝安全的最佳保障。

第十一章

10~11个月的宝宝

第一节　本月宝宝特点

 语言

听懂一些常用语

这个月的宝宝，各方面能力进一步增强，与爸爸妈妈关系更加亲密。虽然不会用语言和爸爸妈妈交流，却能以其他方式表达出来。爸爸妈妈通过宝宝的表情、举止，基本能够判断出宝宝的意图；宝宝也能够听懂一些常用语，这种交流对爸爸妈妈和宝宝来说，都是很有意义的。宝宝会指着门，身体向那边使劲，表示想到外面玩。即使是宝宝不熟悉的陌生人，如果要抱他去外面玩，宝宝也可能会很高兴地去。父母要尽量满足宝宝的愿望，多带宝宝到户外活动。

会叫爸爸妈妈了

宝宝开始有意识地叫爸爸妈妈，这让父母很激动。但仍有不少宝宝不会有意识地叫爸爸妈妈，父母不要着急，这不意味着宝宝发育落后。

爱说话的宝宝要比不爱说话的宝宝更早开口说话。女婴比男婴开口说话要早，语言表达能力也更强。但无论怎样训练，1岁以前能开口说话的宝宝是极少的，不断无意识地发一些音节是这个月宝宝的特点。

运动

牵手行走

有的宝宝已经能颤巍巍地向前迈步了，有的宝宝还不能独站；有的宝宝已经能扶着床沿走几步，有的宝宝还不能扶物站立；有的宝宝爬得飞快，甚至能爬过障碍物，有的宝宝还不会用手膝爬，仍然是匍匐爬行，有单手匍匐爬行的，也有双手匍匐爬行的。随着月龄的增加，宝宝间的个体差异逐渐显现。到了这个月还不会翻滚和独坐的宝宝几乎没有了。

有的宝宝还不会向前爬，表现为：趴在那里一动不动；用手和膝盖支撑着身体，来回晃动，并不向前爬行；用手脚支撑起上身，屁股高高抬起，向前一拱一拱的。

牵着宝宝的手，宝宝能向前走几步，甚至十几步；有的宝宝能推着小车向前走几步。不需要特意训练宝宝行走，把宝宝放在地板上，让宝宝自由活动，通过自己的努力获得能力。父母应该做的是给宝宝创造有利于发展的条件，而不是代劳。

不赞成在学步车里练习行走

最新研究结果认为，使用学步车对宝宝是不安全的。国外曾报道，使用学步车的宝宝，不但活动能力没有增强，反而比不使用学步车的宝宝学会走要晚，意外事故也由此增加很多。研究还认为，学步车对宝宝的智力发育不仅没有帮助，而且还可能有阻碍。

如果把宝宝放在学步车里，他会带着车呼呼地向前走，对这一运动乐此不疲。但把宝宝单独放在学步车里，是比较危险的，可能会连人带车一起翻倒。所以，不能在没人看护的情况下，把宝宝放在学步车里。宝宝在学步车里活动范围加大，速度加快。所以如果把宝宝放到学步车里，一定要保证宝宝所到之处没有危险物。

体能训练的重点转移

体能训练的重点开始转移。宝宝希望自己有更多的自由活动时间，需要有自己的活动空间，开始喜欢和同龄或比自己大的宝宝一起玩。妈妈虽然还是最亲的，但爱和宝宝疯玩的爸爸更受宝宝欢迎了。宝宝不再喜欢让妈妈抱在怀里，妈妈和宝宝做的那些安安静静的小游戏，已经不能满足宝宝的需要。宝宝开始喜欢热闹的场面，喜欢到外面去玩。

第二节 本月宝宝生长发育

身高

本月宝宝，男婴身高中位值74厘米，女婴身高中位值72.4厘米。如果男婴身高低于68.9厘米或高于79.3厘米，女婴身高低于67.3厘米或高于77.7厘米，为身高过低或过高。

体重

本月宝宝，体重平均增长约0.25千克。男婴体重中位值9.58千克，女婴体重中位值8.94千克。如果男婴体重低于7.67千克或高于11.95千克，女婴体重低于7.23千克或高于11.16千克，为体重过低或过高。

头围

本月宝宝，头围约增长0.4厘米，男婴头围中位值45.7厘米，女婴头围中位值44.5厘米。这个月的宝宝看起来头部不是那么大了，与身体比例显得相称了。

囟门

宝宝出生后囟门就比较小的，这个月仍然比较小，甚至接近闭合。出生后囟门比较大的，这个月可能仍然比较大。不能根据囟门大小判断宝宝是否有问题，还要结合头围大小，再根据其他症状和体征，进行综合分析判断。父母不要因为宝宝头围和囟门大小而焦虑，或做不必要的检查。不能因为宝宝囟门大就加大补钙量，不能因为囟门小就不补充维生素D了。

第三节 本月宝宝喂养

营养需求

这个月宝宝营养需求和上个月差不多，所需热量仍然是110千卡/千克体重/日。蛋白质、脂肪、糖、矿物质、微量元素及维生素的量和比例没有大的变化。

还需要额外补充维生素AD，维生素A每天1200IU，维生素D每天400IU。每天需要钙（元素）量600毫克。如果能从食物中获取足够的钙，就不需要额外补钙。100毫升奶含钙量约67毫克，每天喝奶600毫升，摄入钙量约400毫克。如果每天喝奶800毫升，摄入钙量500毫克以上，加上膳食中的钙，基本能满足生理需要量。

钙的吸收与维生素AD、阳光照射、运动等因素有关。过多补钙会影响食物中钙的吸收，如果不缺钙，不要过多给宝宝补钙。任何额外补充的营养素都不能代替食物，合理膳食结构，均衡营养摄入，多样食物选择是宝宝生长发育的最好保障。如果宝宝每天能够接受充足的阳光照射，能够有充分的运动时间，即便没有额外补充维生素AD，也能很好地吸收和利用钙。如果宝宝很少接受阳光照射，很少运动，即使补充足够的维生素AD和钙，宝宝的骨骼也不能强壮。

饮食个性化

这个月宝宝喂养问题，最突出的是饮食个性化，种种表现如下：

· 有的宝宝能吃一碗饭；有的宝宝能吃半碗饭。

· 有的宝宝只吃几勺饭；有的宝宝比较爱吃菜。

· 有的宝宝就是不爱吃菜，喂一点儿菜叶，也要用舌头抵出来，如果把菜放到粥、面条、肉馅或丸子里，恐怕连粥、面条、饺子、丸子也不吃了。

· 有的宝宝爱吃鱼；有的宝宝爱吃火腿肠等熟肉食品。

· 有的宝宝不爱吃固体食物；有的宝宝不再爱吃半流食，而只爱吃固体食物。

· 有的宝宝爱吃妈妈做的辅食；有的宝宝还像几个月前那样，能喝几瓶奶，不喝奶就不睡觉。

· 有的宝宝还是恋着妈妈的奶，尽管总是吸着空乳头，也乐此不疲。半夜不让妈妈好好睡上一觉，总是哼哼唧唧要妈妈的乳头。白天看到妈妈就着急，抱过来就要吃奶。

· 有的宝宝能抱着整个苹果啃，也不噎、不卡；有的宝宝吃水果还是要妈妈用勺刮着吃，或捣碎了吃，但需要挤成果汁才能吃水果的宝宝几乎没有了。

· 有的宝宝特别爱吃小甜点，尤其是食量比较大的宝宝，什么时候给都不拒绝。

· 爱喝白开水的宝宝越来越少。原来一次能喝100毫升白开水的宝宝，现在只能喝30毫升，有的宝宝一口也不愿意喝。

· 一天能和父母一起吃三餐的宝宝多了起来。

这些现象都是宝宝的正常表现。还有很多现象也是正常的，这里就不一一提及了。

家庭与家庭间存在着差异，家庭成员间也存在个人差异，即使是同卵双胞胎，也存在着显著的个体差异。宝宝之间有共性，也有自己的个性，共性和个性是相互交叉的。随着月龄增加，宝宝的个性化越来越明显了，开始表现出不同的好恶倾向。所以，父母不能要求自己宝宝的个性和其他宝宝的个性一致，父母要认识到宝宝间存在着差异性，这是父母建立正确育儿观的思想基础。

处理喂养问题的原则

父母在养育每个宝宝时，都会遇到这样那样的问题。我在工作中面对父母的困扰，除了进行个体化指导外，更多的是告诉父母学会处理事情的原则。

· 面对宝宝的喂养问题，无论宝宝有怎样的表现，最主要的是抓住这一点：喂养的目的是保证宝宝正常的生长发育，包括体重、身高、头围、肌肉、骨骼、皮肤等可看可测的指标，还有专业机构提供的营养指标，这些是衡量喂养好坏的指标，如果这些指标都在正常范围，喂养就是成功的。

· 在保证宝宝正常生长发育的前提下，尊重宝宝的个性。让宝宝快乐进食是父母的责任。如果父母有这样的认识，一些喂养上的困惑就不成问题了。

◎ 防止肥胖儿

如果宝宝体重显著超标，父母可以适当增加宝宝饮食里的蔬菜和水果，减少肉类食物。如果宝宝食量很大，可以在饭前喂点儿水，减轻饥饿感。

◎ 奶和饭菜同等重要

奶的营养价值毋庸置疑，但随着宝宝月龄的增长，单纯乳类已经不能满足生长发育所需的营养，除了奶，还需要从谷物、肉蛋、蔬菜和水果中获取养分。所以，只喝奶，不吃饭菜是不正确的；同样，只吃饭菜，不喝奶也是错误的。对于这个月龄的宝宝来说，奶和饭菜同等重要。

其他需要注意的问题

尊重宝宝，开发宝宝潜能

父母需要注意的是，不要认为宝宝又长了一个月，饭量就应该明显增加。这会使父母总是认为宝宝吃得少，于是使劲喂宝宝。要尊重宝宝，宝宝不想吃，就不要逼着宝宝吃，老人常说宝宝是"猫一天，狗一天"，其中也包含这个道理。天气炎热，有的成人"苦夏"，宝宝也有这种情况，食量可能会减少，父母要理解。宝宝如果有病不舒服，食量也会减少。宝宝腹泻并非要控制饮食，如果宝宝能吃就让宝宝吃，如果需要停食，医生会告诉家长的，不要擅自停掉或减少宝宝的饮食。

父母总是怕这怕那，怕宝宝噎着，总是把饭菜做得稀烂；怕消化不了，还让宝宝吃泥糊状食物；怕水果凉，要把水果煮熟喂。宝宝有着极大的潜能，从潜能变成真正的能力，是需要锻炼的，没有锻炼的机会，潜能就真的潜伏下去了。父母不要主观认为宝宝不能，而是应该给宝宝机会，让宝宝试一试。宝宝的能力，有时是父母想象不出来的。把宝宝培养成智力超群，而生活能力低下的人，对宝宝来说是很悲哀的事情。父母应该放手给宝宝更多的信任和机会，让宝宝自己拿勺吃饭，让宝宝自己抱着杯子喝水，拿着奶瓶喝奶。这不但锻炼了宝宝独立生活的能力，还激发了宝宝吃饭的兴趣，有了兴趣就能刺激食欲。

边吃边玩

宝宝大了，开始淘气了，边吃边玩的现象是常见的，爱动的宝宝，就像个小皮球似的，动来动去，一会儿也不停歇。无论如何，父母也不要让宝宝养成要追着喂饭的习惯。

用手抓碗里的饭菜

和父母同桌吃饭，是宝宝最高兴的事情，不要怕宝宝捣乱。如果宝宝喜欢自己用勺，就不要怕宝宝把饭撒出来，也不要怕弄脏了衣服。用手抓碗里的饭菜是很正常的事情，最好给宝宝一把小勺，让宝宝练习用勺吃饭。能用手拿着吃的，就让宝宝用手拿着吃；不能用手拿着吃的，就让宝宝使用餐具。

挑食

挑食的宝宝并不少见，什么都吃的宝宝不是很多。每个宝宝都有饮食偏好，这往往与父母饮食偏好相近。所以，父母要以身作则，给宝宝树立榜样。如果宝宝已经出现了偏食的情况，妈妈切莫强迫宝宝吃他不爱吃的东西。妈妈可以尝试改变烹饪方法，改变饭菜味道，在不知不觉中纠正宝宝偏食习惯，比如把鸡蛋做在蛋糕里，把青菜做在饺子馅里。

吐饭

从来不吐饭的宝宝，突然开始吐饭了，首先要区分是宝宝故意把吃进的饭菜吐出来，还是由于恶心才把吃进的饭菜呕吐出来的。吐饭和呕吐不是一回事，把嘴里的饭菜吐出来，是吐饭；到胃里后再吐出来的是呕吐。呕吐多是疾病所致，吐饭多是宝宝不想吃了。如果宝宝把刚送进嘴里的饭菜吐出来，就不要再喂了。宝宝呕吐要及时看医生。

母乳与断奶

到了这个月，如果不是和妈妈撒娇，宝宝可能不再缠着妈妈的乳头了。可有的宝宝更依恋妈妈的乳头了，看到妈妈就要吃奶。但在妈妈看来，宝宝并不是真的要吃奶，吃奶不认真，吃几口就开始玩了，一会儿又要吃。如果宝宝不爱吃饭，妈妈会担心营养不足，萌生断母乳的想法。妈妈不要这么做，可采取一点儿小计策，比如在宝宝吃饭的时候，暂时离开一会儿，由爸爸或其他看护人喂饭。

有的宝宝晚上入睡比较困难，总是要哭上一阵子，或拼命吸吮手指，如果喂母乳能改变这种状况，那就太好了，妈妈不要担心以后断奶困难而拒绝用乳头哄宝宝。宝宝夜间醒来啼哭，喂母乳可能是最有效的安抚方法，这种情况下，即使母乳已经起不到供应营养的作用，妈妈也不要急着断母乳。

如果妈妈有充分的理由需要断奶，但断奶又很困难，该怎么办呢？

- 如果妈妈心疼宝宝，总是在万不得已的时候给宝宝吃奶，断奶就更艰难了。妈妈一旦决定断母乳，就要坚持，似断非断对妈妈宝宝都是煎熬。

- 有的宝宝在断奶的最初一段时间会产生焦虑感，夜间不停地哭，什么时候哭累了，才肯罢休。如果妈妈已经坚持了几天，那就再咬牙坚持一下，很快就有成效了。

- 如果宝宝闹得很厉害，断奶就不要坚持好几天，一天不行就作罢。如果不是因为妈妈要离开宝宝远行，就暂且放弃断奶的想法吧。

第四节 本月宝宝护理

生活护理

尿裤子

宝宝还不会说要尿尿拉便，这时把尿布撤了，尿裤子、拉裤子是很正常的。如果宝宝会蹲了，告诉宝宝有尿蹲下。如果知道这样做就已经是非常棒的宝宝了。

踢被子

有的宝宝无论春夏秋冬都踢被子，身上冻得冰凉，但盖上被子，还是很快就踢下去。如果妈妈就这样反复给宝宝盖被子，那恐怕不能睡觉了。踢被子不是病，也不是教育的事，只有想办法。首先不能盖得太多，如果宝宝感觉热了，肯定会把被子踢开。如果不是冬天，盖被子时把宝宝的脚露在被子外面，这样宝宝抬脚时，被子在腿上，踢也踢不下去，盖着大半个身体，只是腿露出来，是冻不着宝宝的。有的宝宝满床滚，一会儿趴着，一会儿撅着，一会儿仰着，三下两下就把被子翻到身下了。可以给宝宝穿贴身的棉质内衣睡觉，增大摩擦力，宝宝就不容易踢掉被子了，即使踢掉被子，也冻不着宝宝。还可以让宝宝睡睡袋，但多数宝宝不喜欢睡在睡袋里。

睡眠管理

白天睡眠与夜晚睡眠的关系

白天不再睡觉的宝宝多了起来。有的宝宝晚上从八点一直睡到第二天早晨七八点。这样的宝宝，白天可能不再睡觉，即使睡觉，时间也不长；有的宝宝能睡一两觉，一觉能睡一两个小时。

宝宝与父母的睡眠习惯

有的宝宝会按照自己的睡眠习惯，不管父母多晚睡觉，宝宝都是在固定的时间入睡。可有的宝宝就不同了，如果父母不睡觉，单单哄他睡觉，他就是不睡，一直要等到父母睡觉为止。如果父母有晚睡晚起的习惯，让宝宝早睡早起的话，也会影响父母休息。如果宝宝早晨五六点就起床，父母也就睡不成了，还不如让宝宝晚睡一两个小时，早晨七点左右起床，父母也不受影响。总之，不管怎样的睡眠习惯，保证宝宝充足的睡眠时间是很重要的。

其他育儿提醒

不要让宝宝养成不良习惯

宝宝大了，个性明显了，开始有了自己的主见，想按自己的意愿做事。这个时期，宝宝可能会养成某种不良习惯：如抓"小鸡鸡"；用哭要挟父母；吸吮手指；摔东西打人；需要追着喂饭；边玩边吃饭；含着乳头睡觉等。父母要帮助宝宝克服这些习惯。

及时发现舌系带过短

宝宝进入了语言学习阶段，如果舌系带过短，会影响宝宝发音，要及时处理。舌系带过短，即宝宝把舌头伸出来时，舌尖很短，严重者呈英文字母"W"形状。妈妈可以照着镜子观察自己的舌头，用舌尖舔上嘴唇，暴露出舌体底部，你会发现舌体底部与牙龈根部连着一根筋，那就是舌系带。如果这根舌系带过短，就会影响舌尖运动幅度，舌尖向上卷曲和外伸受到一定限制，舌尖够不到上唇，伸舌时，由于舌系带的牵拉，舌尖成为"W"形状。舌系带过短会影响发"L"的音，如：姥姥、路、来、绿等。

被动接受向主动要求转变

以前宝宝都是被动地接受父母的哺育，随着年龄的增长，宝宝开始有了主动的要求：

- 要自己动手干事情。
- 要求父母做什么了。
- 自己拿勺吃饭，下手抓饭。
- 自己选择玩具玩。
- 指着门，要妈妈带到外面去玩。
- 不想吃的就吐出来，扭过头去，不张开嘴。
- 递给他不喜欢的东西，或者不去接，或者推开，或者接过来扔掉。
- 宝宝喜欢的东西，别人要想从他手里要过来也难了，硬抢，宝宝可能会大哭以示不满。
- 不喜欢妈妈领着走了，要自己走，尽管摔倒了，也会爬起来接着走。

注重点滴培养

父母要学会尊重宝宝的爱好，满足宝宝的合理要求，鼓励宝宝自己动手，给宝宝锻炼的机会。如果宝宝摔倒了，父母马上就把宝宝扶起来，这样会削弱宝宝克服困难的决心和毅力。不要小看这一小小的举动，培养宝宝就是从细节开始的。

第五节 本月宝宝能力发展、早教建议

看的能力：会翻看图画书了

宝宝会自己用手翻看图画书。如果在过去的几个月里，爸爸妈妈一直教宝宝识图认物，那么当爸爸妈妈让宝宝寻找图画书中的动物或物体时，宝宝很可能会用手指指出那个动物或物体。这会令爸爸妈妈非常兴奋，爸爸妈妈的鼓励和兴奋会感染宝宝，宝宝会指着某一动物，啊啊地说。

随着宝宝眼界的开阔，爸爸妈妈仅仅教授眼前的事物是有限的。可以通过图画书，教宝宝认识更多的事物，增加认识事物的种类。

怎么挑选图画书

· 书上的图画形象要真实；

· 所画物体形状要准确；

· 书的色彩要柔和；

· 每张图画力求单一、清晰；

· 不买有较多背景、看起来很乱的图画书，避免宝宝眼睛疲劳，辨认困难；

· 最好先不要买卡通、漫画等图画书，待宝宝认识了大多数实物，会对此更有兴趣。

怎么使用图画书

· 把生活中能够见到的实物同书中图画比较着让宝宝认，更能加深宝宝对事物的认识。

· 每天只让宝宝看一两次图画书。

· 在教宝宝物品名称时，命名一定要准确，不要随意发挥。

· 一次认1~2种物品，时间不要太长。

这么大的宝宝注意能力是比较差的，不能贪多，以免宝宝腻烦。第二天，妈妈再让宝宝看图画书时，先看昨天看过的，加深印象，再学习新的。这样不断重复，宝宝才能记住。

视觉能力训练

教宝宝认识色彩时，一定不要贪多，不要把不同的色彩混在一起让宝宝辨认。每次只让宝宝认识一种色彩，等到宝宝认识了这种色彩，再教宝宝认识另一种色彩。

教宝宝认识色彩的道具要力求鲜明、简洁、色彩纯正，在宝宝没有认识纯色之前，不要教宝宝认识过渡色。先让宝宝认识红、橙、黄、绿、青、蓝、紫7色。苹果大小的彩球是教宝宝认识色彩不错的道具。

在宝宝情绪好的状态下，拿出一个彩球，告诉宝宝这是什么颜色，可重复10次，最长时间不要超过10分钟。教宝宝认识色彩的过程中可抱起宝宝抚摸，不要让宝宝感到厌烦。连续学习5天后，换一个新的色彩，并复习原来学习过的色彩。当宝宝把这7个色彩都学习完了，再教宝宝辨别色彩，辨别色彩时，2个一组让宝宝辨别，自由组合，然后是3个一组……7个一组。慢慢地，宝宝就能按照爸爸妈妈的要求，从众多的彩球中选出爸爸妈妈指定的彩球了。

以此类推，爸爸妈妈可以给宝宝画出很多有色彩的图形。这样，宝宝在认识形状的同时，也认识了色彩。图形和色彩可任意搭配，如果把家中的物体画出来，宝宝会更感兴趣。

听的能力：能听懂许多话

这个月的宝宝能听懂许多话了，爸爸妈妈要充分利用听觉能力的发展，训练宝宝说的能力。这个时期，爸爸妈妈和宝宝说话，节奏要稍微放缓些，吐字要清晰，一字一句，让宝宝听懂，也能够看到爸爸妈妈说话的口型。

听觉能力训练

宝宝听到爸爸妈妈的说话声，能够猜出是爸爸在说话，还是妈妈在说话。和宝宝生活在一起的人，宝宝听声音就能猜出他是谁。如果爸爸妈妈经常让宝宝听到某种动物的叫声，即使看不到这个动物，宝宝听到叫声也能猜出是哪种动物在叫，有的宝宝甚至能模仿着叫上两声。

爸爸妈妈可在房屋不同方位叫宝宝的名字，让宝宝快速寻找声音来源；用不同物体敲击出不同的声音，让宝宝猜一猜是什么物体的敲击声。

爸爸妈妈藏到宝宝看不到的地方，学动物叫声，让宝宝猜一猜：爸爸妈妈在哪里？是在模仿哪种动物叫？

爸爸妈妈教宝宝拍巴掌，敲打物体。让宝宝知道用一种物体打在另一种物体上，能发出声音；用不同的物体敲击不同的东西，可发出不同的声音；用同样的物体敲击另一个物体不同的部位，会发出不同的声音。如用筷子敲击盆底、盆体、盆沿，会发出不同的声音。用力大，声音就大；用力小，声音就小。这个游戏可训练宝宝的体能和对声音的辨别能力。

给宝宝讲故事时，要抑扬顿挫，富有感染力，根据故事情节，变换语调和语速，模仿不同人物说话的语气，让宝宝有身临其境的感觉。这样不但能训练宝宝听力，还有助于宝宝理解语言，感悟语境。

说的能力：能有意识地叫爸爸妈妈

有的宝宝能有意识地叫爸爸妈妈；有的宝宝能说出"奶奶、吃吃、撒撒"等复音；有的宝宝能说出"阿姨、不要"等双字音；有的宝宝偶尔能说出三个字的词；有的宝宝还是发出爸爸妈妈听不懂的叽里咕噜的音节；有的宝宝什么也不说，就连叽里咕噜的音节也不发了。

语言发育存在着个体差异，有的宝宝早在11个月就能说出有意义的字词，有的宝宝直到2岁才开口说话。但只要宝宝没有语言发育障碍，在3岁以前都能基本掌握母语，几乎能听懂爸爸妈妈的话，并能用爸爸妈妈能听懂的话语表达自己的意思，就是说能够和爸爸妈妈进行无障碍沟通了。

语言能力训练

◎ 接龙游戏

爸爸妈妈可以选择朗朗上口的歌谣、儿歌、诗词等，每天念给宝宝听，等到宝宝听熟了，就开始玩接龙游戏，爸爸妈妈念到最后一个字时，停下来，如果宝宝会发单个字的音，就能接龙了。如果宝宝还不能发出单个字的音，同样能玩这个游戏，慢慢地，宝宝就能很容易地接最后一个字了。这样循序渐进，到最后，妈妈只念一个字，宝宝就能朗诵出全部。举例说明：下面的古诗省略号前由妈妈念，省略号后让宝宝接。

锄禾日当午，锄禾日当……午，锄禾日……当午，
汗滴禾下土。汗滴禾下……土。汗滴禾……下土。
谁知盘中餐，谁知盘中……餐，谁知盘……中餐，
粒粒皆辛苦。粒粒皆辛……苦。粒粒皆……辛苦。

锄禾……日当午，锄……禾日当午，锄禾日当午，
汗滴……禾下土。汗……滴禾下土。汗滴禾下土。
谁知……盘中餐，谁……知盘中餐，谁知盘中餐，
粒粒……皆辛苦。粒……粒皆辛苦。粒粒皆辛苦。

语言能力训练还有很多种方法，爸爸妈妈要开动脑筋，宝宝会给爸爸妈妈带来不断的惊喜，简直就像个语言天才。

运动能力：爬出花样

爬行能力

多数宝宝学会用手和膝盖爬行了，不但爬的速度很快，还爬出了花样，能往高处爬，能自由改变爬的方向，能爬过障碍物。如果床上有叠着的被子，可能就会爬上去了，从被子上摔下来不但不哭，可能还很高兴，宝宝找到了有趣的玩法，妈妈可不要限制哟。

有的宝宝还是匍匐爬行，有的宝宝还不会爬，爸爸妈妈不要着急。爸爸妈妈和看护人首先要做的是给宝宝创造能够自由爬的空间和环境，给宝宝自由爬

的机会。每个发育正常的宝宝都有爬的潜在能力，但这种潜在能力需要有适合的机会才能发展起来，就如同种子需要适合的土壤才能发芽生长一样。

这个月的宝宝，绝大多数能扶着床栏杆站立起来，并能从站立位变换到坐位；有的宝宝，牵着手能向前迈步；有的宝宝依靠东西能站立片刻；有的宝宝能扶着东西横着走，推着小车向前走。如果妈妈采取任何方法都不能使宝宝站立起来，就要带宝宝看医生。

行走能力

这个月，爬仍是宝宝移动身体的主要方式，不需要刻意训练宝宝走。如果锻炼宝宝行走，请注意以下几点：

· 不要把宝宝双臂拉高（双臂高高举起），这样牵着宝宝的手走不利于宝宝学习走路。

· 不能只牵着宝宝一只胳膊走，如果宝宝没有站稳，在摔倒的一刹那，妈妈会下意识地向上拽宝宝的胳膊，有发生肘关节脱位的可能。

· 不要让宝宝长时间练习走路，这个月龄的宝宝还不适合长时间走路，每天锻炼一两次，每次几分钟就可以了。

· 练习走路是宝宝的一次探险，妈妈过多帮助，宝宝就失去了探险的机会。

· 宝宝摔倒，爸爸妈妈要冷静，既不要漠视，也不要一个箭步冲上去抱起。要给宝宝机会，从婴儿期就要让宝宝开始学习如何面对挫折，如何战胜自己。

玩的能力

宝宝最喜欢和爸爸妈妈一起玩耍，对小朋友还没有什么感觉，还没学会和小朋友一起分享。如果宝宝不理会周围的小朋友，不意味着宝宝有什么问题，不必担心。有的宝宝喜欢和小朋友玩，但还不知道如何玩，会摸摸小朋友的脸，拉拉小朋友的手。不要因为担心会伤到小朋友，而制止宝宝和小朋友交往。如果宝宝用手拍打或抓小朋友的脸，不要惊呼或训斥宝宝，把宝宝的小手递给小朋友，和蔼地告诉宝宝"拉拉小朋友的手吧"。

玩玩具

宝宝一双小手越来越灵活，开始喜欢玩玩具了，可以给宝宝准备一些适合

1岁宝宝玩的玩具。通常情况下，宝宝拿起玩具，只是用手摆弄几下，摸一摸，看一看，用嘴啃一啃，一会儿就丢到一边了。妈妈可不要责怪宝宝，宝宝并不知道如何玩玩具，也不晓得其中的奥秘，爸爸妈妈应该教宝宝如何玩，和宝宝一起玩。

独立性强的宝宝，自己能玩好大一会儿了，但妈妈可不要离开，此时的宝宝还没有保护自己的能力，也没有危险意识。

自我意识与记忆能力

这个月的宝宝开始萌发自我意识。宝宝自我意识是通过照镜子获得的。这就是为什么从很小的时候，就让妈妈和宝宝玩照镜子游戏的原因之一。

宝宝照镜子可分为三个认知阶段

◎ 第一阶段（意识妈妈阶段）

4个月左右的宝宝，当妈妈抱着宝宝照镜子时，宝宝对自己并没有什么反应，而对妈妈的镜像有比较强的反应，会对着妈妈的镜像微笑，咿咿呀呀发出欢快的叫声。

◎ 第二阶段（意识伙伴阶段）

6个月左右的宝宝，开始注意镜子里的自己，但对自己的镜像反应是，把自己的镜像看作是能和自己游戏的伙伴，宝宝会对着镜子里的自己做出拍打、招手、欢笑、亲吻等动作。

◎ 第三阶段（自我意识阶段）

1岁左右的宝宝，开始发现镜子里宝宝的动作和自己的动作总是一样的，朦朦胧胧感到，镜子里的镜像可能就是自己，但是还不能明确意识到镜子里的镜像就是他自己，1岁半以后，才逐渐认识到镜子里的小伙伴就是自己。

◎ 宝宝的记忆

这个月的宝宝开始有了延迟记忆能力，可以把妈妈告诉的事情、物体的名称等记忆24小时以上。印象深的，可延迟记忆几天，甚至更长时间。这是对宝宝进行早期教育的前提。宝宝能够记忆一段时间的事情，就能够学习更多的知识。

人们都觉得婴儿记忆时间短暂，整个婴儿期，似乎很难记住什么。事实并非如此，婴儿同样有着惊人的记忆力！有趣的是，宝宝对不愉快的经历记忆深刻，并且能用实际行动拒绝再度发生！即使过了较长一段时间，再次经历，宝宝仍无法接受。宝宝对愉快的经历也难以忘怀，喜欢无数次重复那愉快的经历，从不厌倦。典型的例子就是打针吃药和有趣的游戏。

几个月的宝宝打针会哭，再次打针时，看到护士拿起针管走向自己，尽管针还没扎进去，宝宝就提前哭了，这是因为宝宝记起了打针时的疼痛。随着宝宝长大，无须护士拿出针管，宝宝只要看到护士，就开始哭闹，因为他记得打针时的疼痛。等宝宝再长大些，无须看到护士，只要走到医院门口，就开始反抗，"不去不去"地喊着，因为他知道进去就要打针。再大些的宝宝，无须走到医院门口，只要爸爸妈妈提起去医院，他就开始反对。

😊 思维能力与好奇心

这个月的宝宝开始有了最初的思维能力，所以和宝宝做游戏时，不再都是直观的游戏了，要适当增加能促使宝宝思考的游戏项目。比如，在小书桌上铺一块台布，把玩具放在台布上，当宝宝够不到玩具时，会思考通过拽台布拿到玩具。

◎ 好奇心的种种表现

· 这个月的宝宝，好奇心进一步增强了；

· 对新奇的事情和物品非常感兴趣；

· 越是没有看过、不知道的东西越是感兴趣；

· 越是不让摸的东西，越想摸；

· 越是不让放到嘴里的东西，越想啃一啃；

· 对熟悉的东西，很快就失去兴趣；

· 再好玩的玩具，也不会玩很长时间；

· 玩过的玩具，很多时候看也不想看一眼。

◎ 鼓励宝宝的好奇心

妈妈认为宝宝开始淘气了，不好看护了，这是因为宝宝的好奇心更强烈了。宝宝的探索精神，是认识世界的动力。爸爸妈妈可以利用宝宝的好奇心，教宝宝认识更多的事物。

宝宝潜能开发

◎ 一个有趣的思维训练

在桌子上铺一块台布，在台布上面放一个小玩具。但是，这个玩具宝宝是够不到的。为此，宝宝就使劲去够。在够的过程中，台布被拽动了，结果玩具跟着台布移动了。这一现象对于宝宝来说是神奇的。慢慢地，宝宝开始意识到，台布可以帮助他够到玩具。因此，宝宝开始拽台布。果然，台布带着玩具一起移动，宝宝终于拿到了玩具。

这就是宝宝最初的思维。宝宝通过拽台布使玩具移动的现象，分析出了台布可以帮助他够到玩具这样的事实。爸爸妈妈可以自己发明一些类似的游戏，训练宝宝的思维能力。

◎ 关心他人的游戏

妈妈抱着一个布娃娃，宝宝也抱着一个布娃娃，妈妈说："我的娃娃冷了，我要给娃娃穿衣服啦。"边说边给娃娃穿衣服。宝宝就会学着妈妈的样，也给娃娃穿衣服。这个简单的游戏可以训练宝宝的动手能

力。宝宝练习给娃娃穿衣服，为以后学习给自己穿衣服打下基础；最主要的是通过这个游戏培养宝宝从小关心他人的优良品德。

◎ 练手指，认数字

宝宝出生后，一般两手紧握着拳头，张力比较大，所以手的活动能力很差。吃手时，吃的是小拳头。逐渐地，宝宝的大拇指开始会伸开，再吃手时就吸吮大拇指了。当5个手指都能伸开时，手的灵活性就提高了。当宝宝的拇指和食指能对捏时，宝宝手的活动能力明显增强，开始了手的精细活动。

到了这个月，如果让宝宝把手伸过来，张开手，往往是把五指同时伸开，如果爸爸妈妈总是伸出拇指赞扬宝宝，伸出食指说"1"，慢慢地，宝宝也会模

仿着伸出拇指、食指。爸爸妈妈可以和宝宝进行手指锻炼：让宝宝伸出食指，并告诉宝宝这是"1""宝宝快1岁了"。伸出大拇指并且说"宝宝真棒"。这个练习是很有用的。不但训练了宝宝手的活动能力，还训练了宝宝数的概念和宝宝自己年龄的概念，让宝宝看、说、做、思考有机结合起来，训练宝宝的综合能力。

◎ 翻画册

妈妈一页一页地翻动物画册，同时用手指着画册上的小动物，告诉宝宝动物的名称，并学这个动物的叫声。慢慢地，宝宝开始模仿妈妈，也开始这样翻画册，妈妈不要怕宝宝弄坏画册。

宝宝翻过一页后，看到画册上的动物，爸爸妈妈可以让宝宝指认小动物，达到宝宝练习伸手指的目的。爸爸妈妈可以问宝宝这个小动物叫什么名字，再让宝宝想想它是怎么叫的。

翻下一页时，妈妈在一旁先问一问："宝宝猜一猜，下一个是什么动物呢？""是啊，该是什么动物了？"宝宝就开始思考了。

这是练习手指灵活性的简单有趣的活动，锻炼了宝宝的手指灵活运用能力、观察能力、思维能力和记忆能力。

◎ 藏猫猫

爸爸妈妈和宝宝一起"藏猫猫"是很有意思的。爸爸藏起来，宝宝和妈妈一起找爸爸，这样既保证了宝宝的安全，又增加了宝宝的乐趣。

这个月龄的宝宝不会因为看不到爸爸了，就认为爸爸不存在，爸爸不时发

出声音"爸爸在这里，快来找吧"。这个简单的小游戏，可以训练宝宝的方位感、循声找东西的能力、运动的目的性。就是说，宝宝的每一个动作都是有目的的，就是要找到爸爸，无论是站、爬、走、转身等都是有目的和目标的。这个小游戏增加宝宝运动的积极性，锻炼宝宝从小做事的独立性和目的性。

玩大型玩具

这个月宝宝的活动能力增强了，小的玩具已经不能满足宝宝的需要，宝宝开始把兴趣转移到大的儿童玩具上，比如荡秋千、滑滑梯、骑木马等，这些都能训练宝宝动作的协调性。夏季还可以带宝宝戏水。

第十二章

11~12 个月的宝宝

第一节　本月宝宝特点

生活

显出更多的个性

越大的宝宝越有自己的好恶，对饮食、睡眠、玩耍等都开始有了自己的主见，逐渐从被动接受向主动要求转变。随着宝宝月龄的增加，能按妈妈意愿和要求吃饭的宝宝越来越少了，宝宝饮食习惯的个性化越来越明显。父母要了解宝宝的这种变化，非原则性的事情尽量尊重宝宝的喜好。这是和宝宝和平相处，愉快生活，也是减少厌食的好方法。

父母的关注点转移到体智能发育

随着宝宝长大，父母对宝宝吃、喝、拉、撒、睡的关注程度开始降低，更关注宝宝体智能发育了。一周测量一次身高、体重的父母不多了，一厘米一厘米计算身高、一克一克计算体重的父母不多了。这是正确的选择，宝宝已经进入各项潜能开发的关键期，特别是心智开发，到了关键时期。

防意外事故仍是重点

随着宝宝长大，户外活动范围扩大，游戏项目也增多了，意外事故发生的概率也随之增加，父母仍要把预防意外事故当作现阶段的重点。防止意外，不是要处处限制宝宝，而是要给宝宝创造一个安全的活动空间。快1岁的宝宝，几乎能移动到任何地方，宝宝所能到达之处，父母必须保证环境的安全。各种带棱角的物体父母都要排查，把棱角包裹上，确保宝宝即使磕碰到，也不会磕伤出血。有的宝宝能打开开关，装有危险物品的容器要锁好，确保宝宝打不开。宝宝的头部、躯干、手脚、手指能钻进去或伸进去的孔隙，都要封好，以免钻进去或伸进去，拔不出来。总之，凡是有潜在危险的地方或物品，都要注意，父母千万不能心存侥幸。

 能力

模仿能力

宝宝有超强的模仿能力。如果父母经常亲宝宝的小脸蛋，宝宝也会模仿着亲爸爸妈妈的脸。宝宝已经理解了，这个举动是友好的。

父母常做的动作，宝宝也会模仿着做同样的动作。如：皱鼻子、努努嘴；双手食指对在一起再分开"飞一个"；两手合在一起"谢谢"；伸出食指"1岁了"；学妈妈梳头的样子；学爸爸打电话的样子。

如果父母常教宝宝认识五官，宝宝就很可能指出五官的位置。宝宝知道自己叫什么，不管谁叫他的名字，都会循声望去，找一找"谁在叫我呀"。听到外面传来他熟悉的小动物叫声时，宝宝会用手指着外面嗯嗯地告诉你，他听到了小动物的叫声。说话早的宝宝还会模仿小动物的叫声。宝宝开始对外界的事情格外感兴趣了，看到什么，听到什么都会有所反应，显出机灵的样子。宝宝还喜欢和小朋友玩，看到小朋友就会凑上去，想要摸摸。

站立和行走

多数宝宝能扶物站立，并能扶物行走；有的宝宝，妈妈牵着一只手，能向前行走；有的宝宝需要妈妈牵着两只手走；有的宝宝能独站片刻；有的宝宝能蹒跚向前走几步。父母不要急着训练宝宝走路，让宝宝多爬，给宝宝自由活动的空间。

宝宝躺着能来回翻滚，从卧到坐，从坐到站，从站到蹲，从蹲到站，坐得稳，爬得快，宝宝几乎能随意改变自己的体位。

情感

从人群中认出父母，辨别陌生人和熟人

宝宝能一眼认出人群中的爸爸妈妈。如果爷爷奶奶、姥爷姥姥经常来看望宝宝，他们一进门，宝宝就会非常高兴，拍手欢迎，急着让他们抱。说话早的宝宝，还会一边把手伸过去，一边说："抱——抱——"被大人抱在怀里，宝宝会高兴地跳来跳去，似乎有些抱不住了，要从怀里挣脱出来，可要抱紧哟。

宝宝不但认识亲人，还能分辨陌生人和熟人。经常串门的客人，宝宝会一眼认出来，对着他们笑；如果是从来没有见过的陌生人，或很长时间没有见过面的熟人，宝宝会瞪大眼睛看着他们。宝宝会拒绝让陌生人抱，如果勉强抱过去，可能会使劲挣扎，或许还会哭闹。有的宝宝天生喜欢与人交流，见什么人都笑，也喜欢让人抱，很随和的样子。

第二节 本月宝宝生长发育

身高

本月宝宝，男婴身高中位值75.3厘米，女婴身高中位值73.7厘米。如果男婴身高低于70.1厘米或高于80.8厘米，女婴身高低于68.6厘米或高于79.2厘米，为身高过低或过高。

体重

本月宝宝，男婴体重中位值9.83千克，女婴体重中位值9.18千克。如果男婴体重低于7.87千克或高于12.26千克，女婴体重低于7.43千克或高于11.46千克，为体重过低或过高。

头围

本月宝宝，头围增长速度与上个月相同，一般情况下，全年头围可增长约11厘米。满1岁时，如果男婴头围小于43.5厘米，女婴头围小于42.4厘米，被认为头围过小。

囟门

本月绝大多数宝宝囟门没有闭合。

😊 第三节 本月宝宝营养与喂养 🍴

随着婴儿期即将结束，幼儿期即将到来，到了2岁左右，宝宝的辅食逐渐被一日三次正餐代替，逐渐告别以奶为主要食物，慢慢过渡到以饭菜为主要食物。但这并不意味着彻底断奶，奶将作为食物中的一个种类被延续下来。也就是说，宝宝能吃的食物种类越来越多，逐渐接近成人。

🍴 营养需求

这个月龄的宝宝营养需求和上个月没有什么差别，每日每千克体重需要供应热量110千卡。宝宝生长发育所需营养素主要包括蛋白质、脂肪、碳水化合物、维生素、矿物质、纤维素、水这七大类。对于健康的生命来说，这七大类营养素缺一不可，不能替代。蛋白质主要来源于奶类和蛋肉类食物；脂肪主要来源于奶类、蛋肉和油；碳水化合物主要来源于谷物；维生素主要来源于蔬菜和水果；纤维素主要来源于蔬菜；矿物质（人们常说的微量元素）来源于所有的食物，包括水；不要忘记，所需营养素还包括水。

宝宝正处于全方位快速增长期，所需营养素比例和量与成人有所不同。宝宝需要更多的蛋白质和脂肪，成人则需要更多的谷物和蔬菜。

0~6个月是宝宝纯乳期，乳类是最主要的食物来源。6~12个月是宝宝辅食添加期，除了乳类食物外，还需要添加谷物、蔬菜、水果和蛋肉类食物，乳类食物仍然占有较大比例，母乳仍是最佳乳类食物。1~2岁幼儿，几乎能吃绝大多数种类的食物，但比例与成人不同。从多到少依次排序是：乳类、谷类、蔬菜和水果、蛋肉、油脂。

明白了这个道理，妈妈在为宝宝提供食物时，就会全面兼顾，给宝宝合理搭配膳食，保证食物的多样性和营养的均衡性。只要给宝宝提供合理的膳食，就不需要额外补充营养素。再全面的营养素药片或营养补充剂，也比不上天然食物的营养价值。父母要培养宝宝不偏食、不挑食、不厌食、不暴饮暴食、不过多吃零食等良好的饮食习惯。

◎ 温馨提示
※ 宝宝一旦出现偏食和挑食的情况，可适当调整膳食结构，以免营养不

均衡。

※ 不喜欢吃蛋肉的宝宝，可以适当增加乳类食物，保证蛋白质的摄入量。

※ 不喜欢乳类食物的宝宝，可以适当增加蛋肉和豆制品，防止蛋白质缺乏。

※ 不喜欢吃谷物的宝宝，可以适当增加乳类、薯类食物，保证热量供应。

※ 不喜欢吃蔬菜的宝宝，可以适当增加水果，来补充维生素和纤维素的不足。

※ 不喜欢吃水果的宝宝，可以适当增加接近水果的蔬菜，如圣女果、西红柿等。

※ 豆制品含有丰富的蛋白质，属植物蛋白，过多食用会引起胃腹胀满感，产气增多，因此降低食欲。所以，宝宝不宜过多食用豆制品。

1岁以后，宝宝将结束以乳类为主食的时期，逐渐向正常饮食过渡，但这并不意味着断奶。母乳可喂到2岁，配方奶可喂到3岁。

为了让宝宝吃进更多的蛋肉和奶，不给宝宝吃谷类食物的做法是错误的。宝宝需要热量维持运动。谷类食物是提供热量的主要食物来源，且谷物能直接提供宝宝所必需的热量，而蛋肉奶等高蛋白食物提供热量，需要一个转换过程，在转换过程中，会产生一些需要清除的废物，增加了肾脏负担。因此，认为蛋白质重要就只吃高蛋白质食物，是错误的做法。

不偏废任何一种食物，是最好的喂养方式和饮食习惯。这个月龄的宝宝如果只是靠奶类供应蛋白质，会影响铁及其他一些矿物质的吸收利用。动物蛋白和油脂食物是吸收铁及其他一些矿物质及维生素（脂溶性维生素，如维生素A）的载体，如果只喝奶，就会导致贫血及一些矿物质和维生素吸收利用障碍。

宝宝1岁了，户外活动多了，也开始正常饮食了，是否就不需要补充维生素AD了呢？是否补充，要根据季节和接受日光照射的时间而定。如果宝宝每天户外活动时间比较长（2小时以上），运动量也不少，饮食结构合理，就不需要额外补充维生素A了，但仍需要每日补充维生素D 200~400IU。户外活动时间长，适当减少维生素D补充量；户外活动时间短，适当增加补充量。加热和氧化作用会破坏维生素C，所以，水果应该生吃，切开后的水果要很快吃完。便秘的宝宝多吃高纤维素食物，如杂粮和绿叶蔬菜等。

这个阶段的宝宝仍可按需哺乳，每天哺乳三四次，妈妈可在晨起后、午睡前、晚睡前、夜间醒来时喂奶，尽量不在三餐前喂奶，以免影响宝宝吃辅食，可在辅食后喂奶。有的宝宝会在夜间频繁醒来吃奶，妈妈可能会认为宝宝没有吃饱，所以在睡前给宝宝喂配方奶或加辅食，可这种情况并没有因此停止。如果没有任何异常情况，那妈妈就暂且喂吧。随着宝宝长大，自然会一夜睡到天明的。

配方奶喂养最好按时进行，如果宝宝每次喝奶200毫升以上，每天可喂3次，如果每次喝奶200毫升以下，每天可喂4次。每天适宜的奶量是600~800毫升。但有的宝宝不喜欢喝奶，每天奶量不足500毫升，妈妈不要着急，可适当增加蛋肉量；可以给宝宝喝点儿配方豆奶；也可以给宝宝吃点儿奶酪或酸奶；还可以在辅食中放些配方奶，以保证所需奶量。

辅食添加

这个月辅食添加和上个月差不多，每天2次，可以上午1次，下午1次；也可以中午1次，晚上1次。添加时间根据宝宝具体情况而定。如果宝宝早晨醒得很早，把两次辅食安排在上下午比较合适。如果宝宝醒得比较晚，把两次辅食安排在中午和晚上比较合适。

这个月的宝宝几乎能吃绝大多数种类的食物了，妈妈要注意辅食的多样性，每天食物种类至少要达到8种，如：谷物2种、蔬菜2种、水果1种、蛋和肉2种、奶1种。水果切成小块或小片，可直接让宝宝用手拿着吃。绿叶蔬菜和肉类食物还需要剁碎，且要煮烂。宝宝可以吃软米饭、馒头、烙饼（只吃饼心）、包子、饺子、丸子等固体食物了。

给宝宝做辅食的方法以蒸、煮、炖为好，要力求无盐、少油、少调料。食物品种要多样，保证食物新鲜，不给宝宝吃剩菜剩饭，少给宝宝吃成品食物。膳食搭配力求合理，尽量每顿食谱中都要有谷物、蔬菜、蛋或肉。

断奶问题

不该断奶的情形

· "宝宝1岁了，已经能吃饭了。"但这不是断奶的理由，母乳可喂养到宝宝2岁。

· "母乳已经没啥营养了，断奶后，宝宝吃饭会更好。"这个观点是不对的，母乳是最佳的乳类食物。

· "宝宝1岁了，给哺乳妈妈的时间被取消了，该断奶了。"每天多工作1个小时，是不会影响母乳喂养的。

· "就要上班了，要提前做好准备，减少母乳的喂养次数。"这个方法比较糟糕，妈妈在眼前，却要用奶瓶喝配方粉，宝宝哪能答应？结果让宝宝更依恋母乳。

多数情况下，宝宝能顺利断掉母乳。到了离乳期，宝宝就会有一种自然倾向，不再喜欢吸吮母乳。有的妈妈母乳少，在离乳期宝宝不吃母乳了，乳汁也就自然没有了；有的妈妈母乳多，还需要吃回乳药。

有的妈妈认为断奶了，就一点儿奶也不能给宝宝吃了，尽管乳房很胀，也要忍。其实，如果妈妈服用维生素B6回奶，宝宝可继续吃奶，妈妈出现乳房胀痛时，还是可以让宝宝帮助吸吮，能很快缓解妈妈的乳胀，以免形成乳核。

第四节　本月宝宝护理

生活护理

宝宝需要安全呵护

拿到东西就想用嘴尝一尝，把什么都放到嘴里，这是宝宝的发育特点。3岁前，宝宝没有明确的安全意识，不知道什么能吃，什么不能吃。父母要防范隐患，一些司空见惯的东西，可能就是幼小生命的杀手。装有药片的药瓶，宝宝会打开瓶盖儿，把药片吃进去；能够放入口中的小球、花生米、糖豆等，会被宝宝吞下，有发生气管异物的危险；盛有热汤热水的容器，有被宝宝打翻的危险。宝宝能够自由移动位置，父母不可懈怠，凡是宝宝能够到达的地方，父母都要仔细检查，确保安全。

呼吸道异物最危险

呼吸道异物有两大类：一是食物类，二是非食物类。食物类中主要有：果仁、豆类、果核、果冻、鱼刺、米粒等。非食物类中主要有：脱落的玩具零部件，宝宝服装上的纽扣及装饰物，商品上粘贴的各种标签，比较薄软的塑料包装袋。只要宝宝能放入口里的，都可能成为异物，堵塞呼吸道，后果不堪设想。

预防意外事故

意外事故的预防是非常重要的，前面已经谈过了呼吸道异物隐患，还有许多意想不到的事情可能发生。

· 室内的取暖设备、电器设备、各种电门开关、易碎物品、易倒物体、热水、明火等，都要避免宝宝触及。购买有防止儿童开启装置的家用电器，电源插座和尖锐的桌椅拐角套上儿童保护套。

· 小的陈列柜，如果比较轻，有劲的宝宝可能会把它推倒，把自己压在下面，要采取防范措施，把陈列柜固定在墙壁上。

· 爸爸放在烟灰缸里未完全熄灭的烟头，可能被宝宝拿到手里，放到嘴里，不但会烫了宝宝，宝宝还可能把烟灰吃进去。

· 在宝宝活动的时候，避免拖地，防止宝宝滑倒。

- 烫伤是最令亲人心痛的，可偏偏容易发生。刚刚煮开的奶或粥，放在宝宝能够到的地方，宝宝就有可能把手伸进去抓，滚烫的奶或粥会烫伤宝宝的皮肤。宝宝把暖水瓶弄翻，这在生活中也时有发生。
- 宝宝误服药物、化学物品也是常见的意外，一定要保管好家用消毒剂、清洁剂、洗涤剂、杀虫剂等，避免宝宝误服。
- 脑外伤是最令亲人担心的，从高处坠落以及高空坠物砸伤是脑外伤的主要原因。

尿便护理

有的宝宝1岁就能控制尿便，有的宝宝直到3岁才能控制尿便。如果宝宝1岁半以后会蹲下尿，晚上会醒来叫嚷着要尿尿，已经很不错了。2岁以后会在排大便前告知爸爸妈妈，不再拉裤子了，说明爸爸妈妈的训练是很成功的。如果宝宝喜欢坐便盆，就这样训练下去。如果宝宝反对妈妈这样做，坐便盆就闹，一定不要强求宝宝，过一段时间再说。训练大小便不能着急，欲速则不达。部分宝宝能在两三岁控制夜尿，有的宝宝到了三四岁才能控制夜尿。穿上纸尿裤更妥当。

本月护理常见问题

夜啼

夜啼虽然不是什么大问题，却困扰着许多父母。有的父母被宝宝夜啼闹得精疲力竭，整夜不能安稳入睡，甚至三更半夜跑到医院。这是为什么呢？宝宝夜啼可能是出于以下原因：

◎ 养育方式

早在新生儿期，父母和看护人缺乏育儿经验，宝宝稍有动静（开始转入浅睡眠，处于浅睡眠的宝宝很容易醒来，处于深睡眠的宝宝不易醒来），就立即做出反应，又拍又抱，甚至把宝宝竖立着抱起来，生怕宝宝醒来，生怕宝宝吐奶。久而久之，宝宝习惯了这种养育方式，只要进入浅睡眠，就要有人去管他，不管就很难转入深睡眠。

母乳喂养的宝宝夜间醒来，妈妈会喂奶。如果频繁醒来，妈妈就频繁喂奶。

时间久了，宝宝就养成了夜间频繁醒来吃奶的习惯，不给吃就哭闹。其实，宝宝并非每次醒来都要吃奶，这是因为，宝宝夜间很少是真正醒来，多是处于浅睡眠阶段。

有的宝宝，有尿后会由深睡眠转入浅睡眠，甚至会醒来。妈妈反应敏捷，急忙给宝宝更换尿布。有的宝宝会很快舒服地入睡，有的宝宝则不然，会哭闹，需要妈妈哄才能再次入睡。

父母和看护人一贯迁就宝宝，一哭就摇、拍、哄，抱着宝宝满屋走。久而久之，宝宝把父母的"哄觉"当成了自己的权利。

◎ 养育方式导致的夜啼，父母怎么办？

要改变宝宝夜啼的习惯，讲起来容易，做起来可不容易了。父母总是不忍心听着宝宝大声哭喊，最终还是妥协。

有的人认为，对夜啼的宝宝，父母应该狠下心来，采取不予理睬的办法，让宝宝知道，半夜醒来哭闹什么也得不到。

不予理睬的结果会怎样呢？

· 第一个晚上哭10分钟，第二个晚上哭15分钟，第三个晚上……第N个晚上不哭了。这样的结果令父母满意，但这样的情形太少了，即使有，可能也需要很长时间，宝宝才能慢慢不哭了。

· 宝宝不但不停止哭闹，而且越哭越严重，甚至被噩梦惊醒，大声喊叫，再怎么哄也无济于事，直到哭累了为止。在以后的日子里，宝宝哭得越来越剧烈，离不开妈妈。

· 宝宝哭了，妈妈不予理睬，2分钟过去，5分钟过去……N分钟过去，宝宝还在哭，妈妈撑不住了，抱起宝宝拼命地哄。终于把宝宝哄睡了，宝宝还委屈地抽泣着，妈妈心生愧疚，鼻子一酸，泪水涌出。

养成一种习惯需要时间，改变一种习惯需要更长的时间。对于习惯性夜啼的宝宝，父母能够做的就是拿出爱心和耐心，帮助宝宝改变习惯。如果是父母从小"惯的"，也不要从现在起突然"不惯了"。用截然相反的态度对待宝宝，只能使宝宝夜啼更加严重，还是慢慢来吧。宝宝不会一直夜啼下去的，随着月龄的增加，宝宝会在某一天突然睡整宿觉了。

◎ 疾病所致

腹部不适。宝宝腹部不适，与喂养关系密切。宝宝晚餐进食太多，品种太杂，进食不宜消化的食物，某一食物不耐受等，都会引起宝宝腹部不适，出现腹胀、腹痛。宝宝不会用语言表达，就只有哭闹了。所以，晚餐不要让宝宝吃得过饱，不要给宝宝吃煎、炸、烤的肉食品及糯米食品。

生病。感冒引起的鼻塞、喉咙痛、腹泻引起的腹胀腹痛、感冒后肌肉酸痛、发热后头痛等都容易让宝宝夜啼。因为宝宝不会说，妈妈无从知晓，只能猜测。但是，妈妈记住，如果宝宝是由于生病引起的哭闹，除了哭闹，妈妈是能够发现某些异常的。如果与日常相比，妈妈没发现任何异常，也不必过于担心而夜半三更去医院。

夜啼还可见于一些疾病，如：佝偻病、缺铁性贫血、铅中毒、营养不良等。疾病性哭闹原因比较复杂，需要看医生，应及时找出原因，加以治疗。

蛲虫作怪。宝宝入睡后不久，大约半小时到两小时，突然出现剧烈哭闹，打挺儿，屁股拱起来，用手抓肛门。这是为什么？当宝宝安稳入睡后，蛲虫爬至肛门皱褶处或女婴外阴皱壁处排卵，使宝宝感到奇痒而突发哭闹。

◎ 疾病所致的夜啼，父母怎么办？

要父母寻找引起宝宝夜啼的病因，的确有些难为父母。但是，父母可以大体上判断，宝宝是否有异常表现。父母和宝宝朝夕相处，知道宝宝平日的表现，只要没发现和平日不一样的表现，就不要担心。另外，疾病导致的夜啼多是突然的，如果宝宝平日睡眠很好，突然某一天出现夜啼，要高度警惕疾病所致，仔细排查可能的原因。如果找不到原因，但不能确定宝宝是否是正常的哭闹或高度怀疑有什么问题，要及时带宝宝看医生。

◎ 如果怀疑是蛲虫作怪，妈妈可这样做：

· 扒开肛门或女婴外阴查看是否有小白线虫蠕动。
· 可用黏度小的透明胶带纸轻轻在肛门周围粘一下，在明亮的光线下，观察胶带纸上是否有蛲虫虫体。
· 若不能发现蛲虫，又高度怀疑是蛲虫所致，可在宝宝入睡后不久，把蛲虫膏涂在肛门口，如果宝宝不再出现夜哭，就证明宝宝患有蛲虫病。
· 如果确定宝宝患有蛲虫症，要在医生指导下给予驱虫治疗。

◎ 孤独产生的焦躁感

宝宝会由于孤独而产生焦虑，外在的表现可能就是夜啼。这样的宝宝大多性格内向、胆小、惧怕陌生人，当夜幕降临或夜间醒来时，因感孤独而焦躁不安，大声哭闹。面对这样的宝宝，父母要怎么做呢？陪在宝宝身边，轻声细语地说一些安慰宝宝的话，如："妈妈在，宝宝放心睡吧""妈妈爱宝宝，宝宝安心地睡吧"。根据宝宝的表现，逐渐减少安慰的时间，渐渐停止安慰。如果长时间不能奏效，可带宝宝看医生，千万不能铁石心肠，不予理会。

◎ 绞痛样哭闹

宝宝在夜间睡眠中突然发生剧烈哭闹，无论如何也不能安抚，哭闹时伴有四肢乱舞、打挺儿，身体蜷曲、大汗，几乎近于尖叫，甚至歇斯底里。导致绞痛样哭闹可能的原因：

- 白天看了可怕的景象，入睡后常因噩梦而惊醒，哭闹不止。所以，要尽可能不让宝宝看到可怕的景象；不要给宝宝讲可怕的故事；不要在睡前吓唬宝宝，如"快睡觉吧，不睡觉的话，大老虎就会吃你来了"。
- 睡前活动剧烈，过度兴奋。睡前不要和宝宝剧烈玩耍，以免宝宝神经过度兴奋。
- 受到刺激，如：看病打针、接种疫苗、从较高处跌落。这样引起的一般都是偶尔一次夜啼。

◎ 噩梦惊扰

从这个月开始出现夜啼，这样的宝宝多是夜间做了噩梦惊醒。不要怕惯坏了宝宝而不理睬，这会使宝宝感到无助，哭得更厉害，要马上把宝宝搂在怀里，给宝宝安全感，让宝宝的恐惧心理消失。宝宝白天时受到一些刺激，如摔伤、打针、狗叫声、大人呵斥、异常响声等，都会使宝宝在夜间睡眠中惊醒而哭闹。有的宝宝怕黑，半夜可能被尿憋醒，睁开眼睛看到漆黑一片，可能会哭闹，这时，妈妈上前安慰一下，或打开台灯，可能会使宝宝安静下来。

◎ 不困不要逼宝宝睡觉

睡觉晚的宝宝，可能到了23点还不能入睡。对于这样的宝宝，妈妈不要早早地把宝宝放到床上。让宝宝玩困了，再让宝宝睡。白天让宝宝少睡，如果午睡起得太晚，或傍晚又睡一觉，要进行睡眠时间调整。如果父母也喜欢晚睡晚起，宝宝睡晚些，对父母有利，否则宝宝睡得早，起得就早。

有的父母可能担心宝宝睡得太晚，会影响宝宝长个子。只要能够保证充足的睡眠时间，就不会影响宝宝身高增长的，当然宝宝还是早睡些好，以不超过晚上22点为限。有的宝宝白天不爱睡觉，即使勉强睡了，也是一会儿就醒。这是精力旺盛的宝宝。如果宝宝晚上的睡眠质量很好，对于这样的宝宝，也不必非要像其他宝宝那样白天睡两觉。

宝宝困了，不哄也会睡觉；宝宝不困，哄也很难入睡。有的宝宝开始喜欢听故事了，入睡困难时，妈妈不妨试一试。但半夜醒来的宝宝，可不要讲故事，这会养成半夜听故事的习惯。半夜醒来，必须让宝宝尽快入睡，换尿布、吃奶、搂抱等都行，不要和宝宝玩。

婴儿非疾病性厌食

◎ 这不叫厌食

偶尔不爱吃饭。宝宝每天的食量不可能一成不变，今天吃得少一点儿，明天吃得多一点儿，都是很正常的现象。宝宝的食欲也不会每天都像妈妈所期望的那样旺盛，今天可能很爱吃饭，明天可能就不那么爱吃了；宝宝这顿吃得还很香，下顿就把吃饭当儿戏，就是不想吃，这也是很正常的。宝宝偶尔不爱吃饭不是厌食，如果妈妈把宝宝偶尔不爱吃饭视为厌食，或带宝宝看医生，或强迫宝宝进食，或表现出急躁情绪，这不仅不能增进宝宝的食欲，反而会引起宝宝对吃饭的反感。

短时食欲欠佳。感冒了，宝宝的食量会有所减少；发热时宝宝也不爱吃饭；宝宝胃部着凉或吃了过多的冷食；因摄入过多食物或高热量食物摄入过多，导致宝宝积食等，都可能造成宝宝短时间食欲欠佳，不能因此而认定宝宝厌食。

一段时间食欲不振。由于一些原因导致宝宝在某一段时间内食欲不振，如在炎热的夏季，患胃肠疾病后导致消化功能不良，会使宝宝在某一个阶段内食欲不振，这也不能视为宝宝厌食。随着季节的转凉，消化功能的改善，宝宝食欲会恢复正常的。

应对非疾病性厌食的策略

◎ 不要让宝宝像羊吃草一样吃饭

父母一味地迁就宝宝，让宝宝边吃边玩，东游西荡，不按时吃饭，这样长久下去会严重影响宝宝食欲。要让宝宝养成良好的进食习惯，到了吃饭的时间和环境就产生条件反射，胃液分泌，食欲增加。把吃饭当成一种有序的事情，如饭前洗手、搬小椅子、分筷子等，有意识地造成一种气氛，让宝宝感觉到吃饭也是一件认真愉快的事情。

不让宝宝过多吃零食，尤其是饭前

如果父母不限制宝宝吃零食，血液中的血糖含量过高，没有饥饿感，到了吃饭的时候，就没有了胃口。过后又以点心充饥，造成恶性循环。要想解决宝宝"吃饭难"的问题，应该坚决做到饭前两小时不给宝宝吃零食。零食不能排挤正餐，应该安排在两餐之间，或餐后进行。

按时按顿进餐

按顿吃饭。三正餐两点心形成规律，消化系统才能劳逸结合。

节制冷饮和甜食

冷饮和甜食，口感好，味道香，宝宝都爱吃，但这两类食品均影响食欲。中医认为冷饮损伤脾胃，西医认为冷饮会降低消化道功能，影响消化液的分泌。甜食吃得过多也会伤胃。

膳食结构合理

宝宝每天不仅要吃肉、乳、蛋、豆，还要吃五谷杂粮、蔬菜、水果。每餐要求荤素、粗细、干稀搭配，如果搭配不当，会影响宝宝的食欲。如肉、乳、蛋、豆类吃多了，会因为富含脂肪和蛋白质，胃排空的时间就会延长，到吃饭时间却没有食欲；粗粮、蔬菜、水果吃得少，消化道内纤维素少，容易引起便秘。有些水果过量食入会产生副作用：橘子吃多了便干，梨吃多了伤胃，柿子吃多了便秘，这些因素都会直接或间接地影响食欲。

烹调有方

食物烹制一定要适合宝宝的年龄特点。这个月龄的宝宝消化能力还比较弱，饭菜要做得细、软、烂；随着年龄的增长，咀嚼能力增强了，饭菜加工逐渐趋向于粗、整；为了促进食欲，烹饪时要注意食物的色、香、味、形，这样才能提高宝宝的就餐兴趣。

睡眠充足、增加活动、按时排便

睡眠充足，宝宝精力旺盛，食欲感就强；睡眠不足，无精打采，宝宝就不会有食欲，日久还会消瘦。活动可促进新陈代谢，加速能量消耗。按时大便，使消化道通畅，促进食欲。

吃饭环境，愉快又轻松

父母同宝宝一起进餐，可营造一种和睦、轻松、愉快的氛围，好的情绪有助于调节宝宝自主神经系统和大脑摄食中枢的功能，促进消化酶的分泌和活性的提高。

强迫宝宝进食不可取

对确有厌食表现的宝宝，如果是疾病所致应积极配合医生治疗。同时爸爸妈妈要给予宝宝关心与爱护，鼓励宝宝进食，切莫在宝宝面前显露出焦虑不安、忧心忡忡，更不要唠唠叨叨让宝宝进食。如果为此而责骂宝宝，强迫宝宝进食，不但会抑制宝宝摄食中枢活动，使食欲无法启动，甚至产生逆反心理，拒绝进食，就餐时情绪低落。

踮脚、湿疹

◎ 踮着脚尖走

不到1岁的宝宝，刚刚学习走路，有的宝宝走得比较早，11个月可能就会独立走几步了，有的宝宝要到1岁半时才能独立走路。走路早晚与宝宝智力没有直接的关系。

刚刚学会走路的宝宝可能用脚尖踮着走，这是很正常的；还有的宝宝开始走路时，右腿成了"罗圈腿"，左腿拉着，像个"小拐子"，这也是正常的。随着宝宝走路的逐渐平稳，慢慢就纠正过来了，父母不必着急。

宝宝学习走路是要有过程的，不可能一下子就走得那么好。不要动辄就认为宝宝"腿不直，缺钙了"。又是照 X 光片，又是验血。刚刚学会走路的宝宝就有笔直的小腿，这不大可能。

◎ 湿疹仍然不好

大多数宝宝随着乳类食物摄入的减少，饭菜的增加，湿疹会逐渐好转，基本上就消失了。但是，也有的宝宝到了1岁湿疹仍然不好，有的宝宝还会因为吃海产品而加重湿疹，这样的宝宝多是过敏体质。

有的宝宝，到了这个月龄，湿疹表现开始变化，不再是面部了，而且转移到耳后、手足、肢体的关节屈侧或其他部位，这时的湿疹就叫"苔藓样湿疹"。除了过敏原因外，还可能与缺乏维生素有关，在外用药物治疗的同时，应口服多种维生素。

寻找安抚物

有吸吮手指习惯的宝宝，到了这个月龄，可能不再吸吮手指，而开始寻找安慰物了。宝宝用的枕巾、小毛巾被、布娃娃、绒毛小狗等，都可能成为宝宝的安慰物。宝宝开始把这些东西，作为自己的安慰物，对这些东西产生某种依恋，形式可以是多样的：

· 有的宝宝喜欢搂抱着；

· 有的宝宝用手攥着；

· 有的宝宝放到嘴里吸吮或啃咬；

· 有的宝宝用它蹭身体的某一部位，如脸颊、手背等；

· 有的宝宝闻着它入睡。

◎ 猜测的原因

有的医生认为是宝宝缺乏母爱，通过安慰物自我安慰。这种说法不能得到认可，妈妈一直是母乳喂养，也一直陪着宝宝睡觉，照样出现这种现象。有的认为，这样的宝宝性格比较孤僻、内向。但有的依赖安抚物的宝宝，白天很活跃，也很快乐、好动。

◎ 父母该怎么办

父母可以尽量避免宝宝寻找安慰物。发现有这种倾向时，不能加以鼓励，如果宝宝很喜欢毛绒小狗，就要有意把小狗拿走，换上其他玩具。不断更换宝宝的用物，就可避免宝宝寻找安慰物。

◎ 吸奶瓶入睡

有的宝宝，不吸奶瓶就不能入睡。这对很小的宝宝来说是很正常的。到了这个月龄，仍然有这种习惯，要一下子改变过来，也不是件容易的事情。但是，妈妈要有这种意识，要在今后的日子里，慢慢把这个习惯改过来。这没有什么技巧，靠的是耐心。不能强迫宝宝，如果强迫，不但不能使宝宝改变这种习惯，可能会使宝宝更加依赖了，宝宝就有这股牛劲。

◎ 攻击行为

有的成人会这样逗宝宝：假装打宝宝的小屁股，也会假装打别人来逗宝宝。这样不好。宝宝会模仿，举手打妈妈的脸。如果妈妈和周围的人，不但不反对，反而对着宝宝笑，宝宝就会认为这样很好。

◎ 吓唬宝宝——缺乏安全感的隐患

爸爸妈妈总是吓唬宝宝，动不动就斥责宝宝，或者夫妻之间关系紧张，总是吵闹打架，对宝宝的心理影响很大，是导致宝宝不自信缺乏安全感的隐患。应该创造一个和睦幸福的家庭，让宝宝在轻松和谐的气氛中成长。

◎ 溺爱——社会交往能力低下

任何时候都迁就宝宝，什么都不让宝宝自己做，一切都代劳，这会使宝宝的社会交往能力低下。

第五节　本月宝宝能力发展、早教建议

看的能力：注意时间延长

随着宝宝月龄的增长，宝宝注意力能够有意识地集中在某一件事情上。有意识地集中注意力，会使宝宝的学习能力有很大提高。注意力是宝宝认识世界的第一道大门，是感知、记忆、学习和思维不可缺少的先决条件。

视觉能力训练

本月可重点训练宝宝把注意力集中在某一件事情上，这要在宝宝吃饱、喝足、睡醒、身体舒适、情绪饱满的状态下进行，也就是说，要让宝宝处于最佳精神状态。

吸引宝宝有意识地注意，要选择适合宝宝年龄的刺激物。如果给这个月的宝宝看文字书，就很难吸引宝宝的注意力。宝宝喜欢看色彩鲜明、对称、线条流畅的绘本，更喜欢看有小朋友、小动物的图画；宝宝喜欢

观看运动中的物体，喜欢看千变万化的东西。如果爸爸妈妈从自己的好恶出发，不切实际地让宝宝看一些不符合年龄特点的东西，宝宝就不能很好地集中注意力，也就不能达到学习的目的。

和宝宝说话，让宝宝观察某一现象，看某一物体，要力求宝宝把注意力集中过来，把视线转移过来。如果宝宝没有注视你的面部，你和宝宝的沟通往往无效。如果宝宝没有把注意力集中到你要讲的事情上来，你对宝宝讲的事情就很难让宝宝理解和记忆。

听的能力：听懂爸爸妈妈的话

宝宝喜欢听妈妈说话时的高频度音调，喜欢听节奏感强、优美、声音适中的音乐。听的能力，是宝宝学习语言的基础。这个月的宝宝虽然还不会说几句话，却能听懂许多话的意思。宝宝就是靠听妈妈爸爸和周围人的说话，靠观察爸爸妈妈说话时的口型，靠爸爸妈妈在日常生活中语言和动作的结合，循序渐进地学习语言。宝宝不断积累词语，最终学会了用语言来表达，爸爸妈妈要给宝宝创造良好的语言环境。

听觉能力训练

听力是语言学习的基础，宝宝学习语言要比成人学习第二语言快得多。宝宝语言能力的飞速发展，与宝宝所处的语言环境密切相关。尽管宝宝是语言天才，先天就具备了学习语言的能力，但如果脱离了语言环境，宝宝的天分就会泯灭，先天的语言学习潜能会遭到扼杀。在我们看来，不知不觉中，宝宝自然而然地就能听懂爸爸妈妈的话了，慢慢地，就能和爸爸妈妈对话了，就能用语言表达自己的意愿了。这些看似自然而然的现象，离不开宝宝内在的潜能，离不开爸爸妈妈营造的语言环境。

爸爸妈妈每做一件事，都要力求用语言向宝宝清晰而准确地加以描述。丰富的语言环境不仅仅是语言表达，每一个动作，每一个眼神，每一种表情，每一个声调，都是"语言"。比如，宝宝打了小朋友，妈妈在绷起脸的同时，要告诉宝宝："妈妈生气了。"宝宝生病了，妈妈心疼宝宝，伤心落泪的时候，要告诉宝宝："妈妈心里很难过。"宝宝会走了，妈妈喜出望外的时候，也要和宝宝一同分享快乐，告诉宝宝："妈妈非常开心。"爸爸妈妈把自己的感受、心情、认知，把自己所想、所看、所听、所知，都用准确的语言说给宝宝，这不仅仅是在提高宝宝的听力，还在教宝宝如何感知周围的事物，如何表达自己的心情，如何面对自己和对方的情绪，让宝宝学会与人分享快乐，学会向他人倾诉。这些都是保持宝宝心理健康不可或缺的能力。

说的能力：喜欢嘀嘀咕咕

这个月的宝宝，语言发育程度是参差不齐的。说话早的宝宝，已经能用语言表达简单要求了。如能很清晰地叫爸爸妈妈和爷爷奶奶，会说抱抱、饱饱、拜拜、汪汪等复音。有的宝宝会说两个字的词，如：不要、不吃等。

有的宝宝会说许多莫名其妙的词，爸爸妈妈也听不懂。这是宝宝语言学习的常见现象。当听到宝宝在嘀嘀咕咕说些莫名其妙的话时，妈妈要努力去领会宝宝的意思，积极和宝宝交流，并借机教给宝宝正确的词语，这样能鼓励宝宝更多地发音。当宝宝嘀嘀咕咕说话时，爸爸妈妈应该鼓励、赞许并参与其中，使宝宝对发音产生更大的兴趣，万不可笑话宝宝，打消宝宝说话的积极性。

有的宝宝什么也不会说，甚至还不会有意识地叫爸爸妈妈，爸爸妈妈也不要着急。宝宝说话有早晚，只要宝宝能够听懂爸爸妈妈大部分话的意思，就说明宝宝对语言的理解没有问题。开口说话是早晚的事，不要过度教宝宝说话，以免引起宝宝逆反。

语言能力训练

宝宝能发的音节有限，还不能跟随爸爸妈妈一起读儿歌。但爸爸妈妈可以调动宝宝参与的积极性，边朗诵边做动作，宝宝的情绪就被调动起来了。有了参与感，学习热情高涨起来，即使宝宝还不会跟随发音，小嘴也一张一合，好像在朗诵着，这就是

快乐的学习。本月语言训练还可以继续上个月的诗词接龙游戏。

运动能力：先天和后天

运动能力的高低有先天因素，也有后天因素，且先天因素有赖于后天的训练和培养。比起先天因素，后天训练和培养显得更加重要。

宝宝的运动能力与宝宝的气质和性格也存在着一定的关系。有的宝宝坐在那里，能玩很长时间；有的宝宝一分钟也不停歇，像水里的鱼一样；有的宝宝喜欢静一会儿，动一会儿。

运动能力训练

◎ 荡秋千

这个游戏需要爸爸妈妈共同完成，且要配合默契。爸爸妈妈要预先在地板上铺防磕垫，跪在防磕垫上。爸爸在宝宝左侧，左手握住宝宝左脚踝，右手握住宝宝左手腕。妈妈在宝宝右侧，左手握住宝宝右手腕，右手握住宝宝右脚踝。爸爸妈妈同时向上抬起宝宝，使宝宝像荡秋千一样前后呈半圆形移动，但幅度和速度都要相当和缓。

早教建义

宝宝智能发育

遗传提供的是基础，生活体验造就的是精神与灵魂。早期教育的精髓不是灌输各种知识，而是聆听、指导宝宝认识真实的世界。

◎ 遗传与宝宝智力

宝宝的大脑发育是由哪些要素决定的呢？是先天的，还是后天的？是按照固定的模式，还是千差万别呢？爸爸妈妈们越来越关心宝宝的智力发育，都希望自己的宝宝聪明绝顶。其实，大脑的发育是受很多因素影响的，遗传仅仅是一个方面，我们要用科学的态度来对待宝宝的智力发育。

在过去的几十年里，科学家们认为人类大脑的结构是由遗传的模式决定的。近年来，神经学家研究发现，儿童早期的经历可极大程度地影响脑部复杂的神经网络结构，在他们的成长过程中发挥重要作用。

◎ 3岁以前大脑"格式化"完毕

视觉是大脑发育的起点。在宝宝出生后几分钟内，当妈妈目不转睛地注视着宝宝的时候，宝宝活跃的眼球会暂时停止转动，注视着妈妈的脸。这时宝宝视网膜上的一个神经细胞就与其大脑皮层的另一个神经细胞联系起来，妈妈的面部影像就在宝宝大脑中留下了永久的记忆。3个月时，宝宝视觉皮层的细胞联系达到高峰；2岁内，宝宝大脑的每个细胞都与大约一万个其他细胞相连。宝宝3岁以后，大脑的复杂性和丰富性已基本定型，基本上停止了新的信息交流，大脑的结构已经牢固地形成了。虽然这并不意味着大脑的发育过程已经停止，但如同计算机一样，硬盘已基本格式化完毕，等待编程。

◎ 搂抱、轻拍、对视、对话、微笑的智力意义

专家发现一些自然而又简单的动作，如搂抱、轻拍、对视、对话、微笑等，都会刺激宝宝大脑细胞的发育。宝宝脑部扫描图有这样的显示：被严重忽视的宝宝，负责情感依附的大脑区域根本没有得到发育。宝宝幼时丰富多彩的生活经历，有利于大脑神经细胞间的复杂联系。在一个充满忧虑和紧张气氛家庭里长大的宝宝，要比在充满爱心、欢乐气氛家庭里长大的宝宝，缺乏处理问题的能力，而且很容易被自身的负面情感压垮；相反，在充满爱心、气氛欢乐的家庭里长大的宝宝，情感健全，处理问题的能力相对较强。

中国0~3岁男童身长、体重百分位曲线图

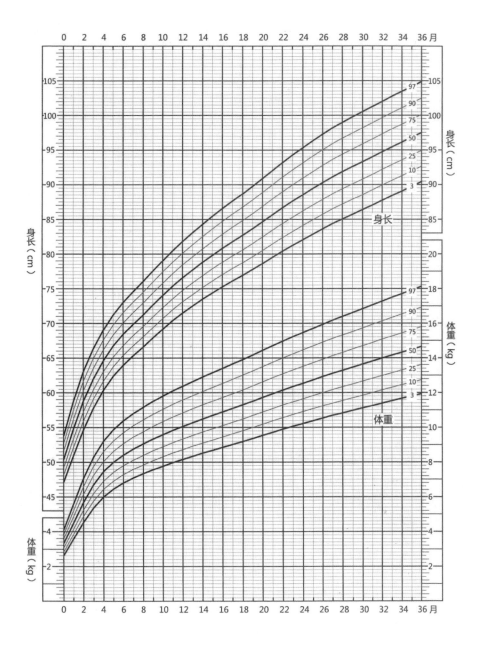

中国0~3岁女童身长、体重百分位曲线图

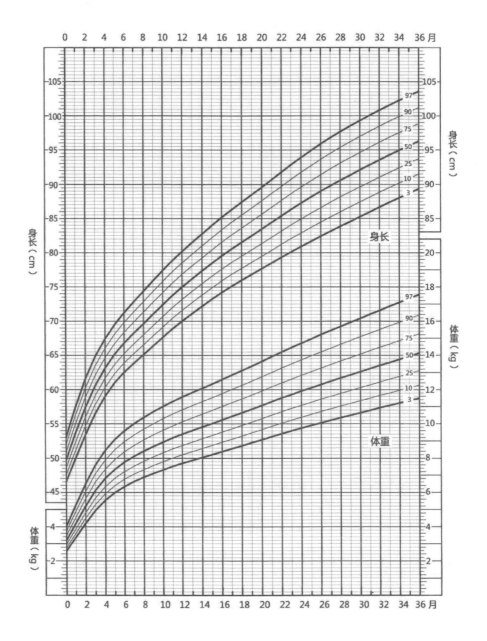

中国0~3岁男童头围、身长的体重百分位曲线图

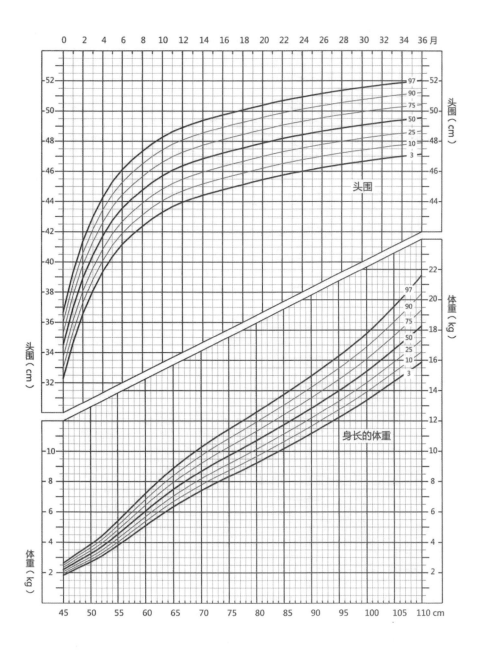

中国0~3岁女童头围、身长的体重百分位曲线图

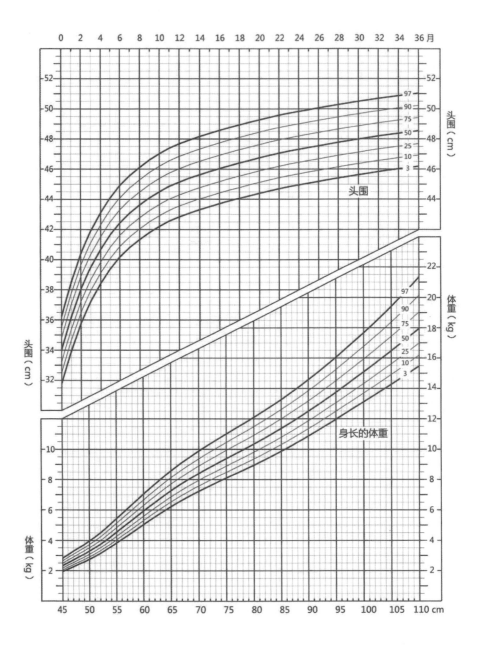

儿童疫苗预防接种程序表

接种月龄	国家规划内疫苗（一类，免费）	国家规划外疫苗（二类，自费）
出生时	卡介苗	
	乙肝疫苗	
1月	乙肝疫苗	
2月	脊灰疫苗IPV	B型流感嗜血杆菌疫苗HIB 轮状疫苗（口服）① 13价肺炎结合疫苗②
3月	脊灰疫苗IPV 百白破疫苗	B型流感嗜血杆菌疫苗 轮状疫苗（口服） 13价肺炎结合疫苗
4月	脊灰疫苗BOPV 百白破疫苗	B型流感嗜血杆菌疫苗 轮状疫苗（口服） 13价肺炎疫苗
5月	百白破疫苗	
6月	乙肝疫苗 A群流脑多糖疫苗	手足口疫苗
7月		手足口疫苗
8月	麻腮风疫苗 乙脑减毒活疫苗 乙脑灭活疫苗两剂次间隔7~10天	
9月	A群流脑多糖疫苗	
12月		13价肺炎疫苗 水痘疫苗③
18月	百白破疫苗 麻腮风疫苗 甲肝减毒④ 甲肝灭活⑤	B型流感嗜血杆菌疫苗
2岁	乙脑减毒活疫苗⑥ 乙脑灭活疫苗⑦ 甲肝灭活	
3岁	A群C群流脑多糖疫苗	水痘疫苗
6岁	白破疫苗 乙脑灭活疫苗 A群C群流脑多糖疫苗	
每年		流感疫苗
注解	①进口五价轮状病毒疫苗最早可在1.5月龄接种，接种时间限制严格，尽量不要推迟接种。错过可接种国产轮状疫苗。 ②13价肺炎结合疫苗最早可在1.5月龄接种。有进口和国产可选。 ③水痘疫苗部分地区为免费接种。 ④选择甲肝减毒活疫苗接种时，采用一剂次接种程序。 ⑤选用甲肝灭活疫苗接种时，采用两剂次接种程序。 ⑥选择乙脑减毒活疫苗时，采用两剂次接种程序。 ⑦选择乙脑灭活疫苗时，采用四剂次接种程序，第1、2剂次间隔7~10天。	

常见问题索引①

---

① 为方便查询，索引按常见问题类型归纳整理，因某些问题不同月龄婴儿都会涉及，故将该主题下不同月龄相关内容页码逐一列示。

配方奶喂养

辅食添加

其他问题

护理问题

生活环境

日常护理

身体护理